Chinese Pastry

The First Book *of*
Chinese Pastry *for* Beginners

麵點新手必備的第一本書

暢銷紀念│精裝版

140道So Easy中式麵食與點心全圖解

胡涓涓 =著
Carol

探求中西美食料理真意，風味醇樸

民以食為天，「食」為人生之必須，口腹之欲不僅為維生，更為人生的享受。所以美食自為古今中外的風尚；隨著時代和社會的演進，人類對美食技藝的探討、研發和進展亦與時俱進。我國歷史文化悠久，烹飪技藝自亦比其他各國高深而完美，自選料、整理、切配、調味、時程，火候、烹煮，乃至食器、禮儀莫不講求；不但重視質量與色、香、味，更求養生與經濟。所以「食」的技藝是一門不小的學問，而我中華美食亦早在世界各地享有盛譽。

胡涓涓小姐深得探求中西美食料理的真意，她分類輯印的食譜，不像傳統食譜如數學理化般只列出公式——材料、份量、步驟一二三四……，而是每道料理都有務實的、感性的敘述，鉅細靡遺的話說從頭到成品上桌，加以過程實景的圖片導覽，甚至還有補充提示，使參照調理的人感受親切，而有興趣、有情緒、有欲望去完成，去享受這一道美食；感受到每一道料理都是作者親手、精心、逐步研究處理的實務紀錄，風味醇樸，非一般市井傳習可比。

胡涓涓小姐原為建築專業，本諸興趣，業餘鑽研；其父胡傳安為國學名教授，其母董玉亭女士為食品營養專家，書香薰陶，家學淵源，加以個人用心及智慧，以其實地經驗與心得整編成帙，傳之同好，品味自是不同。

涓涓小姐榮獲2010年博客來「年度新秀作家」大獎，與部落格二千八百萬人次點閱率的肯定與欣賞，並應邀至馬來西亞出席「2011閱讀大馬」書展活動，實地展演，普獲歡迎，良非偶然。讀者參照烹飪，在家品賞，其樂自異於茶樓酒肆。謹樂為荐介。

王鋭

國立陽明大學退休教授

用心體會實踐，幸福滋味隨手可得

　　我的廚房中一直有著外婆和媽媽揉麵的背影，記憶是那麼遙遠卻又清晰。她們的好手藝豐富了我的生命，帶給我完全不一樣的生活。自小我就是在麵粉堆中長大的，看著媽媽和外婆巧手做出各式各樣麵食點心，覺得那是再自然不過的事。媽媽的圍裙上鋪滿了白色的麵粉，我偎在旁邊捏著麵糰當做黏土玩耍。廚房是我最喜歡的場所，竹蒸籠打開，滿室的水蒸氣，這份美好深深印記在我心中。

　　現在的我很喜歡在廚房雙手使勁的揉著麵糰，等著麵糰做出各式各樣成品帶來的驚喜與味道，也許這就是屬於我跟外婆和媽媽的甜蜜記憶，是我成長的足跡。這樣的快樂很容易感染周圍的人，更可以凝聚一家人的心，生活變的美麗而簡單，酸甜苦辣化做美味人生。

　　本書是新手系列的第三部，內容為傳統中式麵食與米製品，以家中容易取得的材料為主。從簡單日常的家常煎餅、水餃、饅頭包子到年節點心、湯圓及酥餅等傳統食品。每一款成品都以自己實際操作的過程完整記錄，期盼清楚的步驟可以讓讀者製作更順利。

　　很多人一想到揉麵、發麵、擀麵等製作程序，往往心裡就先打了退堂鼓，但是只要實際動手操作，將流程記熟，其實手作麵食是一件簡單又輕鬆的事。而且中式麵點需要的器具不多，只要準備擀麵棍與雙手就可以完成大多數的成品。即使成品不如市售完美，但是自己做的天然且健康，經濟又實惠，更重要的是製作過程中注入了滿滿對家人的愛；在親自動手體驗的過程中，也得到滿足與喜悅。

　　謝謝先生家煜做為我最強大的後盾，因為他的守護鼓勵，我才能夠無憂無慮遨遊在自己的天地中。

　　感謝幸福文化的所有工作人員，在這一年的時間中貼心陪伴，給予最大的支持讓我得以完成這幾本書。希望這一系列的作品真的可以幫助新手快速進入麵粉的領域，在家中也能夠輕鬆完成充滿魅力的手製點心。

　　只要用心體會實踐，幸福的滋味就在其中。

胡涓涓
Carol

目錄
Contents

Part 1 | 攤餅麵糊類 | 018

Part 2 | 冷水麵食類 | 040

使用本書之前您必須知道的事

本書材料單位標示方式
- 大匙→T；小匙→t；公克→g；立方公分→毫升→cc

重量換算
- 1公斤（1kg）＝1000公克（1000g）
- 1台斤＝16兩＝600g；1兩＝37.5g
- 1磅＝454g＝16盎司（oz）＝1品脫（pint）；1盎司（oz）＝約30g

容積換算
- 1公升＝1000cc；1杯＝240cc＝16T＝8盎司（ounce）
- 1大匙（1 Tablespoon，1T）＝15cc＝3t＝1/2盎司（ounce）
- 1小匙（1 teaspoon，1t）＝5cc
- 2杯＝480cc＝16盎司（ounce）＝1品脫（pt）

烤盒圓模容積換算
- 1吋＝2.54cm

如果以8吋蛋糕為標準，換算材料比例大約如下：6吋：8吋：9吋：10吋＝0.6：1：1.3：1.6
- 6吋圓形烤模份量乘以1.8＝8吋圓形烤模份量
- 8吋圓形烤模份量乘以0.6＝6吋圓形烤模份量
- 8吋圓形烤模份量乘以1.3＝9吋圓形烤模份量
- 圓形烤模體積計算：3.14×半徑平方×高度＝體積
- 本書內容所有的調味料份量，請依個人喜好斟酌

食材容積與重量換算表　　　　　　　　　單位：g

項目 \ 量匙	1T（1大匙）	1t（1小匙）	1/2t（1/2小匙）	1/4t（1/4小匙）
水	15	5	2.5	1.3
牛奶	15	5	2.5	1.3
低筋麵粉	12	4	2	1
在來米粉	10	3.3	1.7	0.8
糯米粉	10	3.3	1.7	0.8
綠茶粉	6	2	1	0.5
玉米粉	10	3.3	1.7	0.8
奶粉	7	2.3	1.2	0.6
無糖可可粉	7	2.3	1.2	0.6
太白粉	10	3.3	1.7	0.8
肉桂粉	6	2	1	0.5
細砂糖	15	5	2.5	1.3
蜂蜜	22	7.3	3.7	1.8

項目 \ 量匙	1T（1大匙）	1t（1小匙）	1/2t（1/2小匙）	1/4t（1/4小匙）
楓糖漿	20	6.7	3.3	1.7
奶油	13	4.3	2.2	1.1
蘭姆酒	14	4.7	2.3	1.2
白蘭地	14	4.7	2.3	1.2
鹽	15	5	2.5	1.3
檸檬汁	15	5	2.5	1.3
速發乾酵母	9	3	1.5	0.8
泡打粉	15	5	2.5	1.3
小蘇打粉	7.5	2.5	1.3	0.6
塔塔粉	9	3	1.5	0.8
植物油	13	4.3	2.2	1.2
固體油脂	13	4.3	2.2	1.1

備註：奶油1小條＝113.5g；奶油4小條＝1磅＝454g

器具圖鑑

　　以下為本書中會使用到的器具，提供給新手參考。適當的工具可以幫助新手在製作中式麵食與點心過程中，更加得心應手。先看看家裡有哪些現成的器具能夠代替，再依照自己希望製作的成品來做適當的添購。

- 烤箱（Oven）　一般能夠烤全雞30公升以上的家用烤箱，就可以在家烘烤蛋糕。有上下火獨立溫度的烤箱會更適合。書中標示的溫度大部分都是使用上下火相同溫度，除非有特別的成品才會特別註明。烤箱最重要的是，烤箱門必須能夠緊密閉合，不讓溫度散失。烤箱門若有隔熱膠圈設計，溫度就會比較穩定。（圖1）
- 磅秤（Scale）　分為微量秤及一般磅秤。一般磅秤最小可以秤量到10g，微量秤（電子磅秤）最小可以秤量到1g。準確的將材料秤量好非常重要，秤量的時候記得扣除裝東西的容器重量。（圖2）
- 量杯（Measuring Cup）　量杯用於秤量液體材料，使用量杯必須以眼睛平行看刻度才準確。最好也準備一個玻璃材質的，微波加熱很方便。（圖3）
- 量匙（Measuring Spoon）　一般量匙約有4支：分別為1大匙（15cc）；1小匙（5cc）；1/2小匙（2.5cc）；1/4小匙（1.25cc）。使用量匙可以多舀取一些，然後再用小刀或湯匙背刮平為準。（圖4）
- 攪拌用鋼盆（Mixing Bowl）　最好準備直徑30cm大型鋼盆1個，直徑20cm中型鋼盆2個，材質為不鏽鋼，耐用也好清洗。底部必須要圓弧形才適合，混合麵糰攪拌時不會有死角。（圖5）
- 玻璃或陶瓷小皿（Small Glass or Ceramic Dish）　秤量材料時使用，也方便微波加熱融化使用。（圖6）
- 打蛋器（Whisk）　網狀鋼絲容易將材料攪拌起泡或是混合均勻使用。（圖7）

- 手提式電動打蛋器（Hand Mixer） 可代替手動打蛋器，省時省力。但電動打蛋器只可以攪拌混合稀麵糊，例如蛋白霜打發 、全蛋打發與糖油麵粉拌合等。千萬不可以攪拌麵包麵糰，以免損壞機器。（圖8）
- 桌上家用攪拌機（Stand Mixer） 攪拌機馬力大，它的功能除了具備電動打蛋器打蛋白霜、打鮮奶油，以及混合蛋糕的麵糊之外，還可以攪拌麵包麵糰，幫忙省不少力。可依照家中人數需求來挑選適合的大小。太大公升數的攪拌機有一個缺點，就是想做少量時就沒有辦法攪打。因為攪拌機要有一定的份量才攪打的起來，例如打蛋白霜必須要4個蛋白才能夠用攪拌機，低於4顆蛋就必須用電動打蛋器。而容量越大的攪拌機，就必須要越大的量才能攪打。（圖9）
- 計時器（Timer） 在發酵蒸製時，都必須要利用計時器來提醒時間，才不會發酵過頭或蒸製過久。可以準備兩個以上，使用上會更有彈性。（圖10）
- 過濾篩網（Strainer） 可以將粉類的結塊篩細，攪拌的時候才會均勻。（圖11）
- 橡皮刮刀（Rubber Spatula） 混合麵糊攪拌，也可以用於將鋼盆中的材料刮取乾淨。最好選擇軟硬適中的材質。（圖12）
- 擀麵棍（Rolling Pin） 粗細各準備1支，視麵糰大小份量不同使用。可以將麵糰擀成適合的形狀大小。（圖13）
- 刮板（Scraper） 塑膠製，底部為圓弧形，方便刮起盆底麵糰。（圖14）
- 切麵刀（Dough Scrape） 在麵糰整型分割時使用。若沒有切麵刀，可直接使用菜刀取代。（圖15）
- 刷子（Brush） 有軟毛及矽膠兩種材質，矽膠材質較好清潔保存。成品進爐前塗抹蛋液或蛋白使用，也適合刷去麵糰表面多餘粉類。（圖16）
- 矽膠防沾烤工作墊（Silicone Baking Mat） 防滑且耐高溫，使用方便也好清潔。適合墊在工作檯上甩打麵糰或揉麵時使用。但要注意不可以用尖銳的東西切割，以免損壞。（圖17）
- 防沾烘焙布（Fabrics） 可以避免成品底部沾黏烤盤，自己依照烤盤大小裁剪。清洗乾淨就可以重複多次使用。（圖18）
- 防沾烤紙（Parchment Paper） 蒸製饅頭時鋪在蒸籠底部防止沾黏，整捲的防沾烤焙紙可以自行依照蒸籠大小來裁剪。（圖19）

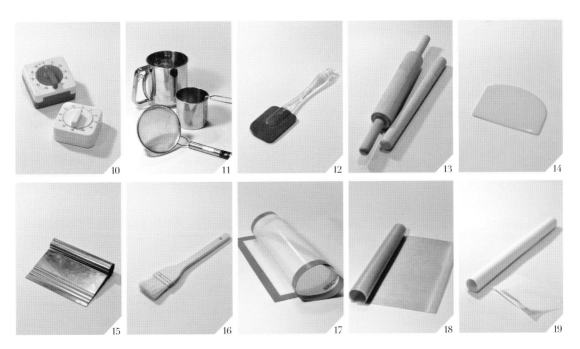

10 11 12 13 14

15 16 17 18 19

- 鋁箔紙（Aluminum Foil） 包覆烤模或墊於烤盤底部使用。（圖20）
- 木杓、木匙（Wooden Spoon） 長時間熬煮材料攪拌使用，木質不會導熱，比較不會燙傷。（圖21）
- 厚手套（Oven Glovers） 拿取從烤箱中剛烤好的成品，材質要厚一點才可以避免燙傷。（圖22）
- 鐵網架（Cooling Wrack） 烘烤完成的成品出爐後，必須移至鐵網架上放涼才不會回潮。（圖23）
- 竹籤（Bamboo Skewers） 測試發糕熟了沒有，竹籤插入發糕中心沒有沾黏麵糊即可。（圖24）
- 鋼尺（Steel Rule） 尺上有刻度，方便測量分割麵糰使用，不鏽鋼耐用又好清洗。（圖25）
- 滾輪刀（Wheel Cutter） 切割麵皮使用，有鋸齒形及標準形兩種變化。（圖26）
- 刨絲器（Shredder） 一般刨絲器有粗細兩種不同尺寸，可省去切絲的麻煩。（圖27）
- 竹蒸籠（Steamer） 竹製蒸籠可以吸收水蒸氣，對於蒸製包子饅頭來說是最好的器具。每一次使用完畢後，都要清洗乾淨晾乾，放置通風處才不會發霉。（圖28）
- 鐵蒸籠（Steamer） 因為鐵蒸籠不吸水，所以使用鐵蒸籠時，要將鍋蓋部分用一塊大布巾包覆起來，這樣可避免鍋蓋上的水蒸氣滴下把包子、饅頭弄濕，導致成品皺皮。（圖29）
- 壓麵機（Pasta Maker） 可以將麵糰壓製緊實並且拉長，省去擀壓耗費體力，並可以調整麵皮厚度，並將壓好的麵皮切成寬度不同的麵條。（圖30）
- 平底鍋（Frying Pan） 煎烙炒製，請依照自己喜歡挑選不鏽鋼或防沾等材質使用。（圖31）
- 分離式烤模（Mould） 蒸製海綿鹹蛋糕使用，底部為分離式，方便脫模。（圖32）
- 油力士紙杯（Paper Glass） 發糕類產品使用，最好搭配布丁模才比較有支撐力。（圖33）

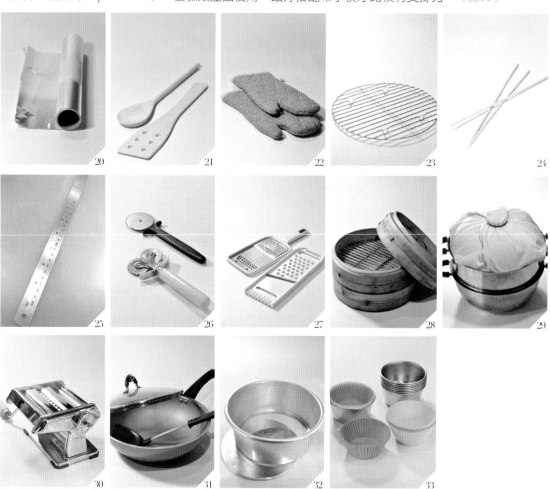

材料圖鑑

製作中式麵食與點心成功與否的關鍵都掌握在材料的特性與風味上，所以使用適合的材料是非常重要的。只要了解各材料的特性，就能避免製作過程失敗的機率。

粉類（Flour）

- 高筋麵粉（Bread Flour）　蛋白質含量最高，約在11～13%，適合做麵包、油條。高筋麵粉中的蛋白質會因為搓揉甩打而慢慢連結成鏈狀，經由酵母產生二氧化碳而使得麵筋膨脹形成麵包獨特鬆軟的氣孔。（圖1）
- 中筋麵粉（All Purpose Flour）　蛋白質含量次高，約在10～11.5%，適合做中式麵點。（圖2）
- 低筋麵粉（Cake Flour）　蛋白質含量最低，約在5～8%以下，麵粉筋性最低，適合做餅乾、蛋糕這類酥鬆產品。麵包中添加少許可以降低筋性方便整型操作。（圖3）
- 全麥麵粉（Whole-Wheat Flour）　整粒麥子磨成，包含了麥粒全部的營養，添加適宜的全麥麵粉可以達到高纖維的需求。筋性接近中筋麵粉。（圖4）
- 在來米粉（Rice Flour）　在來米加工製成，不具黏性較鬆散，適合製作蘿蔔糕、河粉等產品。（圖5）
- 糯米粉（Sweet Rice Flour）　圓糯米加工製成，濕黏且軟，有甜味，適合製成湯圓及甜年糕等產品。（圖6）
- 番薯粉（Sweet Potato Flour）　又稱為地瓜粉，大多是樹薯澱粉加工製成，成品黏Q有彈性。（圖7）
- 太白粉（Potato Starch）　馬鈴薯或樹薯澱粉製成，黏度很高，適合勾芡調整麵糊濃稠度。（圖8）

- 各式各樣雜糧粉（Cake Flour） 黃豆粉、黑芝麻粉與亞麻籽粉等。粉狀的特性更方便添加在麵點中增加香氣及口感。（圖9）
- 小麥胚芽（Wheat Germ）麥子發芽成種子的部位，是非常優質的蛋白質。含豐富的維生素及微量元素。（圖10）

糖類（Sugar）

- 細砂糖（Castor Sugar） 糖在麵包中除了增加甜味，也具有柔軟、膨脹的作用。可以保持材料中的水分，延緩成品乾燥老化。如細砂糖精製度高，顆粒大小適中，具有清爽的甜味，容易跟其他材料溶解均勻，最適合做麵包烘焙。（圖11）
- 黃砂糖（Brown Sugar） 其中含有少量礦物質及有機物，因此帶有淡淡褐色。但是因為顆粒較粗，不適合做西點。若要使用，必須事先加入液體配方中使之溶化。（圖12）
- 黑糖（Black Sugar） 是沒有經過精製的粗糖，礦物質含量更多，顏色很深呈現深咖啡色。（圖13）
- 糖粉（Powdered Sugar） 細砂糖磨成更細的粉末狀，適合口感更細緻的點心。若其中添加少許澱粉，可以做為蛋糕裝飾使用，不怕潮濕。（圖14）
- 麥芽糖（Maltose） 用米和麥芽提煉製作而成，甜味比蔗糖低，黏性高，顏色金黃富有光澤，也稱為「米飴」。（圖15）
- 水麥芽（Maltose） 麥芽糖的成分改以樹薯澱粉加熱水發酵而成，濃度比黃色麥芽糖低，因為顏色較淡，也稱為「水飴」。（圖16）

油脂類（Oil Fats）

- 無鹽奶油＆有鹽奶油（Butter）　動物性油脂，由生乳中脂肪含量最高的一層提煉出來。奶油分為有鹽及無鹽兩種。如果配方中奶油份量不多，使用有鹽或無鹽都可以。若是份量較多，最好使用無鹽奶油才不會影響成品風味。（圖17）
- 無水奶油（Butter）　將奶油完全去除水分的產品，可以使得製作成品更酥脆。（圖18）
- 植物性油脂（Vegetable Oil）　此類屬於流質類的油脂，例如大豆油、蔬菜油、橄欖油、葡萄籽油或芥花油等，可以加入麵點中代替動物性油脂。（圖19）
- 豬油（Lard）　豬脂肪提煉的固體油脂，可以代替無水奶油使用，成品更酥脆。（圖20）

17

18

19

20

奶類（Milk）

- 牛奶、奶粉（Milk）　可以增加成品的潔白，代替清水使得成品增加香氣及口味。配方中的牛奶都可以依照自己喜歡使用鮮奶或奶粉沖泡，全脂或低脂都隨意，最好是使用室溫的，才不影響烘烤溫度。如果使用奶粉沖泡，比例約是90cc的水＋10g的奶粉。（圖21）
- 煉奶（Condensed Milk）　煉奶是添加砂糖熬煮的濃縮牛奶，水分含量只剩下一般鮮奶的1/4。添加少量就可以達到濃郁的牛奶味。（圖22）
- 椰漿（Coconut Milk）　椰漿是由椰子肉壓榨出來的乳白色漿汁，具有特殊風味，含有糖份及油脂成分。有罐頭及粉狀兩種。罐頭打開可以直接使用，粉狀要加清水混合均勻還原。（圖23）
- 帕梅森起司（Parmesan Cheese）　帕梅森起司原產於義大利，為一種硬質陳年起司，含水低味道香濃，可以長時間保存。蛋白質含量豐富，可以事先磨成粉末或切成薄片，再用於料理中。（圖24）

21

22

23

24

穀類（Cereals）

- 長糯米（Glutinous Rice） 長糯米又稱秈糯，米粒形狀細長，兩頭呈現尖形，具黏性，適合製成鹹粽、油飯等。（圖25）
- 圓糯米（Glutinous Rice） 形狀橢圓、口感甜、具黏性，適合做甜酒釀、甜粽及甜米糕。（圖26）
- 紫糯米（Glutinous Rice） 紫糯米又稱為黑糯米，營養價值高，可以運用在各式各樣甜品中使用。（圖27）
- 紅豆（Adzuki Beans） 紅豆也稱赤豆，鐵質含量高，富含澱粉，非常適合做成餡料搭配各式各樣甜點使用。（圖28）
- 去殼綠豆（Mung Beans） 綠豆去殼的成品，做成餡料口感更細膩，是消暑聖品。（圖29）
- 即食燕麥（Oats） 燕麥含膳食纖維，煮成糊狀加入麵糰中柔軟保濕。（圖30）
- 芝麻（Sesame） 富含油脂，營養價值高，灑在麵點上裝飾增添成品香味。（圖31）
- 紅棗（Chinese Red Date） 乾燥紅棗鮮甜含有豐富維生素，熬甜餡或燉湯甜品都適合。（圖32）
- 黑棗（Black Jujube） 比紅棗較大粒，使用乾燻製造而成，肉較厚實帶有煙燻味，可跟紅棗混合製作棗泥餡。（圖33）

25　26　27　28　29
30　31　32　33

酵母類（Yeast）

- 一般乾酵母（Dry Yeast）　由廠商將純化出來的酵母菌經過乾燥製造而成，使用前，先用溫水泡5分鐘再加入到麵粉中。（圖34）
- 速發乾酵母（Instant Yeast）　由廠商將純化出來的酵母菌經過乾燥製造而成，但是發酵時間可以縮短，用量約是乾燥酵母的一半。乾酵母開封後必須密封，放置於冰箱冷藏保存以避免受潮。（圖35）

膨大劑（Raising Agents）

- 泡打粉（Baking Powde）　泡打粉的主要原料就是小蘇打再加上一些塔塔粉而組成的，遇水即會產生二氧化碳，藉以膨脹麵糰麵糊，使得糕點產生蓬鬆口感。（圖36）
- 小蘇打粉（Baking Soda）　化學名為「碳酸氫鈉」，是鹼性的物質，有中和酸性的作用，所以一般會使用在含有酸性的麵糊中，例如含有水果、巧克力、酸奶油、優格、蜂蜜等。當鹼性的蘇打與酸性的成分結合，經過加熱，釋放出二氧化碳，使得成品膨脹。巧克力的產品添加適量的小蘇打粉，也會使得成品更黑亮。（圖37）

其他（Others）

- 金棗餅（Kumquat）　金棗製成的果乾，香氣豐富。（圖38）
- 桂圓乾（Dried Longan）　桂圓也稱為龍眼，桂圓乾由新鮮桂圓曬乾製成，味道甜膩，有補血滋補功效。（圖39）
- 葡萄乾（Raisin）　主要成分為葡萄糖；也含有豐富的鐵。葡萄乾必須經過曝曬的過程。正因為如此，它含有生葡萄所缺乏的其中一種貴重成分為多元酚。可以直接吃或泡醋、煮粥，做麵食料理中加入點綴也很適合（圖40）。
- 乾燥洛神（Roselle）　洛神花乾燥製成，味道甘酸，適量添加可以增加成品風味及顏色。（圖41）

- 紅豆腐乳（Fermented Soybean Curd）　豆腐乳又稱南乳，加入紅麴釀製而成，味道芳香濃郁。（圖42）
- 紅麴醬（Monascus Purpureus）　由糯米、紅趜和米酒三種主要原料製成。擁有天然紅色色澤，可以增加成品美觀及特殊風味。（圖43）
- 甜酒麴（Saccharomyces Cerevisiae）　製作甜酒釀的主要原料。（圖44）
- 乾香菇（Mushrooms）　新鮮香菇乾燥而成，使用前先用冷水浸泡軟化，在料理中增添香味。（圖45）
- 蝦米（Dried Shrimp）　乾燥小蝦子，加入料理中增添鮮味。（圖46）
- 花椒、八角（Chinese Prickly Ash）　辛香材料，燉煮紅燒去腥增添特殊風味。（圖47）
- 鹽（Salt）　鹽可以增加麵糰的黏性及彈性，在麵糰中加鹽可以調節酵母的生長，使膨脹效果達到最大。鹽在麵糰的比例約0.8%～2.2%；少量添加，也可以使成品甜度適宜，降低甜膩感（圖48）。
- 雞蛋（Egg）　雞蛋是麵食與點心中不可缺少的材料，可以增加成品的色澤及味道，是非常重要的材料。蛋黃中含有的蛋黃成分具有乳化的作用。成品最後刷上一層全蛋液也可以幫助成品表面色澤美觀。1顆全蛋約含75％的水分，蛋黃中的油脂也有柔軟成品的效果。一顆雞蛋淨重約50g，蛋黃約佔整顆雞蛋重量的33%，所以蛋黃大約是17g，蛋白是33g。（圖49）
- 鹹蛋黃（Salty Egg-yolk）　將鹹蛋中的蛋黃取出，是中式點心中常見的材料。（圖50）
- 香草精（Vanilla Extract）　由香草豆莢蒸餾萃取製成，直接加入材料中混合使用。（圖51）
- 抹茶粉（Wipes the Tea Powder）　天然的綠茶研磨成粉末狀態，微苦帶著清新的茶香，可以加入麵糰中增添日式風味。（圖52）
- 咖哩粉（Curry Powder）　多種辛香材料組合而成，增加特殊風味。（圖53）

前言

　　米食及麵食佔據了我們日常飲食的極大部分，米食除了一般蒸煮的米飯，還可以用米來製造出更多元且富變化的主食。將米加工磨成細緻沒有筋性的米粉，不僅購買方便，可以製作的成品也更豐富。而麵粉添加不同的材料就可以產生麵包、包子饅頭或各式各樣餅類點心。

　　穀物中唯一具有筋性的就是小麥，麵粉是由小麥磨製成的粉，取得容易也不昂貴。利用其中蛋白質筋性的不同，運用在不同的成品上面就可以得到不同的口感。麵粉因為有著神奇的小麥蛋白，經過搓揉產生筋性，所以方便塑造成型，任何喜歡的形狀都可以利用雙手完成。中式麵點大多使用筋性適中的中筋麵粉，做出來成品最佳。

　　本書也針對一些特別的蔬菜穀物及澱粉介紹一些簡易的點心，例如綠豆、紫米、芋頭及番薯粉等。每一種材料都有不同的口感，做出來的成品也各具特色。

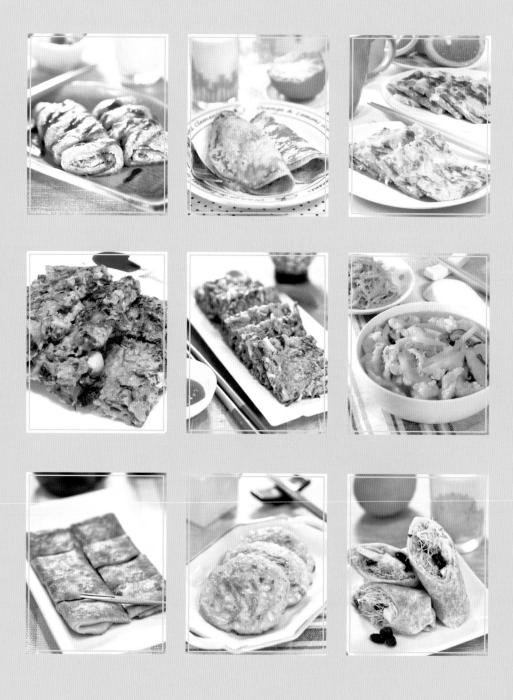

PART 1

攤 餅 麵 糊 類

麵粉加入較多份量的液體，調成濃稠的麵糊，
再以平底鍋煎製或水煮而成的麵點。
這是非常簡單的一種方式，不需要揉製就可以快速品嘗到成品；
在世界各國都有類似的做法，
例如法國的可麗餅、美式的鬆餅、日本的大阪燒與韓國煎餅都屬於這一類產品。
水量加入的多寡直接影響攤餅麵糊成品的軟硬度，可以依照個人口味加以調整。
在麵糊中加入不同的蔬菜及肉類就有更多的變化，
不僅節省時間也營養豐富。

全麥餅皮

份量

8吋約6片

材料

中筋麵粉90g
全麥麵粉50g
太白粉10g
鹽1/4t
水280cc
液體植物油1T

　　這幾年當全職主婦的生活是我最快樂的日子，脫離了忙碌的上班族生活，全心享受著照顧家人及料理三餐的工作，用滿滿的愛守護家，這就是我最大的成就。

　　大多數人的早餐都會直接吃麵包或包子饅頭，比較方便。如果希望做一些改變，中式的全麥麵餅是不錯的選擇。前一天先將麵餅麵糊做好，隔天煎一下就可以有不同的變化。做好的全麥餅皮可以包裹新鮮的蔬菜水果，就是充滿活力的生機早餐；若與蔥蛋組合，就是一份熱騰騰的中式蛋餅。

做法

1. 中筋麵粉、全麥麵粉、太白粉及鹽放入盆中，用打蛋器混合均勻。
2. 再將水及液體植物油慢慢加入，用打蛋器混合均勻，成為無粉粒狀態的麵糊（圖1～3）。
3. 覆蓋上保鮮膜，醒置30分鐘（圖4）。
4. 平底鍋倒入少許油，用紙巾擦拭均勻（圖5）。
5. 開小火熱鍋，將醒置好的麵糊用大杓子適量舀入鍋中（圖6）。
6. 輕輕轉動平底鍋，讓麵糊自然攤平成為大圓片（圖7）。
7. 一面煎熟然後再翻面煎熟，依序將全部麵糊煎完即可（圖8）。

小叮嚀

1. 全麥麵粉也可以用中筋麵粉代替。
2. 液體植物油可以選擇自己喜歡的種類，如大豆油、橄欖油或芥花油等。

蘋果芽菜捲

材料

全麥餅皮4張
蘋果1/2個
苜蓿芽少許
葡萄乾 1小把
帶糖花生粉少許
沙拉醬少許
（圖1）

做法

1　蘋果去皮切條狀，泡在加少許鹽的水中以防止變色（圖2）。

2　苜蓿芽用冷開水沖洗，再使用蔬果脫水器將水分脫除（圖3、4）。

3　將全麥餅皮鋪在盤子中。

4　依序將適量蘋果、葡萄乾、花生粉、沙拉醬及苜蓿芽放入（圖5、6）。

5　將全麥餅皮下方的部分先折上來包住餡料，再將左右兩邊折進來（圖7）。

6　最後緊密捲起，將餅皮包裹住所有材料即可（圖8）。

小叮嚀

蘋果芽菜捲中的水果、蔬菜，可依個人喜好自行變化組合。

變化吃法二

蔥花蛋餅

材料

全麥餅皮1張
青蔥1/2支
鹽少許
雞蛋1個
（圖1）

做法

1. 將青蔥洗乾淨，瀝乾水分後，切成蔥花。
2. 將蔥花及鹽加入到打散的雞蛋中混合均勻（圖2）。
3. 熱鍋（加入1/2T的油），油熱之後將蛋液倒入（圖3）。
4. 等待蛋液稍微凝固後，將全麥餅皮蓋上，用小火煎1分鐘（圖4）。
5. 翻面再煎至呈金黃色，用鍋鏟將蛋餅捲成長條狀（圖5、6）。
6. 切成適當大小，依照個人喜好沾食醬油膏食用（圖7）。

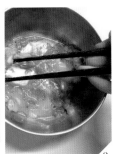

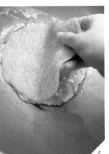

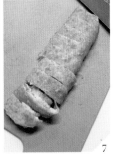

小叮嚀

1. 此麵皮可事先煎好放入冰箱冷藏或冷凍，隔天早上直接加蔥蛋煎比較省事。
2. 冷藏約可保存 4~5 天，冷凍可以保存 1~2 月以上。

牛奶玉米
煎餅

份量

約3～4人份

材料

低筋麵粉100g
玉米粉20g
全麥麵粉30g
雞蛋1個
橄欖油1T
鹽1/3t
牛奶200cc
甜玉米醬200g

　　格友Tina留言說，家中有許多玉米醬罐頭，希望可以利用來做一些簡單的料理。玉米罐頭是我廚房的櫥櫃中一定會準備的應急食材，臨時需要加菜時就可以派上用場。

　　玉米醬是整粒的甜玉米打成漿狀，味道濃郁，口感甜美，很適合熬煮奶油濃湯。如果直接加在麵糊中做成煎餅，可以吃得到玉米清甜的風味。偶爾來個簡單的輕食風，做成早餐或一個人的午餐都很方便！

做法

1. 低筋麵粉與玉米粉混合均勻用篩網過篩（圖1）。
2. 將所有粉類、雞蛋、橄欖油及鹽放入盆中，倒入牛奶及玉米醬，用打蛋器攪拌成為均勻無粉粒的麵糊（圖2～5）。
3. 工作盆覆蓋上保鮮膜，醒置30分鐘。
4. 平底鍋熱少許油，將醒置好的麵糊適量舀入鍋中（圖6）。
5. 全程使用小火，將一面煎熟再翻面，兩面都煎到呈現金黃色即可（圖7）。
6. 依序將全部麵糊煎完即可。

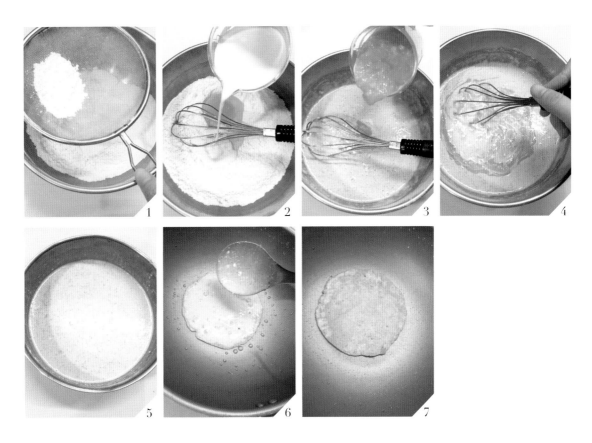

小叮嚀

1. 全麥麵粉可用低筋麵粉代替。
2. 牛奶可用水或豆漿代替。
3. 如果喜歡甜的口味，請將鹽的份量改為細砂糖20g。

乳酪蔬菜煎餅

材料

A.麵糊
中筋麵粉120g
全麥麵粉30g
雞蛋2個
牛奶150cc
鹽1/4t
白胡椒粉少許

B.蔬菜
馬鈴薯1/2個
紅蘿蔔1/4根
高麗菜2～3片
青蔥2支
蝦皮1T
培根2片
切達乳酪50g

　　忙碌的上班族大多是在外面買早餐，能夠在家做早餐很不容易。這種加入大量新鮮蔬菜及乳酪煎成的簡易料理，應該很適合當做陽光早餐。這也是Leo很喜歡的早餐之一，熱熱的餅讓人特別有胃口。

　　麵糊與蔬菜絲可在前一天晚上分別準備好，早上混合好就可以直接煎。煎好的餅吃得到清脆的高麗菜，馬鈴薯絲也讓煎餅整體味道變得更濃郁細緻。也可以加入培根或火腿。其中，蔬菜的材料份量可依照個人的喜好調整。

1 馬鈴薯、紅蘿蔔刨成細絲,高麗菜切成絲,青蔥切小段,培根切小段,切達乳酪(或任何口味乳酪絲或乳酪片)切小塊(圖1)。
2 粉類及牛奶秤量好(圖2)。

做法

1 中筋麵粉與全麥麵粉放入盆中混合均勻。
2 將雞蛋及牛奶加入,用打蛋器攪拌均勻成為無粉粒狀態的麵糊(圖3)。
3 加入鹽及白胡椒粉調味,接著封上保鮮膜,放置20分鐘。(可以前一天晚上先準備好麵糊,完成此階段後,封上保鮮膜密封,放入冰箱冷藏。)
4 再依序將適當的蔬菜絲、蝦皮、培根及乳酪塊加入混合均勻(圖4~7)。
5 平底鍋中放入適當的油,倒入一半的麵糊攤平。以小火煎到兩面呈現金黃色即可(圖8)。

韭菜牡蠣煎餅

份量

約4人份

材料

牡蠣300g
韭菜150g
雞蛋1個
中筋麵粉200g
水100cc
鹽1/2t
白胡椒粉1/8t

　　剛結婚時，我在敦化南路某家營造廠上班，公司裡有一個好同事W。她個子嬌小，個性溫和，我們兩人無話不談，整天形影不離。她年長我幾歲，在工作上教導了我非常多的事，每天下班時都一起走到通化夜市附近搭公車，一邊走一邊聊，把一天中的心情分享一下。最後會在夜市中的一個小攤子吃一個蚵爹，再心滿意足的回家。

　　能夠在職場上遇到這麼好的同事真的很難得，我很珍惜跟她的緣分。後來W因為結婚搬去台東，我們就沒辦法常常碰面了。前一陣子和老公到通化夜市逛逛，還特別去這家熟悉的小攤上點一份蚵爹來嘗。不知為什麼，吃不出當年那麼好吃的味道。可能是少了W在身邊吧！

　　這幾天買了好大一把韭菜，做了許多韭菜料理。包了餃子、水煎包，還做了這個大家都喜歡的煎餅。韭菜真的好香，跟充滿大海滋味的牡蠣好搭。今天買的牡蠣既新鮮又大顆，煎到表面微微香酥真好吃。吃著這煎餅，又想起了我的好朋友……

1　牡蠣洗淨將殘餘的牡蠣殼挑出，韭菜洗淨切段約1cm長（圖1、2）。

2　將所有材料放入盆中，攪拌成為濃稠的麵糊（圖3）。

3　鍋中倒約4T沙拉油，油熱後將麵糊全部倒入，平均鋪開。（喜歡薄一點，可以分兩次煎，煎的更脆。）

4　將兩面都煎至呈現金黃色即可。

5　起鍋切成適合大小。吃的時候可以沾甜辣醬，風味更好（圖4）。

小叮嚀

牡蠣也可以用蝦仁代替。

蔬菜豆腐煎餅

份量

約4～5人份

材料

紅蘿蔔1/4根
木耳2朵
九層塔1小把
豆腐200g
雞蛋1個
蝦皮1小把
豆芽菜50g
在來米粉40g
低筋麵粉60g
太白粉20g
水50cc
鹽1/2t
白胡椒粉適量

寫部落格這些年，有些新手主婦會留言告訴我對廚房的事完全不熟悉，心裡覺得非常惶恐。我都會告訴她們，其實面對烹飪料理不需要害怕，只要多做幾次，熟悉材料，照著家人的口味再做調整，一定會越來越順利。任何事沒有天生就會的，有興趣並且願意多嘗試，沒有什麼做不來。自己調理，除了可以選擇信任的食材，甜度鹹度也能夠自己掌握，一方面照顧到家人的健康，也享受庖廚的樂趣，何樂不為。廚房就是一個幸福家庭的中心，而妳就是這個小天地的女王！

忙碌的時候，沒有太多時間準備餐點，翻一翻冰箱的材料就可以簡單煎個餅吃。將不同的澱粉混合成的麵糊口感很特別，加入大量的豆腐蔬菜，讓這個煎餅更有充分的營養及飽足感。

1 紅蘿蔔刨成絲，木耳切成細絲，九層塔切碎（圖1）。

2 豆腐用叉子壓成泥狀（圖2）。

3 依序將所有的材料加入，混合成為均勻的麵糊（圖3～6）。

4 鍋中倒約4T沙拉油，油熱後將麵糊全部倒入，平均鋪開。（喜歡薄一點的，分兩次煎可煎的更脆。）（圖7）

5 將兩面都煎至呈現金黃色即可，起鍋切成適合的大小。吃的時候可以沾甜辣醬，風味更好。（圖8、9）

麵疙瘩

份量

約3～4人份

材料

中筋麵粉180g
全麥麵粉20g
水200cc
鹽1/8t

（圖1）

從小最吸引我的書籍，就是媽媽櫃子上一本一本的食譜。我總是翻了又翻，將每一道料理的做法都背的滾瓜爛熟，幻想自己在炒鍋前揮舞著鍋鏟。電視只要一播放傅培梅老師的料理節目，我就目不轉睛的站在電視前一步都想不移動。

媽媽在廚房忙碌時，我最喜歡當她的小幫手，幫忙遞調味料，聽她細細說明每一道菜色要注意的地方。我喜歡看媽媽專注切菜的樣子，每一個小細節都好仔細。如果整盤料理都是切絲，就不會出現塊狀或丁狀的材料。

長大了，對料理的熱情依然不減。辭職前工作雖然忙碌，但是假日還是要跟老公窩在廚房一塊下廚做菜。我的包包裡隨時都有一本筆記，出門吃飯習慣記錄餐廳的菜色及搭配，吃到好吃的就回家依樣畫葫蘆，不管做的像不像都覺得開心。在小小的廚房中，我找到屬於家的味道。

格友cw留言要做麵疙瘩，我馬上想到兩年前到鄰居楊姊家中串門子，中午她簡單的做了好香的蒲瓜麵疙瘩，單純的蔬菜配料就讓我吃個碗底朝天。關鍵就在雞蛋要趁油熱進鍋炒香，滿滿的菜香配上有嚼勁的麵疙瘩，我又重溫了與楊姊共度的那個午後。

做法

1　將中筋麵粉與全麥麵粉混合均勻。

2　將水倒入麵粉中攪拌均勻。（調起來太稀的話，可以再加麵粉，感覺像美乃滋的濃稠度就可以）（圖2、3）。

3　混合好的麵糊用保鮮膜密封醒置30分鐘（圖4）。

4　燒一鍋熱水，水滾後將麵糊用筷子一段一段的撥入沸水中，煮熟撈起即成為麵疙瘩（圖5）。

5　分次將所有麵糊煮完（圖6）。

6　在麵疙瘩中拌入一點油脂避免沾黏。

7　適量放入高湯中即可。

小叮嚀

1　全麥麵粉可以用中筋麵粉代替。

2　麵疙瘩完成後，可以放冰箱冷凍保存，想吃時再放入熱湯煮沸即可。

簡易蔬菜湯

份量

約2～3人份

材料

蒲瓜1/4個（約150g）
乾香菇3～4朵
青蔥1支　紅蘿蔔少許
雞蛋2個　榨菜絲少許
高湯（或水）1000cc
（圖1）

調味料

鹽1/2t
白胡椒粉1/8t
麻油1/2T

做法

1. 蒲瓜去皮切成粗絲，乾香菇泡水軟化後切條，青蔥切大段，紅蘿蔔切絲（圖2）。
2. 雞蛋打散（圖3）。
3. 中華炒鍋中倒入3T油，將青蔥炒香。
4. 油熱之後，放入雞蛋炒熟，用鍋鏟輾碎（圖4）。
5. 依序放入香菇條、紅蘿蔔絲、榨菜絲與蒲瓜絲，翻炒2～3分鐘（圖5、6）。
6. 加入高湯（份量要淹沒所有材料）及調味料，煮至沸騰即可（圖7、8）。
7. 將麵疙瘩加入一塊食用。

豆沙鍋餅

份量

約4人份

材料

A.麵糊
中筋麵粉120g
雞蛋1個
細砂糖1t
液體植物油1T
牛奶160cc
（圖1）
B.夾餡
烏豆沙100g
C.沾黏麵糊
中筋麵粉1T
水1/2T

　　記得畢業的第一份工作是在一家建設公司當助理，當時的我對未來沒有任何規畫，只希望自己可以多學習一些新的東西。公司旁邊小巷有一間老字號的中式餐廳，是部門很喜歡聚餐的處所。常常飯後甜點就是一份豆沙鍋餅，甜香的滋味到現在還記得。

　　我很感謝當時的主管，沒有因為我是個什麼都不會的新人就不給我機會。雖然在那家公司只待了短短一年多，我卻累積了建築相關的實務經驗，對我往後的工作有很大的幫助。這麼多年，不知道現在那家公司還在不在，偶爾經過台視公司附近，我還是會四處張望，希望尋得一些年少的回憶。

1

1　烏豆沙平均分成兩份，分別放在保鮮膜上，用擀麵棍擀壓成約10cm×15cm的片狀（圖2、3）。

2　將中筋麵粉用篩網過篩（圖4）。

3　將麵粉、雞蛋、糖及液體植物油放入盆中，倒入牛奶，用打蛋器攪拌均勻成為無粉粒的麵糊（圖5、6）。

4　工作盆覆蓋上保鮮膜，醒置30分鐘（圖7）。

5　平底鍋倒入一層薄薄的油，油熱後，將醒置好的麵糊一半舀入鍋中（圖8）。

6　輕輕轉動平底鍋，讓麵糊自然攤平成為直徑約22cm的大圓片（圖9）。

7 全程使用小火，將麵糊煎半熟至凝固變色即可盛起。

8 麵餅中央放上豆沙餡，將沾黏麵糊材料中筋麵粉加入水混合均勻（圖10）。

9 蛋餅麵皮四周抹上調好的麵糊（圖11）。

10 將豆沙餡用蛋餅皮包裹起來（圖12）。

11 平底鍋中倒入2T油，油熱將包好的鍋餅放入（圖13）。

12 中小火煎至兩面呈現金黃色即可（圖14）。

13 切成自己喜歡的大小食用（圖15、16）。

米粉蔬菜煎餅

份量

約2～3人份

材料

馬鈴薯（小）1個（約120g）
紅蘿蔔30g
高麗菜100g
青蔥1支
在來米粉100g
雞蛋1個
水50cc
櫻花蝦少許

調味料

鹽1/3t
白胡椒粉1/8t
*鹹度請依個人口味調整

　　剛結婚時，在百貨公司買了一組圖案精美的餐具，覺得有好的料理也需要搭配一組美美的碗盤。沒想到過了一段時間，又看上別組的圖案，馬上又興起更換的念頭。老公說，各式各樣色彩圖案的餐具一直都會做變化，這樣我永遠都更換不完。最後我選擇了一組白磁餐具，簡單素雅的設計沒有任何圖案，盛裝料理完全凸顯菜的色彩，沒想到這一用就超過10年沒有厭倦過。餐具沒有流行與否，挑選一組適合的餐具，不僅讓完成的料理更出色，也經濟實惠，耐的住時間的考驗。

　　只要在來米粉就可以簡單做出好吃的煎餅，添加大量的蔬菜增加膳食纖維。早晨的胃口比較不好，香噴噴的什錦煎餅可以喚醒味蕾。這是兒子最喜歡的早餐之一，可以吃得到脆甜的高麗菜，淋上醬油膏帶著日式大阪燒的迷人風味。

做法

1 馬鈴薯去皮切塊，放入盆中加上水（水量必須蓋過馬鈴薯塊）。

2 放上瓦斯爐上中火煮10〜12分鐘至筷子可以輕易插入的程度。

3 將煮軟的馬鈴薯撈起，瀝乾水分，趁熱用叉子壓成泥狀（圖1）。

4 紅蘿蔔去皮刨成細絲，高麗菜切約0.5cm丁狀，青蔥切蔥花（圖2）。

5 將在來米粉、雞蛋及水放入盆中，使用打蛋器混合均勻（圖3、4）。

6 再依序將馬鈴薯、蔬菜及調味料加入混合均勻（圖5〜9）。

7 平底鍋倒入2T油。

8 大湯匙舀起麵糊，油溫熱後將麵糊放入，稍微壓扁成圓餅狀（圖10）。

9 灑上少許櫻花蝦（圖11）。

10 小火兩面煎至呈現金黃色即可（圖12）。

11 可沾醬油膏食用。

小叮嚀

1 蔬菜都可以依照個人喜歡調整，例如馬鈴薯可用山藥或南瓜代替。也可以添加新鮮菇類、培根片或海鮮增加變化。

2 此麵糊可以前一天晚上調製好，密封放冰箱冷藏，隔天早上就可以直接煎製。

PART 2

冷 水 麵 食 類

麵粉加入冷水調製而成的麵糰，
添加的水量約是麵粉的45～50%。
冷水麵也稱為涼水麵，
特點是筋性好，彈性較強，成品色澤較白，也較有嚼勁。
加入的冷水可以先保留一些，視搓揉情形再適度添加，
不要過濕比較容易擀製。
此類麵糰適合家常麵條、餃子皮及貓耳朵等。

冷水麵糰
標準做法

份量

麵糰450g

材料

中筋麵粉300g
鹽1/8t
水150cc

做法

1. 中筋麵粉及鹽放入盆中混合均勻，然後將冷水加入（圖1）。
2. 用手將麵粉及水大致混合均勻（圖2）。
3. 按壓捏成一個大的麵糰（圖3）。
4. 利用手掌根部，用力反覆搓揉，使得麵糰成為無粉粒狀態（圖4）。
5. 繼續將麵糰搓揉約7～8分鐘至光滑（圖5）。
6. 完成的麵糰不沾盆不沾手（圖6）。
7. 將麵糰捏成圓形，收口捏緊朝下放置在抹油的盆中（圖7）。
8. 蓋上保鮮膜或擰乾的濕布，醒置鬆弛1個小時。
9. 桌上灑上一些中筋麵粉，將醒置鬆弛完成的麵糰移至桌上，麵糰表面也灑上一些中筋麵粉（圖8）。
10. 將麵糰依配方分割成需要的大小即可（圖9）。

自製
麵條

份量

約2～3人份

材料

中筋麵粉200g
水90cc
鹽1/4t

　　做麵條的麵糰水分不能加太多，否則太過於濕黏會影響操作，要慢慢將麵粉與水混合均勻再搓揉至光滑。手工做的麵條很有嚼感，吃了就上癮。

　　如果有比較多時間可以在家常常做麵點，準備一台小型的家用壓麵機是不錯的選擇。壓麵機不只可以將麵糰擀壓成均勻厚度的薄片，也可以將麵皮依照自己喜歡切成粗細寬度。使用壓麵機要避免麵糰太濕，否則容易沾黏而不好清理。麵糰表面都灑些粉也避免沾黏機器，不用的時候要用乾淨塑膠袋將壓麵機包裹起來才不會有落塵。

小叮嚀

1　配方中的「水」若用蔬果汁代替，就可以做出有色彩的麵條。
2　將成品灑上中筋麵粉，捲成團後，密封放入冰箱冷凍，可以保存1~2個月。使用前不需解凍，直接放入沸水中煮熟。

做法

A.壓麵機做法

1　將水倒入所有材料中，慢慢捏成一個團狀（圖1、2）。
2　利用手掌根部壓揉麵糰，搓揉至整塊麵糰光滑均勻無粉粒（圖3、4）。
3　把麵糰放進盆中，蓋上擰乾的濕布室溫醒置40分鐘（圖5）。
4　桌上灑些麵粉避免麵糰沾黏，將醒置完成的麵糰放上（圖6）。
5　將麵糰稍微擀薄，切成適合壓麵機寬度的大小（圖7）。
6　麵糰兩面都灑些麵粉，用壓麵機把麵糰壓成薄片（圖8）。
7　再將麵片用壓麵機粗或細麵孔切成自己喜歡的寬度即可（圖9）。
8　切好的麵條馬上灑上中筋麵粉避免沾黏（圖10）。
9　放進已經沸騰的熱水中煮至麵條都浮起來就可以。

B.純手工做法

1　桌上灑些中筋麵粉避免麵糰沾黏，將醒置完成的麵糰放上（圖11）。
2　麵糰表面也灑上一些中筋麵粉（圖12）。
3　用擀麵棍慢慢將麵糰擀成均勻的大薄片（圖13、14）。
4　擀開成大薄片的麵皮上灑上一層中筋麵粉（圖15）。
5　將麵皮折疊起來（圖16）。
6　再使用菜刀切成適當寬度即可（圖17）。
7　切好的麵條馬上用手散開，灑上中筋麵粉避免沾黏（圖18）。

番茄紅燒牛肉麵

份量

約5～6人份

材料

麵條350g
牛腱4條
青蔥4支
薑片3～4片
八角3粒
陳皮2～3片
牛番茄4個
蒜頭4瓣
紅辣椒2支
（圖1）

調味料

醬油3T
辣豆瓣醬3T
甜辣醬3T
冰糖2T
白胡椒粉1/4t
鹽適量
*調味份量為參考，
請依個人口味調整
（圖2）

　　部落格中有不少在海外的朋友，可以在我的小格子中尋覓到一些家鄉味。雖然在地球儀上千萬里，但是透過螢幕就沒有距離。這是來自澳洲的Jamie希望嘗到的家鄉味，透過網路分享，希望她也能夠在澳洲做出朝思暮想的台灣滋味。

　　牛腱肉雖然要花比較多時間烹煮，但是帶筋的肉質口感特別好。再加上新鮮番茄一塊熬煮，湯頭帶著微酸甘甜。燉了一鍋，湯鮮肉軟，配上手製拉麵與酸菜，全家都喜歡～

小叮嚀

1　牛腱可以用牛肋條代替，燉煮的時間可以約減少1/3～1/2。不吃牛肉的話，可以把牛腱換成豬腱或豬前腿肉瘦的部分，但是請多加米酒50cc一起熬煮。
2　麵條做法請參考45頁。

做法

1　燒一鍋水（水量必須蓋過牛腱），將牛腱放入沸水中（圖3）。

2　加入一半的青蔥、薑片、八角及陳皮，以小火燉煮40分鐘（牛肉燉煮的時候會產生浮末，直接用湯匙撈掉）（圖4）。

3　將煮好的牛腱撈起，其中的蔥、薑及陳皮取出丟棄，高湯留著備用（圖5）。

4　放涼的牛腱切成自己喜歡的塊狀，番茄切塊，蒜頭剝皮，剩下一半的青蔥切段，紅辣椒切片（圖6）。

5　熱鍋，鍋中放入2T油，將紅辣椒、蒜頭與青蔥爆香（圖7）。

6　將切塊的牛肉放入翻炒2～3分鐘，再將番茄放入翻炒2～3分鐘（圖8、9）。

7　將所有調味料及做法2中的高湯加入（圖10、11）。

8　蓋上蓋子，小火悶煮1個小時至牛肉軟爛即可（圖12）。

乾煸酸菜

材料

酸菜300g
蒜頭3～4瓣
紅辣椒1支
黃砂糖1T
（圖1）

做法

1. 酸菜用水洗乾淨（務必多洗幾次去除雜質）。
2. 將洗乾淨的酸菜水分擠乾，切成碎丁狀，蒜頭切片，紅辣椒切片（圖2）。
3. 鍋中放入2T油，將蒜片、紅辣椒片爆香（圖3）。
5. 將酸菜末加入，小火慢慢炒至水分散失（圖4）。
6. 加入適量的黃砂糖再拌炒2～3分鐘即可（糖量可依個人喜好做增減）（圖5、6）。

酸菜是牛肉麵的最好配菜，少了就是覺得少一味。有時間的時候炒一盤，也是方便的一道隨吃涼菜。

延伸菜單二

自製陳皮

材料

新鮮橘子皮適量

做法

1　橘子洗乾淨，將皮完整地剝下來（圖1）。
2　剝下來的橘子皮放入盤子中，直接放入冰箱中一個星期自然乾燥（圖2）。
3　完全乾燥後用塑膠袋裝著，放冰箱冷藏保存（圖3）。
4　乾燥的橘子皮就是簡易的陳皮，燉滷肉類都可以適量添加，達到提香去腥的效果。

1

2

3

　　在我小時候，每到冬天，媽媽都會收集一些橘子皮來做一些陳皮。有時候把橘子皮在暖爐上烘烤一下，滿屋子都充滿了橙皮的香，伴著冷冷的天，我永遠都忘不了那樣的感覺。

　　媽媽的手是萬能的，我們想吃的什麼，都可以從小小的廚房中變出來。媽媽用她的巧思讓我們的餐桌更豐盛！

榨菜
肉絲麵

份量

約4人份

材料

麵條280g
豬大骨高湯2000cc
豬肉絲200g
榨菜1塊（約250g）
紅辣椒1～2支
蒜頭7～8瓣
青蔥2支
（圖1）

醃料

醬油1/2T
米酒1/2T
太白粉1/2t
蛋白1T

調味料

糖1t
鹽1t
白胡椒粉1/2t

Leo回阿公家過暑假，家裡少了一個小幫手，頓時變得有些冷清。貓咪們好像知道小哥哥不在，在他的房間徘徊張望。少了他吃飯，我每天料理的份量也明顯變少，和老公兩個人就吃的很簡單。煮碗麵，再燙個青菜晚餐就解決了。

炒了一盤榨菜肉絲配飯、吃麵都很方便，蒜頭多加一點炒起來更對味。平凡的湯麵加上鹹香的配料就變的滋味無窮。我還喜歡用烤的香脆的吐司麵包夾著榨菜肉絲一起吃，可以連續吃2～3片都停不下來。

小小的配料卻有著最家常的美味。

做法

1 豬肉絲加入醃料攪拌均勻，醃約30分鐘入味（圖1）。

2 榨菜洗乾淨切絲，紅辣椒切片，蒜頭切薄片，青蔥切段（圖2）。

3 熱鍋後，將醃好的豬肉絲用2T溫油炒至半熟變色先撈起（圖3）。

4 紅辣椒片、蒜頭片用鍋中剩下的油炒香（圖4）。

5 將榨菜絲放入翻炒一會，再加入青蔥及糖調味（圖5、6）。

6 將炒到半熟的豬肉絲加入，大火快速的翻炒至肉絲全熟即可盛起（圖7、8）。

7 熬好的大骨高湯取2000cc，加入鹽及白胡椒粉調味。將喜歡的家常麵煮熟，撈起瀝乾水分後放入高湯中。

8 適量的榨菜肉絲放在湯麵上方，再灑些蔥花即可。

小叮嚀

麵條做法請參考44頁；高湯做法請參考359頁。

家常
炸醬麵

份量

約4～5人份

材料

麵條280g
豬絞肉400g
青蔥2～3支
蒜頭3～4瓣
薑2～3片
紅辣椒1支
花椒粒1t
八角2粒

（圖1）

調味料

液體植物油6T
甜麵醬3T
豆瓣醬3T
醬油2.5T
黃砂糖40g
紹興酒3T

配料

小黃瓜2條
紅蘿蔔1根

　　媽媽是北方人，麵食在家裡是最常見的主食。從小就愛媽媽做的各式各樣麵食，怎麼都吃不膩。現在這樣的基因也傳給Leo，他對麵食也特別有好感，只要餐桌上出現餅啊、麵條等料理，包準他比平時吃的多。

　　家裡做的炸醬是百吃不厭的味道，平時有空的時候熬製一鍋就是應急的好幫手。在白飯或麵條淋上一匙，保證胃口大開。這是屬於媽媽的味道！

做法

1. 青蔥切蔥花，蒜頭及薑切末，紅辣椒切片（圖2）。
2. 鍋中倒入油，油溫熱後將花椒粒及八角放入2～3分鐘炒香。保留八角，將花椒粒撈起來（圖3）。
3. 絞肉放入鍋中炒散，小火慢慢翻炒約5～6分鐘（圖4、5）。
4. 再加入蔥花、蒜頭、薑末及紅辣椒，翻炒均勻。
5. 所有調味料加入混合均勻（圖6）。
6. 蓋上蓋子，以小火熬煮7～8分鐘至肉醬濃稠顏色變深即可（圖7、8）。
7. 小黃瓜、紅蘿蔔洗乾淨切細絲（圖9、10）。
8. 喜歡的家常麵煮熟，撈起瀝乾水分後拌點麻油（圖11）。
9. 搭配上適量的小黃瓜、紅蘿蔔絲及炸醬即完成家常炸醬麵（圖12）。

小叮嚀

1. 炸醬做好放涼可以分裝冷凍，保存較久，要吃之前取出退冰加熱即可（圖13）。
2. 麵條做法請參考45頁。
3. 簡易甜麵醬做法請參考121頁。

貓耳朵

份量

約3～4人份

材料

高筋麵粉300g
水150cc
鹽1/8t

現代人生活忙碌，大多是雙薪家庭，外食機會多，平常也多以便當解決。但是吃久外面的料理也會膩，何不趁假日全家大小一起挽起袖子來揉麵換換口味。大手小手一起來，今天來做貓耳朵！

好可愛的麵食，有著逗趣的名稱，自然捲曲的麵皮就像小貓的耳朵。純手工製作的麵食有著吸引人的嚼勁與口感，吃過一次就不由自主地愛上它^^

小叮嚀

1 使用高筋麵粉來做口感比較Q，也可以用中筋麵粉代替。
2 完成的貓耳麵當天沒有吃完可以放冰箱冷凍保存。

做法

1 將所有材料放入盆中，慢慢加入水，攪拌均勻成為無粉粒狀態的麵糰（圖1～4）。

2 然後繼續將麵糰搓揉約7～8分鐘至光滑（圖5）。

3 蓋上擰乾的濕布鬆弛1.5個小時（圖6）。

4 桌上灑一些高筋麵粉，將鬆弛好的麵糰移至桌上，表面也灑上些高筋麵粉（圖7）。

5 將麵糰分切成2等份小麵糰，用擀麵棍將麵糰擀壓成為厚約0.3cm的片狀麵皮（圖8～10）。

6 利用鋼尺及滾輪切麵刀將麵皮分割成為1公分見方的小方塊（圖11）。

7 用手將小方塊剝散（圖12）。

8 用大姆指在桌上擠壓，搓一下小麵皮，使得麵皮延展開，麵皮就會自然捲曲起來（圖13）。

9 將另一份麵糰依做法5～8完成，完成的貓耳麵上灑上些高筋麵粉避開沾黏（圖14）。

10 大鍋煮水，水煮沸將麵皮放入，煮滾再加1杯水煮滾即可撈起。

11 可以乾拌、炒食或放入高湯內食用。

花素貓耳麵

份量

約3～4人份

材料

雞蛋2個
乾香菇4～5朵
乾燥金針1把
青江菜3～4棵
炸豆腐皮2片（約120g）
紅蘿蔔1/4條
貓耳麵250g
（圖1）

調味料

豆瓣醬1T
醬油1T
鹽1/4t
白胡椒粉適量

1

晚餐過後的時間，是我一天中最珍惜的，我終於放下手邊的家事，離開我的廚房，關上電腦讓自己好好休息。老公會幫我洗碗，然後準備一大盤水果，煮一壺花茶，挑一部好的電影或影集，兩個人窩在沙發中享受家庭電影院。

如果看到好的片子，我們總是捨不得關機，一路討論劇情直到眼皮沉重。有些電影雖然票房不佳，卻是我們的最愛，我慶幸身邊有一個與我心靈相通的好伴侶。

老公一直是我最好的朋友，這麼多年來，我們很幸運的工作與生活都形影不離，他是我最大的依靠，讓膽小的我也可以勇敢，可以快樂的做自己。

貓耳麵做好，可以煮湯可以炒食，我偏愛加很多材料炒一大盤，素料、葷料隨自己喜歡添加，貓耳麵Q彈的口感可是會讓人吃上癮。^ ^

做法

1 雞蛋打散，油鍋中倒入2T油。

2 油溫熱就將蛋液倒入炒熟，並用鍋鏟將雞蛋搗碎盛起（圖2、3）。

3 乾燥香菇泡水軟化切成細條，乾燥金針泡水軟化後，剪去頭部硬梗。

4 青江菜洗淨切小段，炸豆腐皮切小丁，紅蘿蔔切小片狀（圖4）。

5 燒一鍋水煮沸，水滾時，將貓耳麵放入煮至沸騰（圖5）。

6 沸騰再加1杯水再煮至滾即可撈起（圖6）。

7 在煮熟的貓耳麵上淋1T麻油扮勻備用（圖7、8）。

8 鍋中再倒入1～2T油，將紅蘿蔔放入炒2～3分鐘。

9 依序將香菇、炸豆腐皮、金針與做法2搗碎的蛋放入拌炒均勻（圖9、10）。

10 然後加入青江菜及調味料混合均勻（圖11、12）。

11 最後將煮好的貓耳麵放入翻炒2～3分鐘即可（圖13、14）。

小叮嚀

1 配料部分都可以依照個人喜好用其他材料代替。

2 豆瓣醬可以使用醬油膏1T加1/2t糖代替。

自製餃子皮

份量

約45片

材料

中筋麵粉300g
水150cc
鹽1/4t

　　餃子因其形狀又稱為「元寶」，是中國北方的傳統麵食。將各式各樣葷素餡料包入麵皮中水煮或油煎製成。內餡材料變化多端，添加大量蔬菜營養均衡，也非常有飽足感。

　　餃子皮揉製過程水分不要過多，不然麵糰太過濕軟會影響操作，水煮過程也容易破皮。要好吃的口感水分就不能過多，但是擀製的過程也會比較費力。擀皮的時候儘量擀成中心稍厚，外圍較薄，成品捏口才不會過厚。

　　內餡肥瘦比例以 3:7 為最佳，太瘦的內餡比較乾澀。絞肉必須再剁細，口感好與其他材料也更容易混合均勻。調配味道的時候，鹽要稍微慢慢添加，肉餡混合好可以先取一小塊用平底鍋煎熟嘗一下味道，若不夠鹹再繼續加鹽，這樣就可以避免成品過鹹。

　　餃子可以沾食自己喜愛的佐料，一般就是將醬油、麻油、醋、蒜泥與辣椒等材料混合起來即可。當天沒有吃完的水煮餃子，可以留待隔天用適量的油煎至金黃就是另一種風味的煎餃。

做法

1. 將所有材料放入盆中，慢慢加入水（圖1）。
2. 用手攪拌均勻成為無粉粒狀態的麵糰（圖2～4）。
3. 利用手掌根部將麵糰搓揉約5～6分鐘至光滑（圖5～7）。
4. 蓋上擰乾的濕布，鬆弛1個小時（圖8）。
5. 桌上灑一些中筋麵粉，將鬆弛好的麵糰移至桌上，表面也灑一些中筋麵粉（圖9）。
6. 搓揉2～3分鐘，使得麵糰更光滑有彈性（圖10、11）。
7. 用S形切法將麵糰切成長條狀（圖12）。

小叮嚀

如果包好的餃子要冷凍，一定要先把餃子間隔整齊擺放在一個平板上，然後直接放冰箱冷凍冰硬。冰硬了才拿出來放塑膠袋中，再放冰箱冷凍保存。冷凍水餃使用前都不需要退冰，水滾直接下鍋煮，中間加水2次，或是油鍋熱直接下鍋加水煎成煎餃。

8　用雙手搓成直徑約2.5cm長條（圖13）。

9　長條平均切成45個小麵糰（每個約10g），灑上些中筋麵粉避免沾黏（每切一刀就將麵糰轉90度再切，這樣比較容易擀的圓）（圖14）。

10　用手掌根部將小麵糰壓扁，用擀麵棍慢慢將麵糰擀成薄片（圖15）。

11　麵皮邊緣處再擀薄一些，即完成餃子皮（圖16）。

12　在麵皮中間裝上適當餡料，將兩邊的麵皮捏緊即可（圖17、18）。

13　準備一個大盤子，盤子上灑一些中筋麵粉（避免餃子皮底部沾黏）。

14　包好的餃子放在灑上麵粉的盤子中（圖19）。

15　將所有的餃子依序完成。

16　煮沸一鍋水（水量必須能夠淹沒餃子）。

17　水煮沸後放入適量餃子，以中火煮至沸騰。

18　水滾之後，加入1杯水再煮滾即可撈起（圖20、21）。

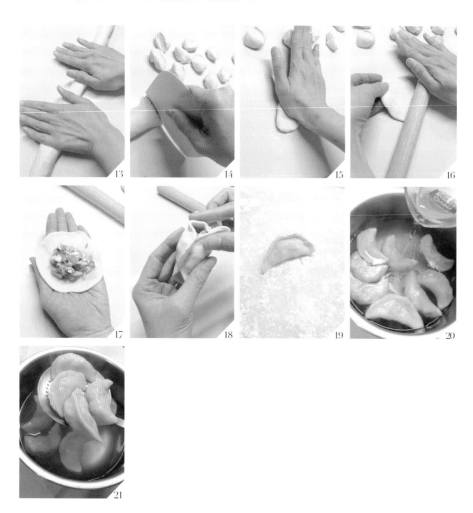

韭黃牛肉水餃

份量

約70個

材料

A.韭黃牛肉內餡
a.餡料
牛絞肉400g
韭黃150g
青蔥1把
嫩薑片3片
雞蛋1個
（圖1）
b.調味料
醬油2T
麻油2T
米酒1T
鹽1/2t
白胡椒粉適量
太白粉1T
高湯50cc

B.餃子皮
中筋麵粉500g
水250cc
鹽1/2t

　　包餃子一直是我跟媽媽很有趣的記憶。母女兩人，一個擀皮，一個包餡，坐在餐桌邊聊著大小事。媽媽每次包餃子時，總希望肉餡與餃子皮能夠算的沒有誤差，到了快包完的時候，我們母女都會把剩下的餃子皮攤開，再把內餡一個一個分好，然後兩個人就會好開心，覺得材料都運用的剛好。

　　現在包餃子都有老公的幫忙，他擀皮，我包餡，兩個人天南地北聊著，我笑他皮擀的不圓，他笑我包的有大有小。雖然包餃子從媽媽換成老公，但是不變的是那股對家的依戀。吃餃子全家一塊動手，有一種圓滿的感覺。

✿

做法

A.製作韭黃牛肉內餡

1 將牛絞肉再剁細至有黏性產生,韭黃及青蔥切成細段,嫩薑片切末(圖2)。

2 將牛絞肉、韭黃、青蔥、嫩薑末與雞蛋放入盆中攪拌均勻(圖3)。

3 將所有調味料加入攪拌均勻(圖4)。

4 分數次將高湯加入打水。(打水就是為了讓肉餡能夠保有水分,這樣吃的時候肉才會嫩,也才有湯汁,只要把高湯或冷水一次一些加進餡料中,每一次加都要同方向攪拌,就會發現水都被餡料吸收進去了。)

B.製作餃子皮

5　麵糰做法請參考58頁自製餃子皮（圖5～8）。

6　桌上灑一些中筋麵粉，將鬆弛好的麵糰移至桌上（圖9）。

7　將麵糰切成長條，搓成直徑約2.5cm長條（圖10、11）。

8　長條平均切成70個小麵糰（每個約10g），灑上些中粉避免沾黏（圖12）。

9　用手掌根部將小麵糰壓扁，用擀麵棍慢慢將麵糰擀成薄片（圖13）。

10　麵皮邊緣處再擀薄一些。

11　在麵皮中間裝上適當餡料，將兩邊的麵皮捏緊即可（圖14～16）。

12　依照60頁做法16～18煮餃子標準程序煮熟即可。

小叮嚀

若有剩下的餡料，可以直接用平底鍋煎成肉餅。

高麗菜
鮮肉水餃

份量

約70個

材料

A.高麗菜鮮肉餡

a.餡料
豬絞肉500g
青蔥2支
嫩薑片2～3片
蝦米1小把
高麗菜250g
（圖1）

b.調味料
醬油3T
麻油3T
米酒2T
鹽1/2t
白胡椒粉1/4t
高湯50cc
B.餃子皮
中筋麵粉500g
水250cc
鹽1/4t

　　一想到餃子餡中咬起來清脆的高麗菜，忍不住就動手剁餡揉麵。從小就愛極媽媽包的餃子，一顆一顆渾厚飽滿，手擀餃皮帶著麵香及嚼勁，冷著吃都無比美味。

　　外面賣的餃子再怎麼豐富，也敵不過自家包製的。手工餃子讓我懷念起兒時偎在媽媽身旁的點點滴滴，山珍海味我都不想，就愛這屬於家的鮮味。

A.製作高麗菜鮮肉餡

1　將絞肉再稍微剁細至有黏性產生（圖2）。

2　青蔥切成細段，嫩薑片切末，蝦米泡溫水2～3分鐘撈起切末。

3　將絞肉、青蔥、嫩薑末與蝦米末放入盆中（圖3）。

4　所有調味料加入攪拌均勻（圖4）。

5　分數次將高湯加入攪拌打水。（打水就是為了讓肉餡能夠保有水分，這樣吃的時候肉才會嫩，也才有湯汁，只要把高湯或冷水一次一些加進餡料中，每一次加都要同方向攪拌，就會發現水都被餡料吸收進去了。）（圖5）

6　高麗菜細切成寬約0.3cm的大小備用（圖6）。

B.製作餃子皮

7　麵糰做法請參考58頁自製餃子皮。

8　桌上灑一些中筋麵粉，將鬆弛好的麵糰移至桌上。

9　將麵糰切成長條，搓成直徑約2.5cm長條（圖7）。

10　長條平均切成70個小麵糰（每個約10g），灑上些中粉避免沾黏（每切一刀就將麵糰轉90度再切，這樣比較容易擀的圓）（圖8）。

11　用手掌根部將小麵糰壓扁，用擀麵棍慢慢將麵糰擀成薄片。

12　麵皮邊緣處再擀薄一些（圖9）。

13　包餡之前，才將高麗菜混入肉餡中攪拌均勻。（太早混入會使得高麗菜出水，導致濕黏。）（圖10、11）

14　在麵皮中間裝上適當餡料，將兩邊的麵皮捏緊即可（圖12、13）。

15　包好的餃子放在灑上麵粉的盤子中（圖14）。

16　將所有的餃子依序完成。

17　依照60頁做法16～18煮餃子標準程序煮熟即可。

小叮嚀

1　餃子皮可使用市售餃子皮，包製的時候，餃子皮周圍請抹一些水比較好黏合。

2　若有剩下的餡料，可以直接用平底鍋煎成肉餅。

蘿蔔香菜餃子

份量

約70個

材料

A.蘿蔔香菜內餡

a.餡料
豬絞肉300g
白蘿蔔600g
香菜100g
乾香菇3～4朵
青蔥1支
嫩薑片2～3片
蝦皮20g
（圖1）

b.調味料
醬油2T
米酒2T
麻油3T
鹽1t
白胡椒粉1/4t

B.餃子皮
中筋麵粉500g
水250cc
鹽1/4t

　　自從出書的這半年多，生活變的比較忙碌，也讓我有了一些機會面對全新的挑戰。不管是舉辦簽書會，或雜誌社的邀稿，還有參加電視節目的錄影，每一樣都是以前從未接觸過的。不過我還是那個喜歡待在廚房的「宅」主婦，出書寫部落格都是生命中意外的插曲。我不會因此而改變，還是會按照自己的步調過生活，給家人一個溫暖的港灣。

　　白蘿蔔盛產時，超市一條條白白胖胖的，可以做好多好吃的料理。記得幾年前，同事提過家中獨特的蘿蔔餃子，我也要來試試。一想到可口的餃子，我精神就來了。最喜歡吃家裡包的餃子，一顆顆飽滿有湯汁，最重要的是每一個都有我的愛在其中～～

A.製作蘿蔔香菜內餡

1. 白蘿蔔刨細絲，灑上1t的鹽混合均勻，放置2小時自然出水（圖2）。
2. 將絞肉再稍微剁細至有黏性產生（圖3）。
3. 香菜洗淨剁碎，乾香菇泡水軟化切末，青蔥及嫩薑片切末。
4. 用手將白蘿蔔產生的水分擠乾（圖4）。
5. 將所有材料放入盆中，加入調味料混合均勻（圖5、6）。

B.製作餃子皮

6. 將所有材料放入盆中，冷水慢慢加入（圖7）。
7. 用手攪拌均勻成為無粉粒狀態的麵糰（圖8）。
8. 桌上灑上一些中筋麵粉，將醒置鬆弛完成的麵糰移至桌上，麵糰表面也灑上一些中筋麵粉。
9. 將麵糰分割成2等份，兩個麵糰各別用雙手慢慢搓揉成為直徑約2.5cm的長條。

10 每一個長條麵糰平均切成約35個小麵糰（每個約10g）。（每切一刀，就將麵糰轉90度再切，這樣比較容易擀圓。）（圖9）

11 小麵糰表面灑些中筋麵粉避免沾黏。（圖10）

12 用手掌根部將小麵糰壓扁，用擀麵棍慢慢將麵糰擀成薄片（圖11、12）。

13 麵皮邊緣處再擀薄一些。

14 適量的內餡放入麵皮中間（圖13）。

15 用手將麵皮直接捏起，把肉餡包裹起來（圖14）。

16 兩端尖角往前折再捏緊即可（圖15）。

17 準備一個大盤子，盤子上灑一些中筋麵粉（避免餃子皮底部沾黏）。

18 包好的餃子放在灑上麵粉的盤子中。

19 將所有的餃子依序完成。再依照60頁做法16～18煮餃子標準程序煮熟即可。

冰花煎餃

份量

約80～100個

材料

豬絞肉500g
青蔥2～3支
嫩薑片2～3片
蝦皮3T
韭菜300g
雞蛋1個
餃子皮約80～100個

調味料

醬油2T
麻油3T
白胡椒粉1/4t
米酒1.5T
鹽1/3T
太白粉2T
高湯（或冷開水）50cc

煎餃子粉漿

水300cc
中筋麵粉1T

　　腦袋瓜一想到脆脆的煎餃就忍不住動手了，假日包餃子多了老公和Leo的幫忙，速度馬上快多了。一家子坐在桌邊聊聊天，6隻手一會兒的功夫就全部解決。

　　我也喜歡和媽媽一塊包餃子，母女兩人可以天南地北的閒聊，我喜歡媽媽在廚房充滿笑容的臉。記憶中，媽媽做的餃子是那樣的香氣四溢～

　　將餃子排成花形，再澆上粉漿水，煎出來的成品倒扣在盤子上，美極了！彷彿一朵盛開的晶瑩冰花，好看又好吃！

♛
做法

1. 豬絞肉剁成泥狀，青蔥切成細段，嫩薑片切末，蝦米切末（圖1）。

2. 韭菜洗淨切碎。

3. 將絞肉、蔥段、嫩薑末、蝦米末與雞蛋放入盆中攪拌均勻（圖2）。

4. 分數次將高湯加入打水（打水就是為了讓肉餡能夠保有水分，這樣吃的時候肉才會嫩也才有湯汁，只要把高湯或冷水一次一些加進餡料中，每一次加都要同方向攪拌，就會發現水都被餡料吸收進去了）（圖3）。

5. 最後將韭菜及所有調味料加入餡料中攪拌均勻（圖4）。

6. 在餃子皮中間裝入1T餡料，餃子皮邊緣沾上少許水，將兩邊的麵皮對折慢慢捏出皺折捏緊（圖5、6）。

7. 將煎餃子粉漿混合均勻調好（圖7、8）。

8. 鍋中加入2T油，油熱後整齊放入餃子，用小火稍微煎1〜2分鐘（圖9）。

9. 倒入粉漿水（約蓋過餃子1/2處），蓋上鍋蓋中小火煎煮7〜8分鐘至水全部收乾（時間與水量有關）（圖10、11）。

10. 打開鍋蓋，調到小火，煎到底部呈現金黃色酥脆即可。（不要一直翻動才會煎的完整）（圖12）。

11. 煎好倒扣在盤子上即可。

小叮嚀

1. 自製餃子皮請參考58頁。

2. 先把生餃子的底部煎一下，再倒入適量的粉水。等水分都收乾了，再打開蓋子讓粉漿煎到呈現金黃色。一定要等到粉漿煎成一片才可以倒扣，成品才不會散掉。

三鮮鍋貼

份量
約30個

材料

A.豬肉蝦仁內餡

a.餡料
豬絞肉250g
蝦仁200g
韭黃150g
青蔥1支
（圖1）

b.調味料
米酒1.5T
醬油1T
麻油1T
鹽1/4t
白胡椒粉1/8t
清水2T

B.麵皮
中筋麵粉150g
高筋麵粉150g
清水150cc

看到鍋貼，就想起已經拆除的中華商場點心大王的鍋貼，不管是跟同學還是跟媽媽都曾經光顧過。老老的店，不起眼的裝潢，老伯伯們穿著汗衫，賣力地搉著麵糰大聲吆喝著。好吃的鍋貼陪伴著我的年輕歲月，這幅畫面應該是四、五與六年級生共同的回憶吧！

今天忽然想起這熟悉的滋味，我要將這份味道在家裡重現，鑽進廚房拿出我的麵粉罐開始揉麵。豬肉餡添加了鮮香的蝦仁與香氣十足的韭黃，麵皮煎到金黃香酥帶著嚼勁，這是會感動人的美味。縱使兒時一去不回，我還是可以經由廚房重返童年時光！

做法

A.製作餡料

1 將豬絞肉及一半份量的蝦仁剁細至泥狀（有黏性產生）（圖2～4）。

2 另外一半蝦仁切成丁狀（圖5）。

3 韭黃洗乾淨切約長1cm的段狀，青蔥切末。

4 將剁細的蝦仁肉泥、蔥末及蝦仁丁放入盆中（圖6）。

5 加入所有調味料混合均勻（圖7）。

6 最後將韭黃加入攪拌均勻即可（圖8～10）。

B.製作麵皮

7 依照42頁冷水麵糰標準做法完成冷水麵糰（圖11）。

8 桌上灑上一些中筋麵粉，將醒置鬆弛完成的麵糰移至桌上，麵糰表面也灑上一些中筋麵粉（圖12）。

9 將麵糰分割成2等份，兩個麵糰各別用雙手慢慢搓揉成為條狀（圖13、14）。

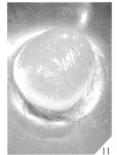

10 每一個麵糰平均切成約15個小麵糰（每個約15g），（每切一刀就將麵糰轉90度再切，這樣比較容易擀的圓）（圖15）。

11 小麵糰表面灑些中筋麵粉避免沾黏（圖16）。

12 用手掌根部將小麵糰壓扁，用擀麵棍慢慢將麵糰擀成薄片（圖17、18）。

13 將麵皮擀成長形。

15　16　17　18

C.製作鍋貼

14 適量的內餡放入麵皮中間（圖19）。

15 兩側麵皮中間折起，頭尾兩端折起捏緊成為長方形（圖20、21）。

16 將所有的鍋貼依序完成（圖22）。

17 鍋中倒入2T油，油熱後將鍋貼整齊放入小火煎1～2分鐘。

18 倒入水（約蓋過鍋貼1/2處），蓋上鍋蓋中小火煎煮7～8分鐘至水全部收乾（時間跟水量有關）（圖23、24）。

19 打開鍋蓋，調到小火煎到底部呈現金黃色酥脆即可（圖25）。

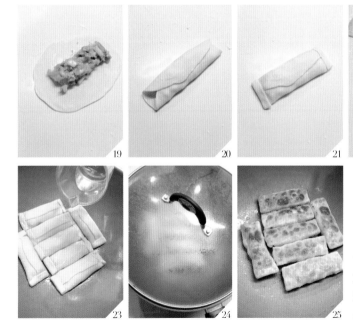

19　20　21　22

23　24　25

小叮嚀

1 麵皮做法請參考58頁。

2 高筋麵粉也可以用中筋麵粉代替。

3 鍋貼的形狀也可以包成餃子狀。

鮮肉餛飩

溫州大餛飩一直是我喜歡的麵食，滑溜柔軟的外皮包裹著鮮嫩的肉餡，吃再多次都不會膩。還記得曾經跟媽媽在已經拆除的中華商場第一次嘗到，當時的媽媽年輕又漂亮，邊吃飯還不忘跟我提醒要在課業上加油認真。父母的叮嚀不會因為我們長大而減少，這就是他們愛我們的方式。

這些傳統的味道伴隨著記憶，一路豐富味蕾也豐富人生。

買了1斤絞肉包了一些餛飩，只要煮個高湯，加一些榨菜絲及青菜，就是平時簡單的中餐。絞肉一定要仔細剁成泥狀，餛飩內餡才會軟嫩好入口。自己包的餛飩飽滿鮮美，這是我最喜歡的麵食，有我與媽媽的特別記憶！

1

1 青蔥切段,薑片切細絲(圖2)。

2 將做法1放入50cc的水中,利用手抓揉將汁液擠出做成蔥薑水(圖3、4)。

3 豬絞肉用菜刀仔細剁成泥狀(感覺充滿黏性的狀態)(圖5、6)。

4 將所有調味料、蔥薑水(將蔥薑水中的蔥薑濾掉)及蛋白加入肉泥中,混合均勻(圖7~12)。

5 餛飩皮展開，放上適量肉餡（圖13、14）。

6 將餛飩皮對折，左右兩邊尖角捏緊成帽子狀（捏的時候，餛飩皮捏合處可以稍微沾點水才比較黏的牢）（圖15～17）。

7 全部完成就可以煮製（圖18）。

8 吃不完的餛飩可以放冰箱冷凍保存。

小叮嚀

若有剩下的肉餡，可以用手的虎口擠出球形，煮熟做成肉丸。

紅油
抄手

份量

4～5人份

材料

A.餛飩內餡
（參考76頁）

B.餛飩外皮
市售餛飩皮60張

C.調味醬汁
青蔥1支
蒜頭3瓣
冬菜（或榨菜）適量
花生粉適量
醬油2T
麻油1/2T
白醋1.5T
糖1/2T
辣油2T
花椒粉1/4t

吃到紅油抄手，就想起唸書時最喜歡跟同學D到忠孝東路四段的四川吳抄手打牙祭。香鹹麻辣的醬汁加上餛飩的鮮，總讓我們兩個人吃的頭皮發麻又直呼過癮。

當年的我們傻傻著有好多雄心壯志，希望畢業後能夠在自己所學的領域中找到一片天空。還記得第一份工作的老闆脾氣不好，膽小的我被大聲幾句馬上眼眶含淚，覺得委屈。真的進入社會才知道在父母的呵護下是過得多麼安逸，現在想起當年的模樣還感到莞爾。

看著Leo一天天成長，再過幾年他也要自己面對生活上的種種考驗，我也開始體會到做母親的那份不放心，手中的風箏線一點一點要慢慢放開，天空多大就要放多長。

好多年沒有再去光顧吳抄手，也不知道當時喜歡的味道有沒有改變？20歲的記憶，是那樣的青澀又充滿甜蜜！

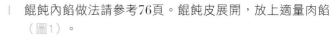

做法

1 餛飩內餡做法請參考76頁。餛飩皮展開，放上適量肉餡（圖1）。

2 將餛飩皮放入手心中，手心捏緊成傘狀（圖2、3）。

3 青蔥洗淨切蔥花，蒜頭切末（圖4）。

4 將所有材料（除了蔥花及花生粉），依序放入碗中，混合均勻（圖5、6）。

5 碗中放入適量調好的醬汁（圖7）。

6 餛飩煮熟撈起放入碗中（圖8）。

7 最後灑上花生粉及蔥花即可（圖9）。

小叮嚀

辣度請依自己喜好做適當調整。

鮮蝦燒賣

份量

約3～4人份

材料

豬絞肉250g
蝦仁150g
荸薺5～6個
薑2片
雞蛋白1個
青豆仁少許
市售餛飩皮30～32張
（圖1）

調味料

米酒1.5T
醬油0.5T
麻油0.5T
鹽1/3t
太白粉3T

　　家中有九隻貓，每一隻個性都不同。小布是四年前從林醫師的獸醫診所抱回來的，當時兩個月大的牠是颱風夜被好心的婆婆撿到，就這麼成為我們家的一份子。剛來我們家的時候又瘦又小，現在已經是超過7公斤的大貓。牠雖然個頭最大，但心地卻最善良，從不跟其他哥哥姊姊計較，即使被攻擊也都不還手，這樣的個性讓我特別疼愛牠。牠好像也覺得自己不是貓，喜歡跟我們窩在一起。要用我們的杯子喝水，在洗手台上廁所，看到愛吃的生菜就往廚房衝，每天晚上睡在我跟老公中間當小電燈泡。不過偶爾會偷偷在沙發尿尿做記號，很難對牠生氣，因為一看到牠無辜的模樣就投降。我太寵貓，誰叫牠們是這麼迷人！

　　利用市售餛飩皮就可以做出道地的燒賣，添加蝦仁滑嫩鮮香，爽口甜美的荸薺增加脆度，成品的口感一點都不輸給港式飲茶的點心。泡壺香片，今天我們也來吃港式點心^^

⚜
做法

1 　將豬絞肉及一半份量的蝦仁剁細至泥狀有黏性產生（圖2、3）。

2 　另外一半蝦仁切成丁狀。

3 　荸薺與薑切末（圖4）。

4 　將剁細的蝦仁肉泥，荸薺末及薑末放入盆中。

5 　加入所有調味料（除了蛋白）混合均勻（圖5、6）。

6 　最後將切成丁狀的蝦仁及蛋白加入混合均勻即可（圖7～9）。

7　適量的內餡放入餛飩皮中間（圖10、11）。

8　用手將餛飩皮直接捏起將肉餡包裹起來（圖12、13）。

9　蒸籠中鋪上蒸籠紙，將完成的燒賣間隔整齊排入（圖14）。

10　每一個燒賣中間點綴一粒青豆仁。

11　水滾時將蒸籠放上，以大火蒸15分鐘即可（圖15、16）。

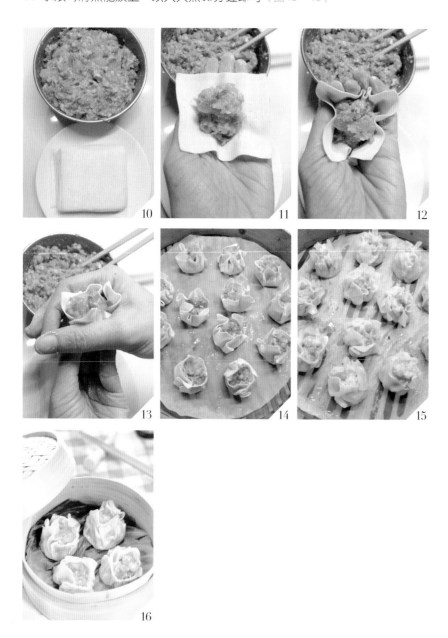

變化吃法

餛飩皮利用

份量

約2～3人份

材料

市售餛飩皮（或水餃皮）8張
起司片2片
櫻花蝦1小把
乾燥巴西利少許
（圖1）

做法

1　起司片各切成4等份（圖2）。

2　將餛飩皮鋪放在烤盤中。

3　每一片餛飩皮放上一小片起司片，灑上一些櫻花蝦及乾燥巴西利（圖3）

4　放入已經預熱到170℃的烤箱中，烘烤8～10分鐘即可（圖4、5）。

　　每一次包餃子或餛飩的時候，總是會剩下一些多餘的麵皮，少少幾片很難消化。換一個方式，就可以讓這些不好使用的材料變成可口的小點心。加上起司片及櫻花蝦烘烤的卡滋卡滋，會停不了口！

小籠湯包

份量

約4～5人份

材料

A.湯包內餡

a.豬皮凍
豬皮150g
青蔥2支　薑2～3片
紹興酒1T
鹽1/4t
白胡椒1/4t
水800cc
（圖1）

b.豬肉餡
豬皮凍200g
豬絞肉300g

c.蔥薑水
青蔥3～4支
老薑100g
水150cc
（圖2）

B.湯包外皮

a.麵皮
中筋麵粉300g
水150cc

b.調味料
蔥薑水75cc
鹽1/2t
細砂糖5g
醬油1T
米酒1T
白胡椒粉1/8t
麻油1T

說起小籠包是很多人的最愛，以前唸書時就喜歡找同學到忠孝東路統領百貨後面的「一條龍」北方館子點一籠奢侈一下。不過現在這家店好像已經不在了。結婚後也曾跟老公到信義路「鼎泰豐」朝聖過一次，跟著一大群日本觀光客抽號碼牌排隊。印象中真的是湯汁飽滿，皮薄如紙，讓人回味無窮！難怪生意永遠那麼好，排隊人潮從沒有斷過。

最近這幾年，在基隆路上也有兩家好吃的小籠湯包，一家是「明月湯包」，另一家是「鼎太元」。兩家的湯包都不錯，價錢也比較平易近人些。除了湯包還有很多蒸餃，油豆腐細粉等點心。還有一家在永康街的「金雞園」，也是我常帶媽媽去打牙祭的地方。這幾家的小籠湯包都是水準以上。

有了蒸籠就開始想挑戰小籠包，雖然沒有辦法達到外面餐廳皮薄如紙的程度，但是能夠在家享用自己做的小籠包就已經夠讓人興奮了。完成品內餡充滿湯汁，滑嫩爽口，配上薑絲白醋一家吃的津津有味，真是過癮！

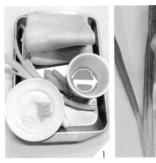

做法

A.製作湯包內餡

1 鍋中加入水煮沸（水量能夠蓋過豬皮），將洗淨豬皮放入，煮5～6分鐘使得豬皮軟化才好切丁（圖3）。

2 煮好的豬皮取出沖冷水放涼。

3 將豬皮上殘留的豬毛及肥肉部分去除然後切成小丁（圖4、5）。

4 切好的豬皮丁放入鍋中加入蔥、薑及調味料，蓋上蓋子用小火熬煮1個小時至豬皮丁軟爛。（圖6～8）

5 用濾網將湯汁過濾出來，放涼之後放冰箱冷藏至凝固（圖9）。

6 凝固的成品即為豬皮凍，倒出來取200g切成小丁備用（圖10～12）。

7 沒有用完的豬皮凍可以放冰箱冷凍保存。

8　將豬絞肉剁細至泥狀有黏性產生（圖13）。

9　加入所有調味料（麻油除外）混合均勻（圖14、15）。

10　青蔥洗乾淨切大段，老薑用刀背拍碎（圖16）。

11　將青蔥及老薑放入清水中，用手仔細抓捏將湯汁擠出（圖17～19）。

12　使用濾網過濾即是蔥薑水（圖20～22）。

13　將蔥薑水4～5次加入攪拌均勻（圖23、24）。

14　最後將豬皮凍及麻油加入攪拌均勻即可（圖25、26）。

B.製作湯包外皮

15　依照42頁冷水麵麵皮標準做法完成冷水麵糰（圖27）。

16　桌上灑上一些中筋麵粉，將醒置鬆弛完成的麵糰移至桌上，麵糰表面也灑上一些中筋麵粉（圖28）。

17　將麵糰再度搓揉5～6分鐘至光滑有彈性（圖29、30）。

18　將麵糰平切成2等份，每一份用雙手各搓揉成直徑約2.5公分細長條（圖31～33）。

19 小麵糰平均切成30個（每個約15g），灑上些許中筋麵粉避免沾黏。（每切一刀就將麵糰轉90度再切，這樣比較容易擀的圓。）（圖34～36）。

20 用手掌根部將小麵糰壓扁，用擀麵棍慢慢將麵糰擀成大薄片（圖37）。

21 麵皮邊緣處再擀薄一些（圖38）。

22 在麵皮中間裝上適當餡料，一邊折一邊收口即可（圖39～43）。

23 蒸籠鋪上燙軟的高麗菜葉，間隔整齊排入包好的小籠包（圖44、45）。

24 水滾將蒸籠放上，大火蒸15分鐘即可。吃的時候可以搭配薑絲及白醋。（圖46）。

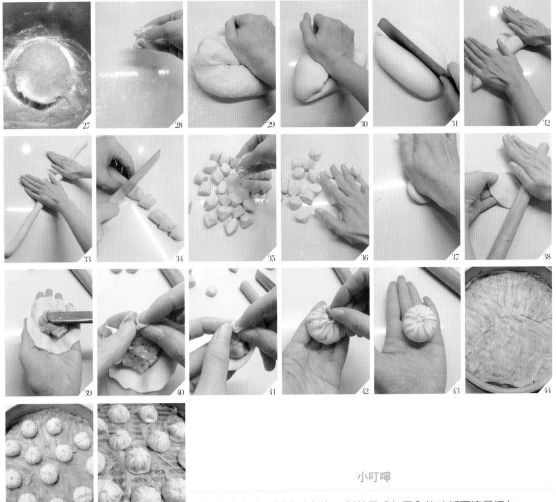

小叮嚀

剩下的豬皮凍可以冷凍保存，製餃子或包子內餡時都可適量添加。

自製
春捲皮
（潤餅皮）

材料

A.
高筋麵粉130g
水250cc
鹽1/4t
橄欖油1T
（圖1）

B.
高筋麵粉300g
水240cc
（分成180cc及60cc）
鹽1/4t

1

好多格友都陸續留言，希望能夠自己在家製作春捲皮。春捲皮材料看似簡單，但其實是非常不容易做的好的麵食。我花了不少時間試做，總算做出比較滿意的成品。做法A是簡單且容易成功的方式，但這種方式做出來的春捲皮比較沒有韌性，包裹材料容易破，所以使用的時候可以兩張疊起來才比較牢。

做法B比較困難，失敗率較高，需要多練習才能掌握麵糊的感覺，這是給想嘗試的朋友參考。希望大家順利！

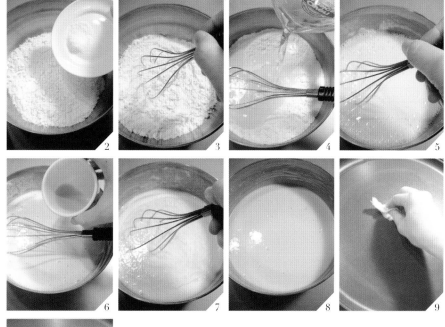（頂部裝飾）

做法

材料A做法

1　將鹽放入高筋麵粉中混合均勻（圖2、3）。

2　加入水，用打蛋器攪拌均勻成為無粉粒的麵糊（圖4、5）。

3　最後將橄欖油加入攪拌均勻（圖6、7）。

4　盆子表面封上保鮮膜醒置1個小時（圖8）。

5　在平底鍋或鐵板燒爐表面擦拭一層薄薄的油脂（圖9）。

6　將平底鍋放在瓦斯爐微火加熱或鐵板燒打開預熱（用手稍微靠近鍋底，感覺的
　　到熱氣就可以）（圖10）。

小叮嚀

1　塗抹麵糊避免一直重複，以免麵糊厚度不均。

2　加熱溫度一定不能太高，以免麵糊一塗抹上去會馬上烤乾，
　　造成塗刷過程困難。

3　烘烤過程不要烘的太乾，不然春捲皮會變脆硬，沒有辦法包
　　裹材料。

7 使用耐熱刷將混合完成的麵糊塗抹在鍋中成為一個直徑約20cm的圓片（圖11、12）。

8 看到麵皮變色就可以從邊緣慢慢將整張拉起（圖13）。

9 依序將剩下的麵糊分次完成（每烤一片都要將鍋子中殘留的屑屑清掉，並再擦拭一層薄薄的油脂）（圖14）。

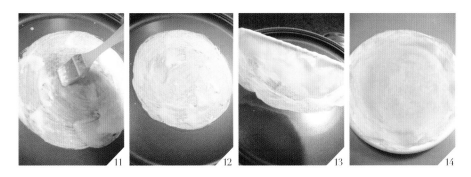

材料B做法

1 高筋麵粉及鹽放入盆中，加入180cc水（圖15）。

2 用手慢慢混合成為一個團狀（圖16）。

3 接著搓揉約7～8分鐘讓麵糰產生筋性至均勻程度（圖17、18）。

4 再將剩下60cc的水加入（圖19）。

5 將麵糰與水慢慢搓揉混合均勻成為稀軟的麵糊（圖20、21）。

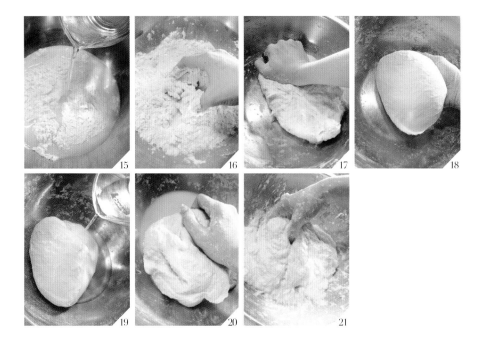

6　持續搓揉甩打5～6分鐘至麵糊產生筋性（圖22）。

7　完成的麵糊是非常滑溜而且呈現緩慢流動的狀態（圖23、24）。

8　另外取一杯水。

9　直接倒在完成的麵糊表面，水量必須完全覆蓋麵糊（此方式可以保濕，讓麵糊醒置後更均勻有彈性）（圖25）。

10　放置室溫醒置1個小時（圖26）。

11　醒置完成將表面的水倒掉，將麵糊再次混合均勻（圖27）。

12　鐵板或平底鍋稍微加溫。

13　單手舀起部分麵糊在已經微溫的鍋中旋轉一圈（圖28）。

14　多餘的麵糊用手中的麵糊沾起（圖29）。

15　看到麵皮變色就可以從邊緣慢慢將整張拉起（圖30、31）。

16　依序將剩下的麵糊分次完成（每完成一片都要將鍋子中殘留的屑屑清掉）。

小叮嚀

冷了之後可以放塑膠袋中放冰箱保存，但也不適合冰太久，避免乾硬。

潤餅

份量

約3～4人份

材料

A.
雞蛋1個

B.
豆腐乾4～5片
青蔥1支
鹽1/8t
白胡椒粉1/8t

C.
蘿蔔乾50g
糖1/4t
咖哩粉1/2t

D.
高麗菜200g
紅蘿蔔100g
豆芽100g
鹽1/2t
麻油1T
（圖1）

E.
肉鬆50g
叉燒肉100g
甜辣醬適量
含糖花生粉100g

F.
春捲皮10～12張

　　通化街中有一攤好吃的潤餅捲，每次看到一定會買個解解饞，這家生意非常好，買完菜的婆婆媽媽都喜歡來光顧，特別的是內餡有咖哩味，甜中帶鹹又有大量的蔬菜，吃起來好爽口，多吃幾捲也沒有罪惡感。一想到好吃的，我整個人精神就振奮起來，老公笑說因為我愛吃，所以他才能跟著我吃香喝辣。

　　看似不搭調的東西，又有鹹鹹甜甜的配在一塊，但是入口卻是如此協調，不得不佩服當初一開始做這樣組合的巧思。腦子已經被潤餅捲佔據，今天無論如何也要吃到，我馬上從一條懶蟲變成一條龍，開始和麵粉做春捲皮，塗上一層甜辣醬，放上炒香的各式各樣材料，灑上花生粉，誰能抗拒得了呢^^

1. 炒鍋中倒4T油，油熱後將雞蛋打散（圖2）。

2. 利用湯匙將蛋液灑入熱鍋中，將蛋液炸至呈現金黃色撈起成為蛋酥（圖3、4）。

3. 豆腐乾切細條，青蔥洗淨切蔥花。

4. 炒鍋中留1T油，將豆腐乾及蔥花放入，再加鹽及白胡椒粉拌炒均勻盛起（圖5、6）。

5. 蘿蔔乾用1T油炒香，加入糖及咖哩粉拌炒均勻盛起（圖7）。

6 高麗菜切細絲，紅蘿蔔刨絲。

7 燒一鍋熱水，水滾將高麗菜絲、紅蘿蔔絲及豆芽加入（圖8）。

8 再加入鹽及麻油煮至沸騰撈起（圖9）。

9 叉燒肉切片，所有材料都準備完成（圖10）。

10 春捲皮攤開，先刷上一層甜辣醬（圖11）。

11 然後依序將適量的材料內餡放上，最後灑上些許含糖花生粉（圖12）。

12 將春捲皮下方的部分先折上來包住餡料（圖13）。

13 再將左右兩邊折進來（圖14）。

14 最後緊密捲起即可享用（圖15、16）。

炸春捲

份量

約4人份

材料

A.韭黃豆乾肉絲內餡

a.內餡
豬肉絲200g
蒜頭2～3瓣
豆腐乾200g
韭黃300g
（圖1）

b.醃肉調味料
鹽1/2T
米酒1/2T
太白粉1t

c.調味料
醬油1T
鹽1/4t
白胡椒粉1/8t 糖1/4t

B.包製外皮
春捲皮12～15張

C.麵糊
中筋麵粉2T＋水1T混合均勻

彷彿才剛剛成為新嫁娘，跟老公共同成立一個家，怎麼一轉眼我們已經結婚這麼多年。還記得剛結婚時，廚房的事還嫌生疏，脾氣也不好，還好身邊有一雙溫暖體貼的大手呵護，給我安心的城堡。這些年，我們一起朝向目標前進，雖然也經過一些挫折，但是夫妻同心總是能夠安然度過。你給了我信心，讓我勇敢做自己想做的事。日劇《夫婦道》說的好，夫妻能夠相處在一起，除了體諒還要有著永遠牽手一生的決心。親愛的老公，來年也要請你多多指教。

小的時候好喜歡吃媽媽包的春捲，內餡一定要韭黃豆乾炒肉絲，炸的金黃香酥，真是人間美味。已經好多年沒有再吃到，今天嘴饞好想品嘗。上市場買了材料就鑽進廚房忙，老公一看到我冰箱開開關關，就知道晚上有好吃的。媽媽的味道伴隨著我成長，永遠永遠都不會忘記。

1　豬肉絲用醃肉調味料醃30分鐘入味。

2　豆腐乾橫剖成3片，再切成細條，韭黃洗乾淨，瀝乾水分，切約4cm段狀，蒜頭切片（圖2、3）。

3　炒鍋中倒入2T油，將醃好的豬肉絲放入，炒至變色就先撈起（圖4、5）。

4　原鍋將蒜頭放入炒香（圖6）。

5　再將豆腐乾放入，翻炒2～3分鐘（圖7）。

6　韭黃及調味料放入拌炒均勻（圖8）。

7　然後將炒至半熟的豬肉絲放入混合均勻，再炒2～3分鐘即可（圖9、10）。

8　春捲皮攤開，將適量的韭黃豆乾肉絲內餡放上（圖11）。

9　將春捲皮下方的部分先折上來包住餡料（圖12）。

10　再將左右兩邊折進來（圖13）。

11　最後刷上一些麵糊，緊密捲起即可（圖14～16）。

12　鍋中倒入約200cc的液體植物油。

13　油熱就將包好的春捲放入（圖17）。

14　中火炸至兩面呈現金黃色，撈起瀝油即可（圖18～20）。

PART 3

燙 麵 類

是在麵粉中加入不同比例的熱水及冷水調製而成的麵糰,也稱為開水麵。

藉由沸水先將麵粉中的筋性燙死,

使得麵粉中的澱粉糊化,再加入冷水揉搓成團。

此方式做出來的麵糰柔軟筋性較差,

但麵糰可塑性高,口感較軟糯,很適合蒸製或煎烙的製品。

其中冷水與熱水各佔的比例,都會影響最後做出來的口感。

燙麵麵糰
標準做法

份量

麵糰約490g

材料

中筋麵粉300g
液體植物油30g
鹽1/4t
100℃熱水150cc
冷水40cc

做法

1. 將麵粉、鹽、液體植物油放入盆中，倒入全部熱水，使用筷子攪拌成為塊狀（圖1～3）。
2. 再倒入冷水，用手混合成為無粉粒狀態的麵糰。（冷水可以保留10～20cc視狀況添加，若覺得太黏手，可以酌量加一些中筋麵粉再搓揉。）（圖4～8）
3. 利用手掌根部用力反覆搓揉，使得麵糰成為無粉粒狀態的麵糰（圖9）。
4. 繼續將麵糰搓揉約7～8分鐘至光滑（圖10）。
5. 完成的麵糰不沾盆不沾手（圖11）。
6. 將麵糰捏成圓形，收口捏緊朝下，放置在抹油的盆中（圖12、13）。
7. 蓋上保鮮膜或擰乾的濕布，醒置鬆弛1小時（圖14）。
8. 桌上灑上一些中筋麵粉，將醒置鬆弛完成的麵糰移至桌上，麵糰表面也灑上一些中筋麵粉（圖15、16）。
9. 依照配方份量將麵糰分割成需要的大小即可。

家常
蔥油餅

份量

8吋約2個

材料

A.內餡

青蔥4～5支
鹽1/2t
白胡椒粉1/4t
麻油2T

B.外皮

中筋麵粉100g
低筋麵粉200g
鹽1/4t
液體植物油30cc
約70℃溫水180cc

　　看一部好電影會溫暖好久，這樣的感動可以撫慰人心。翻出一部多年前的電影《Love Actually》，看完之後連續好多天都沉浸在劇中好聽的音樂及溫暖的劇情。愛分好多種：父母、夫妻、男女朋友、手足與同性異性，任何人都可以擁有屬於自己的真愛，不管國籍或語言的差異，只要真心表白，愛可以穿越一切，讓彼此看到幸福。10個愛的小故事，10個令人感動的牽絆，身邊有愛你或你愛的人嗎？祝福大家勇敢追求自己的真愛，已經有愛的人也要好好珍惜手中擁有的一切！

　　層層疊疊的家常蔥油餅是家裡最常出現的麵食，只要冰箱有剩下的青蔥一定想做一些好吃的餅。燙麵麵皮Q軟好操作，吃膩米飯想換個口味的時候，就來煎個餅吧！

1 蔥洗淨後瀝乾水分，切成細蔥花備用。

2 將材料B依照燙麵麵皮標準做法完成燙麵麵糰（圖1）。

3 桌上灑上一些中筋麵粉，將醒置鬆弛完成的麵糰移至桌上，麵糰表面也灑上一些中筋麵粉（圖2）。

4 將麵糰平均分割成2等份，分別將麵糰光滑面翻折出來然後滾圓（圖3、4）。

5 麵糰表面灑些中筋麵粉避免沾黏。

6 用手掌根部將小麵糰壓扁，再用擀麵棍慢慢將麵糰擀成圓形大薄片（圖5、6）。

7 將內餡一半的鹽及白胡椒粉灑在麵皮上（圖7）。

8 用手抹均勻，再用擀麵棍擀壓一下使得鹽壓入麵皮中（圖8、9）。

9 倒入1T的麻油均勻抹開（圖10）。

10 內餡一半的蔥花均勻灑在麵皮上（圖11）。

11 麵皮由中央點切出一道缺口（圖12）。

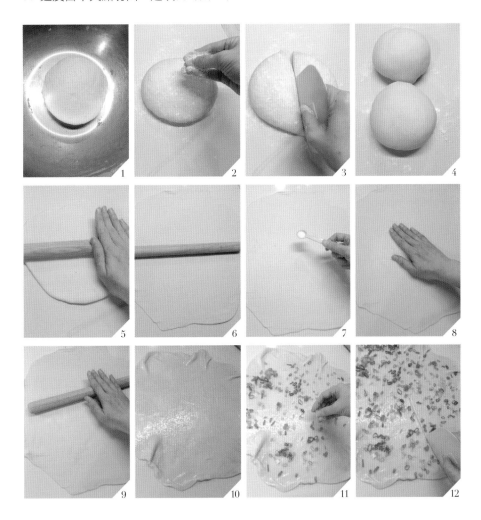

12 由缺口處慢慢將麵皮順著中心捲起成為三角錐形（圖13、14）。

13 將三角錐形的麵糰扭幾圈然後直接壓扁（圖15、16）。

14 完成的麵糰蓋上保鮮膜或擰乾的濕布，醒置鬆弛15分鐘（圖17）。

15 用手掌將麵糰壓扁，再用擀麵棍稍微擀壓成厚約0.5cm的圓形麵皮（圖18～20）。

16 平底鍋中加入少許油，油熱後將完成的麵皮放入（圖21）。

17 使用小火煎到兩面呈現金黃色即可（圖22）。

18 切成自己喜歡的大小食用（圖23）。

小叮嚀

燙麵麵皮做法請參考100頁。

南瓜全麥蔥煎餅

份量

約4片

材料

熱南瓜泥（約70℃）180g
中筋麵粉200g
全麥麵粉100g
細砂糖10g
鹽1/4t
水50cc

蔥花內餡

蔥花120g
鹽2t
白胡椒粉1/2t
麻油6T
*鹽的份量請依自己喜好斟酌

　　每隔一陣子就要煎個蔥油餅吃！正好這一陣子南瓜和青蔥都盛產，所以搭配起來做一個南瓜蔥餅。將南瓜泥蒸熟後，熱熱的直接加入到麵粉中就成了燙麵麵皮，油煎過後口感更好。

　　一做餅，就想起媽媽和在天上的外婆，她們在廚房的背影帶給我好多童年甜蜜的回憶。現在媽媽力氣不夠，已經不太做這些了，換成我繼續接棒下去。謝謝她們留給了我這麼多美好的味道！

🦪

做法

1 南瓜去皮去籽，封上保鮮膜蒸軟（圖1～3）。

2 蒸軟的南瓜取180g用叉子壓成泥（圖4、5）。

3 將所有材料放入盆中，再將熱南瓜泥倒入，使用筷子迅速攪拌，稍微涼一些加
   冷水搓揉成為無粉粒狀態的麵糰。（加入熱南瓜泥會燙，先用一雙筷子攪拌，
   涼一些再用手免得燙傷。）（圖6、7）

4 然後將麵糰搓揉約5～6分鐘成為光滑的麵糰（圖8）。

5 放入抹少許油的盆中，噴灑些水，表面罩上溼布或保鮮膜醒置40分鐘（圖
   9）。

6 桌上灑一些中筋麵粉，將醒好的麵糰移到桌上，表面也灑上一些中筋麵粉（圖
   10）。

7 將麵糰用切麵刀平均切成4個小麵糰（每個約130g），捏成圓形（圖11）。

8 每個小麵糰壓扁，用擀麵棍慢慢擀開成為一個大薄片（圖12）。

9　在麵皮上均勻灑上內餡1/4份量的細鹽及白胡椒粉，用手抹均勻（圖13）。

10　再用擀麵棍滾動將細鹽及白胡椒粉壓緊至麵皮中（圖14）。

11　倒上1.5T麻油，用手將麻油均勻抹開，最後灑上一大把蔥花（圖15）。

12　將麵皮仔細往前慢慢捲起（圖16）。

13　再將捲成長條的麵糰捲成車輪狀（表面蓋上保鮮膜休息20分鐘）。（圖17、18）

14　將麵糰壓扁，擀成圓片，放入鍋中用2～3大匙的油煎至兩面呈現金黃色即可。（圖19～21）

15　一次多做一些可以放冷凍保存，吃之前取出退冰回溫再擀開即可。

小叮嚀

1　蔥洗乾淨後要確實瀝乾水分。

2　因為南瓜品種及每個人蒸出的含水量不同，所以麵糰如果太乾，可以適量添加水分。

3　使用麵粉筋性不同的話，吸水率也會不同，依照實際搓揉狀況適量添加液體。

4　全麥麵粉也可以用中筋麵粉代替。

馬鈴薯起司青蔥煎餅

份量

約4～6人份

材料

馬鈴薯1個（約200g）
中筋麵粉100g
全麥麵粉50g
橄欖油2T
熱牛奶（約70℃）45cc
青蔥2支（切成花）
披薩起司絲30g
（圖1）

調味料

鹽1/4t
白胡椒粉少許

　　我們家的貓咪都被我寵壞了，每一次牠們做了什麼壞事，一看到牠們無辜的眼神我就投降，老公都說我太溺愛。不過我寵貓，卻不會寵小孩。遇到他不喜歡的蔬菜，還是要求他要接受，身體才有均衡的營養。做了錯事，也一定要勇敢承認不可以逃避。我希望他是個有能力面對各式各樣挑戰的孩子，有足夠的抗壓性面對這個世界。畢竟貓咪有我的照顧可以無憂無慮過完一生，但是孩子有一天卻會脫離父母的呵護，飛向自己的天空。給他魚吃不如給他一把釣竿，這才是父母給孩子最珍貴的資產。

　　早晨是一天中最忙碌的時候，Leo趕著上學，貓咪要清理，好多煩瑣的事情要處理。但是再怎麼忙，早餐一定要好好吃。中式的煎餅讓早晨剛剛睡醒的胃口打開，煎餅的香氣彌漫在廚房。

　　馬鈴薯煎餅帶有QQ的口感，加了豐富餡料，簡單的餅有了新的風貌。

　　早安，星期一！

〰️
做法

1 馬鈴薯去皮切塊，放入盆中加上水（水量必須蓋過馬鈴薯塊）（圖2）。

2 放上瓦斯爐上中火煮10～12分鐘，至筷子可以輕易插入的程度（圖3）。

3 將煮軟的馬鈴薯撈起，瀝乾水分，趁熱用叉子壓成泥狀（圖4）。

4 將中筋麵粉、全麥麵粉、橄欖油及調味料放入，再倒入熱牛奶（圖5）。

5 用手慢慢將所有材料混合均勻搓揉5～6分鐘成為一個團狀（若覺得太濕黏，可以慢慢酌量添加一些中筋麵粉）（圖6、7）。

6 然後將蔥花及披薩起司絲加入（圖8）。

小叮嚀

1 全麥麵粉可以使用中筋麵粉代替。

2 麵糰也可以前一天晚上做好，表面噴點水然後密封放冰箱冷藏，隔天早上要吃再取出整型煎製。

3 因為馬鈴薯煮熟後含水量稍有不同，可視麵糰實際狀況，添加適量的中筋麵粉調整。

109

燙 麵 類 PART 3

7 　用手慢慢將材料與麵糰混合均勻（圖9）。

8 　蓋上擰乾的濕布醒置30分鐘（圖10）。

9 　桌上灑一些中筋麵粉，將醒置完成的麵糰放上，麵糰上也灑一些中筋麵粉（圖11）。

10　將麵糰平均切成6個小麵糰（每塊約75g），滾成圓形（圖12、13）。

11　用手將小麵糰壓扁，用擀麵棍慢慢將麵糰擀成直徑約15cm薄片。（在擀製時，還沒用到的麵糰請用保鮮膜覆蓋，避免乾燥。）（圖14～16）

12　平底鍋中加入少量的油，油熱後將餅放入（圖17）。

13　用中小火煎到兩面呈現金黃色即可（圖18）。

海鮮炒餅

份量

約3～4人份

材料

A.餅皮
中筋麵粉300g
100℃熱水150cc
水30cc
鹽1/4t
液體植物油少許
（塗抹餅皮用）

B.配料
蝦仁150g
花枝200g
蟹腿肉50g
小白菜150g
青蔥2支
薑2片
（圖1）

C.調味料
a.海鮮醃料
米酒1T
鹽1/4t
b.調味料
醬油1T
白胡椒粉1/8t
高湯2T

　　自從離職後，我就變的很宅，電話很少打，朋友也很少連絡，不過我的生活沒有因此而枯燥乏味，反而因為做自己喜歡的事更充滿活力。一整天待在我的廚房，將市場帶回來的食材組合搭配，變成一道一道家人喜歡料理，就是我最快樂的事。誰說主婦是不事生產的人？能夠照顧家人的健康是最棒的工作！

　　炒餅是一道利用剩餘的家常餅做出來的美食，將餅切成條狀就可以代替麵條炒製。但是呈現出來口感卻十分特別，多了一份嚼勁及彈性。各式各樣的材料加入就可以有非常多的變化。揉一團麵，試試這回味無窮的滋味！

做法

A.製作餅皮

1　材料A依照燙麵麵皮標準做法完成燙麵麵糰（圖2）。

2　桌上灑上一些中筋麵粉，將醒置鬆弛完成的麵糰移至桌上，麵糰表面也灑上一些中筋麵粉（圖3）。

3　將麵糰平均分割成2等份，分別將麵糰光滑面翻折出來然後滾圓（圖4、5）。

4　麵糰表面灑些中筋麵粉避免沾黏。

5　用手掌根部將小麵糰壓扁，再用擀麵棍慢慢將麵糰擀成直徑約30cm圓形大薄片（圖6、7）。

6　在麵皮上抹上一層薄薄的液體植物油（圖8）。

7　將麵皮仔細捲起成為條狀（圖9、10）。

8　條狀麵皮收口朝內捲成車輪狀（圖11）。

9　完成的麵糰蓋上保鮮膜或擰乾的濕布，醒置鬆弛15分鐘（圖12）。

10　用手將麵糰直接壓扁，再用擀麵棍擀壓成厚約0.3cm的圓形薄片（圖13～15）。

16　　　　　　　　17　　　　　　　　18

11 平底鍋中加入少許油，油熱後將完成的麵皮放入（圖16）。

12 使用小火煎到兩面呈現金黃色即可（圖17）。

13 將餅皮切成約1cm寬的條狀備用（圖18）。

B.製作配料

14 青蔥及小白菜洗淨，瀝乾水分切段，薑切片，備用（圖19）。

15 蝦仁、花枝及蟹腿肉各淋上1t的米酒及1/4t的鹽醃漬15分鐘。

16 鍋中放2～3T油，油溫熱後依序將蝦仁、花枝及蟹腿肉炒熟撈起（圖20、21）。

17 原鍋中將蔥段及薑片放入，翻炒1～2分鐘炒香（圖22）。

18 然後依序放入小白菜，炒熟的海鮮料及炒餅混合均勻（圖23）。

19 最後加入所有調味料再翻炒1～2分鐘即可（圖24）。

19　　　　　　20　　　　　　21　　　　　　22

23　　　　　　24

小叮嚀

1 燙麵麵皮做法請參考100頁。

2 炒餅中的材料都可以依照個人喜歡替換。

青蔥煎餅

份量

約4個

材料

A.內餡
青蔥150g
麻油2T
鹽1/2t
白胡椒粉1/4t
（圖1）

B.外皮
中筋麵粉300g
鹽1/4t
液體植物油30cc
100℃熱水100cc
水80cc

最好的同學D在5～6年前移居法國，不過我們偶爾靠著長長電話線分享彼此的近況。算算我們認識的歲月已經超過人生的一半以上，我們常常打趣的說，將來老了若沒有伴一定要住在一起互相照顧。年輕的回憶中總有她的參與，這樣的感情任何人都無法取代。

D跟溫柔的法國老公有兩個可愛的女兒，她們也是我最疼愛的乾女兒。Leo有這麼愛他的乾媽何其幸運！人生短短，能夠有這樣的知己夫復何求！

駐足台北街頭，總會被一些販賣麵食的小攤子吸引。麵粉揉製的餅，經過油煎的程序更顯得香氣十足，即使不餓也會想掏出幾個銅板解饞。鹹香的青蔥包入，熱騰騰咬一口，山珍海味都比不上^^

👑

做法

A.製作內餡

1 蔥洗淨後瀝乾水分切蔥花。

2 將所有材料放入盆中，加上麻油、鹽及白胡椒粉混合均勻即可（圖2、3）。

B.製作外皮

3 將材料B依照燙麵麵皮標準做法完成燙麵麵糰（圖4）。

4 桌上灑上一些中筋麵粉，將醒置鬆弛完成的麵糰移至桌上，麵糰表面也灑上一些中筋麵粉（圖5）。

5 將麵糰平均分割成4等份，分別將小麵糰光滑面翻折出來然後滾圓（圖6、7）。

6 小麵糰表面灑些中筋麵粉避免沾黏。

7 用手掌根部將小麵糰壓扁，再用擀麵棍慢慢將麵糰擀成橢圓形大薄片（圖8～10）。

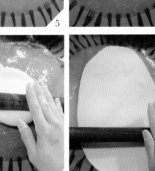

8　適量的青蔥內餡放入麵皮一側成長條狀（圖11）。

9　麵皮直接捲起將青蔥內餡包裹起來成為條狀（圖12、13）。

10　條狀麵皮收口朝內捲成車輪狀（圖14）。

11　完成的麵糰蓋上保鮮膜或擰乾的濕布，醒置鬆弛15分鐘（圖15）。

12　用手將麵糰直接壓扁，再用擀麵棍稍微擀壓成厚約1.5cm的圓形（圖16、17）。

13　平底鍋中加入少許油，油熱後將完成的麵糰整齊放入（圖18）。

14　使用小火煎到兩面呈現金黃色即可（圖19）。

小叮嚀

燙麵麵皮標準做法請參考100頁。

春餅
（荷葉餅）

份量

7吋大約做18片

材料

高筋麵粉300g
鹽1/4t
液體植物油少許
70℃溫水190cc

　　雖然離春天還很久，但是對春餅的滋味卻是一年四季都想念。

　　我是在外婆和媽媽的麵粉堆中長大的。麵食是家裡的點心也是主食，白白的粉和上水就有無窮無盡的變化，只要看到媽媽拿出擀麵棍就知道又有好吃的晚餐。現在的媽媽年紀大了，對於這些需要擀需要揉製的東西越來越沒力氣做，我拼了命的將這些味道保留在心裡，為自己的過往留下一些記錄。前幾天看了小說《東京鐵塔》，忽然想起很多小時候的種種，這部長篇小說為什麼會引起這麼大的迴響，是因為書中將家人間的親情描寫的細膩而又觸動人心。求學時我也曾經混混噩噩的過日子讓媽媽失望過，唸書時只想著貪玩，不了解父母親的期盼，一心以為畢業就可以獨立，脫離父母的管轄，看著書中年輕時的雅也，彷彿看到從前的自己，以前總是希望早一點搬出來住，現在只覺得回家的次數太少。

　　當年那雙牽著我的手，現在換我來緊緊握住。

117
燙麵類 PART 3

1　將麵粉、溫水與鹽，依照燙麵麵皮標準做法完成燙麵麵糰（圖1、2）

2　桌上灑上一些中筋麵粉，將醒置鬆弛完成的麵糰移至桌上，麵糰表面也
　　灑上一些中筋麵粉（圖3）。

3　將麵糰搓揉成圓柱形，再從中間分割成2等份（圖4、5）。

4　兩個麵糰分別用雙手慢慢搓揉成為條狀（圖6）。

5　每一個麵糰平均切成約9個小麵糰（圖7、8）。

6　用手掌根部將小麵糰壓扁（圖9）。

7　小麵糰上塗刷上一層液體植物油，然後將兩個麵糰重疊（塗抹液體植物油的面在內側）（圖10、11）。

8　把麵糰擀開成為一張直徑約20cm的餅皮（越薄越好）（圖12）。

9　將餅皮放入不放油的生鐵鍋中，小火乾烙到兩面金黃色（圖13、14）。

10　依序將餅烙好放入盤中，表面覆蓋一條乾淨的毛巾避免冷卻（圖15、16）。

11　吃的時候將薄餅撕開，包裹上喜歡的家常菜一塊品嘗（圖17）。

小叮嚀

燙麵麵皮做法請參考100頁。

京醬
肉絲

份量

約4人份

材料

豬肉絲300g
青蔥7～8支
（圖1）

醃料

醬油1T
米酒1T
太白粉1t
蛋白1T

調味料

甜麵醬2T
醬油1t
米酒1t
細砂糖1/2t
太白粉1/2T＋水1/2T

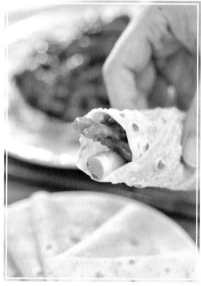

帶著甜麵醬發酵的芳香，京醬肉絲是搭配荷葉餅的最好熱炒，味道跟北京烤鴨有異曲同工的效果。包上微辣的蔥白，小心吃多了！

♕

做法

1　豬肉絲加入醃料，醃漬30分鐘入味（圖2）。

2　炒鍋中倒入2T油，將醃好的豬肉片放入炒熟後撈起（圖3、4）。

3　原鍋中加入甜麵醬、醬油、米酒及細砂糖混合均勻（圖5、6）。

4　使用小火將醬料煮沸。

5　倒入混合均勻的太白粉水勾芡（圖7）。

6　最後將炒好的豬肉絲倒入，快速翻炒1分鐘即可（圖8、9）。

7　新鮮青蔥洗乾淨，取蔥白部分切約4～5cm段狀。

8　用荷葉餅包裹著京醬肉絲及蔥白一起食用。

小叮嚀

甜麵醬是麵粉加入一些麴菌發酵製造的，帶有特別的風味。若在國外買不到，可依照以下比例自己試做看看。準備麻油1/2大匙（或任何液體油）、醬油1大匙、醬油膏1大匙、白胡椒粉1/4茶匙、糖1/2大匙、太白粉水1/2大匙（太白粉1/2大匙+水1/2大匙調勻）。依序將所有材料放入炒鍋中混合均勻，以小火煮沸，最後用太白粉水勾芡就完成。

蔥抓餅

🌼
份量

約3～4人份

🌼
材料

中筋麵粉300g
細砂糖10g
鹽1/2t
70℃溫水180cc

🌼
調味料

青蔥3～4支
鹽1t
白胡椒粉1/2t
橄欖油適量
*鹽的份量請依照自己喜好斟酌

　　天氣一會熱一會又變冷，氣溫上上下下差距10℃以上，好像洗三溫暖。昨天抽空去賣場採買，搬了一星期的食材回家，把冰箱補足。

　　一開學，Leo又開始繁重的課業，除了正常的上課及社團活動以外，假日還要抽時間做公益服務，常常晚上看他唸著唸著就打起瞌睡。想想我們以前好像沒有這麼忙碌，現在的孩子壓力真的很大。

　　晚上的時間要陪著他一塊唸書，老公也要花時間跟他討論數學，聽著他們父子說著一元二次方程式、指數、對數……我都暈頭了，還是鑽進我的廚房去做好吃的^^

　　蔥抓餅做法與蔥油餅稍微不同，蔥抓餅的層次多，所以折疊的做法也比較細，這樣才能煎出層層疊疊的口感。煎的時候也必須使用較多的油，並且用鍋鏟不停的拍打擠壓使得餅皮裂開，才會呈現酥鬆的層次。

♔

做法

1　所有材料放入盆中，然後倒入全部溫水使用筷子攪拌成為塊狀，再用手攪拌搓揉成為無粉粒狀態的麵糰（圖1、2）。

2　手上沾些乾麵粉，將麵糰搓揉約7～8分鐘至光滑均勻程度（圖3）。

3　完成的麵糰不沾盆，不黏手（圖4）。

4　蓋上保鮮膜或擰乾的濕布醒置40分鐘。

5　青蔥洗淨瀝乾水分，切成蔥花備用。

6　桌上灑一些中筋麵粉，將醒置完成的麵糰放上，麵糰表面也灑上一些中筋麵粉。

7　用手將麵糰搓揉一下，捏成柱狀。

8　將麵糰平均切成2份（每塊約250g）（圖5）。

9　用擀麵棍將小麵糰慢慢擀成長寬約45cm×30cm的薄片。（在包製的時候，還沒有用到的麵糰請用擰乾的濕布覆蓋避免乾燥。）（圖6、7）

10　個別在麵皮上均勻灑上約1/2份量的鹽及白胡椒粉，用手抹均勻（圖8）。

小叮嚀

1　內餡塗抹的油脂可以用豬油或奶油代替。用豬油來做煎出來的口感會更酥鬆，請依照個人需求選擇。

2　不喜歡蔥可以直接省略。

11 再利用擀麵棍擀壓，將細鹽及白胡椒粉壓緊至麵皮中（圖9）。

12 用刷子在麵皮上塗刷一層橄欖油（圖10）。

13 然後均勻灑上1/2份量蔥花（圖11、12）。

14 將麵皮長向以中心為準，兩邊往中間折（圖13、14）。

15 折好在麵皮上塗刷一層橄欖油（圖15）。

16 再將麵皮兩端往中間折（圖16、17）。

17 最後翻面再對折成為一個長條（圖18、19）。

18 用手將長麵糰壓扁拉長（圖20）。

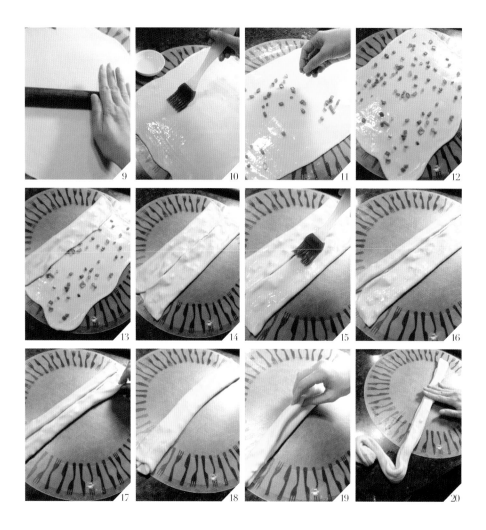

19 將長麵糰仔細往前慢慢捲起（圖21、22）。

20 整個麵糰捲成車輪狀後，尾端折入下方（圖23）。

21 兩個蔥餅分別完成後，表面蓋上保鮮膜或擰乾的濕布休息20分鐘（圖24）。

22 吃之前將麵糰壓扁，擀成厚約0.5cm的圓片（圖25～27）。

23 鍋中放入2～3T油，將擀好的蔥餅放入（圖28）。

24 先將蔥餅煎到兩面呈現金黃色。

25 再適量添加1T的油，一邊煎一邊用鍋鏟用力拍打擠壓。（煎的過程一邊拍打一邊在鍋邊擠壓，就可以將餅皮的層次拍出來。）（圖29）

26 煎到蔥餅酥鬆就可以起鍋（圖30）。

27 起鍋後用手再稍微抓鬆即可。

家常
牛肉捲餅

份量

8吋約做16片

材料

中筋麵粉270g
全麥麵粉30g
紅米麩2T
鹽1/4t
70℃溫水180cc

包入內餡

小黃瓜2～3條
蔥白6～7段
滷牛腱、香菜與甜麵醬各適量

（圖1）

1

情緒管理真的是一件很重要的事，要能夠一直保持心情的平穩不是件簡單的事。有時候會因為對方某句話或是某個舉動而感到受傷與挫折，這時候要怎麼樣不去在意可真是一門學問。

轉移一下注意力是滿不錯的方法，翻翻喜歡的書，或是看場有趣的電影，輕鬆一下就可以一笑置之。睡一覺起來也就會覺得什麼事都沒那麼嚴重。

退一步的時候心情就是海闊天空。

滷了牛肉當然要吃牛肉捲餅，一做家常春餅可是要多準備一些，不然每次都吃不夠。小小的餅大大的滿足^^

1　將所有材料放入鋼盆中，攪拌搓揉成為一個光滑不黏手的麵糰。（溫水的部分保留10～20cc視麵糰搓揉狀態慢慢添加。）（圖2～4）

2　麵糰筋性變大後，繼續搓揉6～7分鐘成為光滑的麵糰。

3　放入抹少許油的盆中，噴灑些水，表面罩上溼布或放保鮮盒中，鬆弛40分鐘。（圖5）

4　桌上灑一些中筋麵粉，把醒好的麵糰搓揉成圓棒狀，分割成16等份。（圖6）

5　將小麵糰相同大小配對，用手壓扁。（圖7）

6　將兩個壓扁的小麵糰上刷上一些沙拉油，然後將兩個麵糰重疊（塗抹沙拉油的面在內側）（圖8、9）。

小叮嚀

紅米麩可以省略或以小麥胚芽代替。

7 把麵糰擀開成為一張大圓餅（越薄越好）（圖10、11）。

8 將圓餅放入不放油的生鐵鍋中，小火乾烙到兩面呈現金黃色即可（圖12、13）。

9 烙好的餅用乾淨的棉布覆蓋保溫（圖14）。

10 吃的時候將餅從中間撕開成為兩張（圖15）。

11 在餅皮均勻抹上一層甜麵醬（圖16）。

12 鋪上切成薄片的滷牛腱（圖17）。

13 再放上小黃瓜、蔥白與適量的香菜（圖18）。

14 將餅緊密的捲起成條狀即可（圖19、20）。

延伸菜單

滷牛腱

份量

約4～6人份

材料

牛腱4條（約1500g）
青蔥2～3支
蒜頭3～4瓣
紅辣椒1支
薑片2～3片
陳皮少許
市售滷包1個

調味料

醬油300cc
米酒50cc
水1500cc
冰糖50g
鹽1/2t

做法

1 將牛腱放入加了2～3片薑片的沸水中，氽燙8～10分鐘至表面變色就撈起。（圖1、2）

2 青蔥洗乾淨，切大段。（圖3）

3 另外準備一個乾淨的深鍋，將牛腱及所有辛香配料及調味料放入（圖4）。

4 小火燉煮1.5個小時就可以關火，然後浸泡在湯汁中放置到隔天。

5 隔天涼透將牛腱撈起，放冰箱冷藏（圖5）。

6 冰透再切成薄片即可。

滷製的東西不油膩，在夏天是很不錯又容易準備的料理。一次做多一點放在冰箱，就可以吃個幾天，方便又省事。滷牛腱是媽媽的拿手菜，是我從小吃到大、百吃不膩的冷菜。牛腱燉的軟硬適中，切開有漂亮的牛筋分布。不管切片直接吃當冷盤或是夾燒餅捲餅都很適合。

小叮嚀

1 自製陳皮做法請參考49頁。

2 牛腱必須完全冷透冰過再切，才能切得薄又好看。

豬肉
餡餅

份量

約18個

材料

A.內餡

豬絞肉500g
青蔥3～4支
嫩薑片2～3片
高湯50cc
（圖1）

B.調味料

米酒1T
醬油1T
麻油1T
鹽1/2t
白胡椒粉1/4t

C.外皮

中筋麵粉300g
100℃熱水100cc
水80cc
鹽1/4t

1

　　通化街上的「老店頭意麵」是星期六早晨買完菜後的小樂趣，我跟老公常拎著大包小包的戰利品，鑽進小店，享受最幸福的假日早午餐。一定要點的就是乾意麵、豬肝湯和油豆腐。香氣十足又有彈性的乾意麵配上熱騰騰的豬肝湯，真是人間美味。豬肝湯一點腥味也沒有，每一片都切的薄薄的滿滿一大碗，燙的剛剛好，配上薑絲真是冷冷冬天最棒的享受。油豆腐軟嫩無豆味，沾上醬油膏太美味，這一刻會覺得生活在台灣真是太幸福了！有時間可以到傳統市場逛逛，尋找到採買的魅力。

　　放假的日子，不需要特別準備Leo的便當。所以我會做點麵食或西式料理給大家換換胃口。一年四季我隨著季節變化，將美味都收藏在我的廚房中。

小叮嚀

燙麵麵皮做法請參考100頁。

A.製作內餡

1 將絞肉再稍微剁細至有黏性產生。

2 青蔥洗乾淨切蔥花,薑切末。

3 將絞肉、青蔥花與嫩薑末放入盆中。

4 所有調味料加入攪拌均勻。(圖2)

5 分數次將高湯加入攪拌打水,完成可以先放冰箱冷藏備用。
（打水就是為了讓肉餡能夠保有水分,這樣吃的時候肉才會
嫩也才有湯汁,只要把高湯或冷水一次一些加進餡料中,
每一次加都要同方向攪拌,就會發現水都被餡料吸收進去
了。）(圖3)

B.製作外皮

6 將材料C依照燙麵麵皮標準做法完成燙麵麵糰。(圖4～6)

7 桌上灑上一些中筋麵粉,將醒置鬆弛完成的麵糰移至桌上,麵糰表面也灑上一些中筋麵粉。

8 將麵糰搓成長條,平均分割成18等份(圖7)。

9 小麵糰表面灑些中筋麵粉避免沾黏。

10 用手掌根部將小麵糰壓扁,再用擀麵棍慢慢將麵糰擀成橢圓形薄片(圖8)。

11 適量的豬肉內餡放入麵皮中央(圖9)。

12 一邊折一邊轉,最後將收口捏緊(圖10、11)。

13 用手將包好的餡餅壓扁(圖12)。

14 放在灑上中筋麵粉的盤子中避免底部沾黏(圖13)。

15 平底鍋中加入3T油,油熱後將完成的餡餅整齊放入(圖14)。

16 使用小火煎到兩面呈現金黃色即可(圖15)。

高麗菜
肉燥蛋餅

份量

約8個

材料

A.內餡
a.肉燥餡
絞肉200g
紅蔥頭3粒
蒜頭2瓣
b.調味料
醬油3T
冰糖1/2T
紹興酒（或米酒）1T
水100cc
c.高麗菜餡
高麗菜400g
紅蘿蔔1/2條
青蔥3～4支
（圖1）
d.調味料
鹽1/4t
白胡椒粉少許
麻油1/2t

B.麵皮
中筋麵粉300g
鹽1/8t
老麵麵糰60g
70℃溫水150cc
水30cc

　　格友「瑪奇朵布蕾」留言說想念一家好吃的蛋餅，根據她提供的資料及味道敘述，我依樣畫葫蘆也做了很好吃的高麗菜肉燥蛋餅。原本只是簡單的餅，但是加上炒過的高麗菜內餡及香噴噴肉燥，滋味馬上不同。煎的熱騰騰，老公試吃了就讚不絕口^^

　　希望瑪奇朵布蕾也可以在家試試，回味曾經吃過的好味道～

做法

A.製作內餡

1 紅蔥頭及蒜頭切末。

2 炒鍋中放2T油，然後將紅蔥頭及蒜頭末放入炒香。

3 然後將絞肉放入翻炒至變色（圖2）。

4 再加入清水及調味料b，蓋上蓋子，以小火燉煮20分鐘至湯汁收乾即可（圖3、4）。

5 高麗菜切絲，紅蘿蔔刨粗絲（圖5）。

6 青蔥洗淨，切成蔥花。

7 炒完絞肉的鍋中加約2T油，依序加入紅蘿蔔絲及蔥花，添加適當調味炒香即可（不需要炒太久）（圖6）。

8 加入高麗菜絲翻炒2～3分鐘即可（圖7、8）。

小叮嚀

1 老麵麵糰做法請參考152頁；燙麵麵皮做法請參考100頁。

2 喜歡香芹的人，也可以在高麗菜餡中添加少許芹菜。

3 一次做太多的話，做好擀薄馬上冷凍就沒問題。冰箱取出直接下鍋煎（煎的時候稍微加一點水）就可以，但是不適合冷藏，不然外皮會被內餡浸潤。

4 不喜歡老麵可以直接省略。

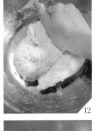

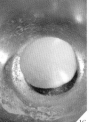

B.製作麵皮

9 將材料B（老麵除外）依照燙麵麵皮標準做法完成燙麵麵糰（圖9～12）。

10 然後將老麵加入，混合搓揉約7～8分鐘至均勻程度（圖13、14）。

11 完成的麵糰不沾盆，不黏手（圖15）。

12 蓋上保鮮膜或擰乾的濕布，鬆弛40分鐘（圖16）。

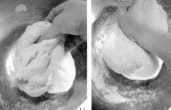

13 桌上灑一些中筋麵粉,將醒置完成的麵糰放上,麵糰上也灑一些中筋麵粉。

14 將麵糰平均切成8個小麵糰(每塊約65g),滾成圓形(圖17、18)。

15 用手將小麵糰壓扁,用擀麵棍慢慢將麵糰擀成直徑約20cm薄片。(在包製的時候,還沒有用到的麵糰,請用保鮮膜或擰乾的濕布覆蓋避免乾燥。)(圖19)

16 麵皮中央放上適量的高麗菜內餡及肉燥內餡,一邊折一邊轉,最後將收口捏緊(圖20~22)。

17 用手將包好的餡餅稍微壓扁,灑上一些中筋麵粉避免沾黏(圖23)。

18 全部的麵糰包好,將麵糰用擀麵棍直接擀薄。(擀的時候若有一點破沒有影響。)(圖24、25)

19 平底鍋中加入適量的油,油熱後將餅放入(圖26)。

20 用中小火煎到兩面呈現金黃色。

21 另準備煎好一個荷包蛋。將蛋黃敲破,在荷包蛋上灑少許鹽,趁蛋還沒有凝固前,將高麗菜餅鋪上,煎到蛋熟即可(圖27~29)。

22 吃的時候,可以在蛋餅上刷上醬油膏及辣椒醬。

三鮮盒子

份量

約8個

材料

A.三鮮盒子內餡

a.餡料
雞蛋3個
菠菜250g
粉絲1把（約50g）
青蔥2支
薑1～2片
蝦皮2T
（圖1）

b.調味料
麻油2T
鹽1/2t
白胡椒粉1/8t

B.外皮
中筋麵粉200g
低筋麵粉100g
70℃溫水180cc
鹽1/4t
液體植物油30cc

　　很多人好奇我是怎麼樣開始記錄部落格？其實是為了讓自己主婦的生活有一個重心，所以把生活中的瑣瑣碎碎藉由文字留下一些回憶。記得剛剛開始寫部落格時，我總是羨慕大家的格子精采豐富，不管是食記還是旅遊都這麼吸引人。我沒有太多外食的分享，也因為家裡貓口眾多沒有辦法出門旅行，但是我有媽媽、外婆及奶奶留給我的料理，所以就這麼一步一步的將記憶中的滋味在自己的廚房中重現，為了希望Leo長大也可以找到屬於家的味道，這些年我持續不斷的記錄，一路上有許多的朋友加入這個花園，讓我的天地更熱鬧。

　　媽媽做的各式各樣麵食是記憶中最美味的，手擀麵點中蘊藏著一份對家的愛。我努力的把這些味道收藏在心中，希望一直重溫這些美好。

✦✦✦
做法

A.製作內餡

1　雞蛋打散，用2T油煎熟並切碎（圖2～4）。

2　菠菜洗乾淨切大段。

3　煮沸一鍋水，水中放1/4t鹽。

4　將切段的菠菜放入汆燙1分鐘撈起（圖5）。

5　再放入冷開水中，迅速冷卻撈起。

6　用手將菠菜多餘的水分擠乾剁碎（圖6）。

7　粉絲泡清水7～8分鐘軟化，切成約1cm段狀（圖7）。

8　青蔥洗淨後切蔥花，薑片切末。

9　將所有材料放入盆中，加上所有調味料混合均勻即可（圖8～10）。

小叮嚀

燙麵麵皮做法請參考100頁。

B.製作外皮

10 將材料B依照燙麵麵皮標準做法完成燙麵麵糰（圖11）。

11 桌上灑上一些中筋麵粉，將醒置鬆弛完成的麵糰移至桌上，麵糰表面也灑上一些中筋麵粉（圖12）。

12 將麵糰平均分割成8等份（每個約60g），分別將小麵糰光滑面翻折出來然後滾圓（圖13、14）。

13 小麵糰表面灑些中筋麵粉避免沾黏。

14 用手掌根部將小麵糰壓扁，再用擀麵棍慢慢將麵糰擀成橢圓形的薄片（圖15、16）。

15 適量的三鮮內餡放入麵皮一半的位置（圖17）。

16 麵皮直接對折將內餡包裹起來捏緊（圖18）。

17 用手將麵皮周圍一段一段捏起一圈折出花紋（圖19、20）。

18 依序將所有三鮮盒子完成（圖21）。

19 平底鍋中加入2T油，油熱後將完成的三鮮盒子整齊放入（圖22）。

20 使用小火煎到兩面呈現金黃色即可（圖23、24）。

花素蒸餃

份量
約36個

材料

A.花素蒸餃內餡

a.餡料
乾香菇5～6朵
冬粉1把
雞蛋2個
青江菜500g
蝦皮1小把
（圖1）

b.調味料
鹽1/4t
醬油1T
麻油3T
白胡椒粉少許

B.餃子皮
中筋麵粉300g
70℃青江菜汁150cc
冷青江菜汁30～40cc
鹽1/8t

天氣一直不好，我好久沒有到傳統市場晃晃。趁著假日沒有下雨，拉著老公，騎上我們的小摩托車出門透透氣。通化街早市人聲鼎沸，小小一條街擠的滿滿都是人，幾乎寸步難行。不過我就是特別喜歡這樣好有活力的感覺，整個人精神都來了。

經過中間賣青菜的攤位，發現一大群婆婆媽媽圍著幾個箱子努力的裝袋，我也馬上衝入人群看個究竟。老闆說：「我不賣菜，我只賣袋子。」原來買一個袋子10元，然後就可以盡量裝滿青江菜。這麼好康的事我怎麼能放過？當然要買一個10元的塑膠袋。老公站在邊邊看得傻眼，這一群婆婆媽媽大軍威力驚人啊！～～

10元裝了滿滿一袋青江菜，真是大豐收。老公問我這麼多的菜要怎麼吃？我早計畫要做Joy建議的蒸餃，剛好呢！^^

青江菜擠出來的菜汁我也捨不得放棄，加入麵糰中讓外皮變的更有變化。今天的晚餐清清淡淡，好合我的胃口！

做法

A.製作內餡

1. 乾香菇泡冷水軟化後，切小丁，冬粉泡水軟化後，切小段。

2. 雞蛋打散加入少許鹽，放入加2T油的鍋中炒熟。（圖2、3）

3. 用鍋鏟直接搗成碎丁（也可以起鍋用刀切碎）（圖4）。

4. 青江菜剁碎，將汁液擠出，菜汁備用做麵皮（圖5）。

5. 所有材料加上調味料混合均勻（圖6～8）。

B.製作餃子皮

6. 將擠出的青江菜汁液過濾，分成150cc與40cc。

7. 其中150cc加溫到70℃。

8. 將所有材料B放入盆中，先將熱青菜水全部倒入，使用筷子攪拌成為塊狀，再將冷青菜水倒入，攪拌搓揉成為無粉粒狀態的麵糰。（冷青江菜水可以保留10～20cc視狀況加入，若覺得太黏手，可以酌量加一些中粉再搓揉。）（圖9～11）

9. 手上沾些乾麵粉，將麵糰搓揉約7～8分鐘至均勻程度（圖12、13）。

10. 完成的麵糰不沾盆，不黏手（圖14）。

11. 蓋上保鮮膜或擰乾的濕布鬆弛1個小時。

C.包製

12 桌上灑一些中筋麵粉，將鬆弛好的麵糰移至桌上（圖15）。

13 將麵糰切成長條，再搓成直徑約2.5cm長條（圖16）。

14 長條平均切成36個小麵糰（每個約12g），灑上些中粉避免沾黏。（每切一刀就將麵糰轉90度再切，這樣比較容易擀得圓。）（圖17、18）

15 用手掌根部將小麵糰壓扁，用擀麵棍慢慢將麵糰擀成薄片（圖19）。

16 麵皮邊緣處再擀薄一些（圖20）。

17 在麵皮中間裝上適當餡料，將麵皮單側折出花邊捏緊即可（圖21～23）。

18 蒸籠鋪上高麗菜葉，放上蒸鍋中稍微蒸軟（圖24）。

19 將包製好的餃子間隔整齊排放在蒸軟的菜葉上（圖25）。

20 放上已經燒開的蒸鍋上大火蒸8分鐘即可（圖26）。

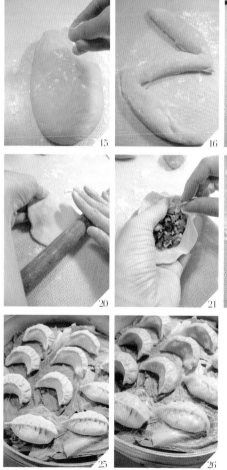

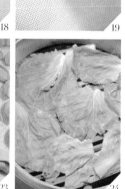
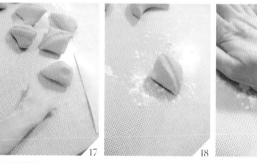

小叮嚀

1 如果是吃蛋奶素，可以直接把蝦皮省略。

2 不喜歡青江菜水，直接用清水即可。

3 青菜水若不足，直接添加清水補足即可。

4 菜葉表面都有天然的蠟質，鋪上高麗菜葉，除了透氣，還可以防沾黏在蒸籠中，代替防沾紙使用。好處是比較天然，也剛好利用菜葉外部比較老的葉子。

5 切麵糰方式：每切一刀，就將麵糰轉90度再切，這樣比較容易擀得圓。

芝麻燒餅

份量

約8～10個

材料

A.燙麵麵皮
中筋麵粉300g
橄欖油25g
70℃溫水150cc
水30cc
鹽1/4t

B.油酥內餡
芥花油（任何液體植物油）50g
低筋麵粉80g
（圖1）

C.燒餅表層沾料
白芝麻適量

　　好一陣子前就想要做芝麻燒餅，拖拖拉拉地終於找到機會動手了。這才發現，自己已經好久沒有享受一下中式的早餐。

　　製作燒餅時要使用燙麵麵糰，餅皮才會柔軟，內層的油酥小火慢炒到香，組合起來就成了中式早餐少不了的一味。煎個蔥花蛋，夾上新鮮的蔬菜，再搭配素鬆，感覺比較清爽。偶爾早餐變化一下，胃口也會好。

　　我跟老公剛結婚時，假日都會到木柵的一家小店吃燒餅油條。小小的店座位不多，也沒有精緻的裝潢，但是他們的點心一吃就難忘，好像有種魔力讓人上癮；現炸的油條配上熱騰騰的燒餅，再來一碗鹹豆漿，真是最高的享受。這麼多年，小店還在，只是店的棒子由兩個兒子接手，但美味依舊。巷弄中的老味道就這麼一點一滴在我們身邊延續流傳。

做法

1　將材料A依照燙麵麵皮標準做法完成燙麵麵糰（圖2～7）。

2　芥花油倒入鍋中燒熱。

3　將低筋麵粉倒入，用鍋鏟攪拌均勻（圖8）。

4　微火慢炒，將麵粉炒到呈現金黃色即可（約需要8～10分鐘）（圖9、10）。

5　放涼備用。

6　桌上灑些中筋麵粉，將做法1醒置好的的麵糰移出到桌上。

7　將麵糰慢慢擀開成為一個30cm×50cm的大麵皮（圖11、12）。

8　將油酥內餡均勻抹在麵皮上（圖13、14）。

9　由長向密實慢慢捲起成為一個圓柱狀（圖15、16）。

10　麵糰平均分成8～10等份，用手扭下一團一團的小麵糰（圖17）。

11　小麵糰頭尾處均需捏緊避免內餡流出來（圖18）。

12　將小麵糰稍微壓扁，擀成橢圓形薄片，光滑面在下，然後三折（圖19～21）。

13　再將麵糰用擀麵棍擀開成為長形薄片，然後三折（圖22～24）。

14 麵糰收口朝下，上方薄薄刷上少許水，沾上一層白芝麻（圖25、26）。

15 芝麻面朝上，用擀麵棍擀開成為長方形大薄片（圖27、28）。

16 將燒餅芝麻面朝下間隔整齊排放在烤盤（圖29）上。

17 放進已經預熱至180℃的烤箱中烘烤5分鐘，然後將燒餅翻面再烘烤6～8分鐘至表面金黃色即可（圖30、31）。

18 將燒餅剪開夾上自己喜歡的餡料。

PART 4

發　麵　類

只要有麵粉、水、酵母、鹽四種基本材料就可以組合出發麵類成品，

再依照個人喜好添加適當的油脂，或以蔬果汁取代水，

增加香氣及色彩，就有了更多不同種類的變化。

因為麵糰中加入了酵母粉，藉由酵母吸收醣類產生二氧化碳來達到麵糰膨脹的作用。

發酵完成的成品使用蒸製的方式，所以組織非常濕潤柔軟，有著濃厚的麵粉香。

沒有餡料的成品稱為饅頭，包入各式各樣甜鹹內餡就是包子，

若用平底鍋或烤箱煎烙烘烤的就是發麵餅。

一般中式發麵類的產品多使用中筋麵粉來製作，

中筋麵粉蛋白質含量適中，最適合做有嚼勁的麵點。

若有強調特別口感，才會添加少許高筋麵粉或低筋麵粉來調整。

發麵麵糰製作的方式也可以依照個人喜歡選擇直接法或中種法或老麵法，

不同的做法也會創造出不同的口感及嚼勁。

第一次發酵完成後要添加一些乾粉確實搓揉均勻，

此步驟不僅可以調整成品的口感，也避免太濕的麵糰影響蒸製。

若喜歡紮實有嚼勁的口感，乾粉的份量可以增加。

配方中的液體可以用清水，牛奶或豆漿取代。

使用牛奶或豆漿可以使得成品色澤較白更討喜也增加風味。

最後完成的生麵糰放入蒸鍋中要給予間隔適當的距離，避免蒸好的成品擠壓在一塊。

發麵
標準做法

中筋麵粉300g
速發乾酵母1/2t
細砂糖15g
橄欖油15g
鹽1/4t
水170cc

　　麵粉中添加了酵母，經過反覆搓揉到麵粉產生筋性，再發酵增加風味，最後蒸製而成的麵食就是發麵類。但是中式發麵類的產品不需要像做麵包辛苦地甩打至薄膜程序，只要利用雙手手掌根部，反覆將麵糰搓揉均勻即可。

　　發麵類成品最重要的材料就是酵母，現在一般都是用速發乾酵母最為便利。第一次使用乾酵母時，請先依照包裝上寫的份量或食譜建議的份量，然後再看蒸製出來的成品，依實際 狀況做適當增減。包子、饅頭如果發的太大，氣孔太粗糙，表示酵母份量加太多。反之，如果成品組織紮實，過程中都沒有太多變化，表示酵母份量不夠。每一次換新牌子時，請依照此原則調整。

一、搓揉麵糰

1. 如果使用一般乾酵母，使用前，要將配方先中用溫液體（約35℃）浸泡5分鐘，再加入到麵粉中，而且用量是速發乾酵母的一倍。如果使用速發乾酵母，發酵時間可以縮短，也不需要浸泡步驟，可以直接加入材料中混合，用量約是一般乾燥酵母的一半（圖1～4）。

2. 將所有材料放入工作盆中，再倒入液狀材料（液體的部分一定要先保留1/4左右，在攪拌搓揉過程中分次慢慢添加）（圖5）。

3. 用手將所有材料混合均勻，讓麵粉慢慢吸收水分（圖6、7）。

4. 過程中覺得乾就再適量一點一點加入一些液體，直到全部液體加完。

5. 慢慢將麵粉搓揉均勻成為一個團狀（圖8）。

6　工作盆周圍的麵粉用麵糰搓揉乾淨揉成團狀，並且不沾盆，不黏手（圖9～11）。

7　桌上先灑上一些高筋麵粉，將已經成為無粉粒狀態又不黏手的麵糰移到工作桌上（圖12）。

8　利用雙手手掌根部，將麵糰反覆折進中心（圖13）。

9　約搓揉8～10分鐘到整個麵糰光滑並且有彈性（圖14）。

10　將麵糰光滑面翻折出來，收口捏緊（圖15、16）。

11　工作盆中薄薄抹上一層油（圖17）。

12　將完成的麵糰收口朝下放入工作盆中（圖18）。

13　在麵糰表面噴一點水保持濕潤（圖19）。

14　工作盆表面覆蓋上擰乾的濕布或保鮮膜，放置到溫暖密閉的空間做第一次發酵。

小叮嚀

二、第一次發酵

夏天氣溫高，第一次發酵可以直接放在室溫下即可。冬天天氣變冷，酵母的活動力會減緩，影響麵糰的發酵。可以利用家中的微波爐來做為發酵箱，將工作盆放入微波爐中關上門做第一次發酵。天氣冷可以在微波爐中放一杯沸水幫助提高溫度。水冷了就隨時再換一杯。或是準備一個保麗龍箱做為簡易的發酵箱，麵糰放到保麗龍箱中，箱子中再放杯約60℃左右的溫水，將保麗龍箱蓋子蓋上，效果更好。這些簡便的器具就可以幫忙提高溫濕度，麵糰自然發酵的更好。一般來說，第一次發酵的時間至少約需要1～1.5個小時，讓麵糰發酵至兩倍大（圖20）。

冬天氣溫低，發的時間可以長一些沒有關係，夏天氣溫高，第一次發酵約50～60分鐘就可以。

三、分割

1 工作桌上灑上一些中筋麵粉（圖21）。

2 將第一次發酵完成的麵糰從盆子中移出。

3 麵糰表面也灑上一些中筋麵粉，然後將麵糰中的氣體壓出（圖22）。

4 在麵糰中加入適量中筋麵粉，將中筋麵粉慢慢搓揉進麵糰，成為一個光滑無氣泡的麵糰（圖23、24）。

5 按照食譜份量用切麵刀做適當的分割。

四、整型

饅頭形狀大概分為刀切或圓形兩種。

（一）刀切：

1 用麵棍將麵糰氣泡確實壓出，慢慢擀開成為一片長方形，約厚0.3cm的麵皮。

2 將麵皮由長向密實捲起，收口朝下（圖25）。

3 將捲好的麵糰頭尾切下，剩餘的麵糰平均用菜刀切段（圖26）。

（二）圓形：

1 分切的小麵糰用手掌根部將麵糰邊緣往中間壓揉，將底部收口捏緊朝下放置（圖27、28）。

包餡包子：

1 將小麵糰擀成內部稍厚，周圍較薄直徑約12cm的圓形麵皮。

2 將光滑面放在外側，放上適量內餡，一邊折一邊轉，最後將收口捏緊（圖29）。

3 整形好的麵糰必須整齊排好，底部墊防沾紙，間隔適當的放在蒸籠中，否則第二次發酵完成後會黏在一起（圖30）。

小叮嚀

若沒有蒸籠的話，也可以用以下兩種方法蒸饅頭包子：

1 電鍋：使用電鍋來蒸，電鍋中的水量要放足夠，不然電鍋蒸到沒有水跳起來的時候，饅頭會因為沒有水蒸氣而變的乾硬。蒸的時候可以準備一個計時器，時間到前2～3分鐘就打開一個小縫繼續蒸到時間到，水多放一些，避免水分完全蒸到乾。

2 中華炒鍋：中華炒鍋裝半鍋水，然後架一個鐵架子，再放上一個有孔洞的蒸盤，蒸的時候把饅頭放上，蓋上蓋子就可以代替蒸籠。

五、最後發酵

1. 將蒸鍋底部的水微微加溫至手摸不燙的程度（約35℃）關火，蒸籠放上後，蓋上鍋蓋再發40～50分鐘至成品發的非常蓬鬆的感覺（圖31、32）。

2. 發酵時間到時，肉眼先觀察饅頭是否已經有變大，若沒有就繼續多發10～15分鐘。可以用手指腹輕輕觸摸一下，感覺有類似耳垂般柔軟的感覺，就是最後發酵完成（圖33）。

六、蒸製

1. 發酵完成直接開中火蒸12～15分鐘，在時間快到前3分鐘將蓋子打開一個小縫（圖34）。

2. 蒸製時間到就關火，保持蓋子有一個小縫的狀態放置約5分鐘，再將蒸籠整個移除蒸鍋再放置3分鐘才慢慢掀蓋子，這樣蒸出來的饅頭及包子才不容易皺皮。這樣可以讓蒸籠內的溫度與外面的溫度越來越接近，不至於冷空氣一下進入，而造成饅頭包子回縮（圖35）。

＊ 蒸饅頭有一些小技巧，以下幾點要多多加注意，就可以蒸出漂亮的成品：

1. 饅頭本身麵糰不要過濕，第一次發酵完成要再加10～20g的乾粉搓揉均勻。

2. 最後發酵一定要發到摸起來像耳垂般柔軟的程度。如果天氣冷，底部蒸鍋中的水微微加溫到手摸不燙約35～38℃的程度，再將蒸籠放上。利用微溫的水氣可以幫助饅頭發的非常好。夏天溫度高此步驟就可以省略。

3. 若用鐵蒸籠，將鐵蒸籠蓋子整個包上一塊布巾，避免滴下的水將饅頭表面弄不平整（圖36～40）。

4. 蒸的時候不要先將水煮滾，直接放上蒸籠就開火蒸，這樣才不會使得溫度一下子變化太大，造成饅頭快速收縮導致表皮產生皺皮。

5. 蒸好前3～5分鐘將蒸籠微微打開一個小縫，避免內外溫度差距過大。

6. 蒸好後不要馬上開蓋，保持蒸籠開小縫的狀態，靜置5分鐘再將蓋子移開。

中種法
麵糰
標準做法

材料

A.中種麵糰
中筋麵粉200g
速發乾酵母1/2t
水115cc

B.主麵糰
中筋麵粉100g
細砂糖30g
全脂奶粉15g
鹽1/4t
鮮奶50cc
液體植物油30g

　　中種法是將發麵標準做法材料分成前後兩個階段來發酵，配方中約70%的麵粉，水及全部酵母先做第一階段的發酵。第一階段完成再跟其餘的材料混合均勻做第二次發酵。第一次發酵溫度不要太高，室溫約25～28℃為最適合，避免太高溫使得酵母作用力過快而發酸。這樣的方式雖然比較花時間，但是做出來的饅頭包子品質穩定，組織更有彈性。

做法

1　將速發乾酵母加入麵粉中，然後將水倒入（圖1）。

2　用手將麵粉與液體大致混合均勻（圖2、3）。

3　利用手掌根部反覆搓揉7～8分鐘，成為一個光滑不黏手的麵糰（圖4）。

4　放入抹少許油的盆中，盆子上罩上保鮮膜或擰乾的濕布，放置室溫2小時至兩倍大（圖5、6）。

5　將已經發酵兩倍大的中種麵糰加入主麵糰所有的粉類材料（圖7）。

6　將液體倒入（圖8）。

7　慢慢將所有材料混合成團狀（圖9、10）。

8　利用手掌根部反覆搓揉7～8分鐘，成為一個光滑不黏手的麵糰即完成（圖11、12）。

老麵麵糰
做法

材料

中筋麵粉120g
速發乾酵母1/4t
水70cc
鹽1/10t

老麵是過度發酵的麵糰，也就是酵種，可以適量添加在任何麵糰中，增加彈性及香味，成品會有特殊的風味。

小叮嚀

任何麵糰都可以添加適量老麵，若不想添加，可以直接將配方中的老麵取消，其他材料則不需要更改。

1 將速發乾酵母及鹽加入麵粉中（圖1）。

2 然後將水倒入（圖2）。

3 用手將麵粉與液體大致混合均勻（圖3）。

4 麵糰移到桌面，利用手掌根部反覆搓揉7～8分鐘成為一個光滑不黏手的麵糰（圖4）。

5 放入抹少許油的盆中，盆子上罩上保鮮膜或擰乾的濕布，放置室溫6～8小時或冰箱內，低溫發酵到隔天即可使用（圖5）。

6 完成的老麵會充滿大氣孔（圖6）。

7 將麵糰中的氣體壓出，分切成需要的份量滾圓（圖7～9）。

8 短時間用不完的老麵可以放冰箱冷藏3～4天。

9 將老麵分切成小塊，每一塊約50g，裝塑膠袋密封放冰箱冷凍保存（圖10、11）。

10 要使用前再取出退冰回溫，即可加入任何麵糰中。

鮮奶饅頭

份量

約9～10個

材料

老麵麵糰100g
中筋麵粉300g
速發乾酵母1/2t
鮮奶170cc
細砂糖30g
鹽1/8t
中筋麵粉10g
（中間發酵完成添加用）

　　我喜歡在巷弄中找尋一家特別的餐館，品嘗一下店家的手藝，精心烹調的料理中就可以看出主廚希望傳遞的四季滋味。窗外陽光帶入，掃掉生活中的辛勤疲累。偶爾也要放下鍋鏟，出門走走吸收體會新的訊息。這些都會帶給我很多料理的靈感，也增添不少生活情趣。

　　全部用鮮奶做出來的饅頭，每一次蒸好都不夠吃，鮮奶香加淡淡的甜很順口，鬆鬆軟軟的口感好好吃。蒸饅頭的時候，屋子中也會充滿水蒸氣，麵香充滿廚房。掀開蒸籠的那一剎那是我最開心的時候，白白胖胖的饅頭讓人無法抗拒！

做法

1 將老麵麵糰加入主麵糰所有材料放入鋼盆中,大致混合均勻(圖1、2)。

2 依照揉麵標準程序搓揉7～10分鐘,成為一個不黏手的麵糰(圖3)。

3 麵糰滾圓,收口朝下捏緊放入盆中,表面噴灑些水,盆子上罩上擰乾的濕布,發酵1～1.5小時至兩倍大(圖4、5)。

4 發好的的麵糰移出到灑上一些中筋麵粉的桌上,加入10g的中筋麵粉搓揉,將麵糰空氣揉出成為光滑的麵糰(圖6～8)。

5 用擀麵棍將麵糰氣泡確實壓出,慢慢擀開成為一片長方形,約厚0.3cm的麵皮(圖9、10)。

6 將麵皮由長向密實捲起,收口朝下(圖11、12)。

7 將捲好的麵糰頭尾切下,剩餘的麵糰平均用菜刀切成8等份(圖13)。

8 蒸籠鋪上防沾烤焙紙,將饅頭間隔整齊放入(圖14)。

9 將蒸鍋中加入足量的水,微微加溫至35℃關火,蒸籠放上後,蓋上鍋蓋再發酵40分鐘至饅頭發的非常蓬鬆的感覺(圖15)。

10 發酵完成直接開中火蒸15分鐘,在時間快到前3分鐘,將蓋子打開一個小縫(或是墊上筷子)。

11 時間到就關火,保持蓋子有一個小縫的狀態放置約5分鐘,再將蒸籠整個移除蒸鍋,再放置3分鐘才慢慢掀蓋子,這樣蒸出來的饅頭才不容易皺皮(圖16)。

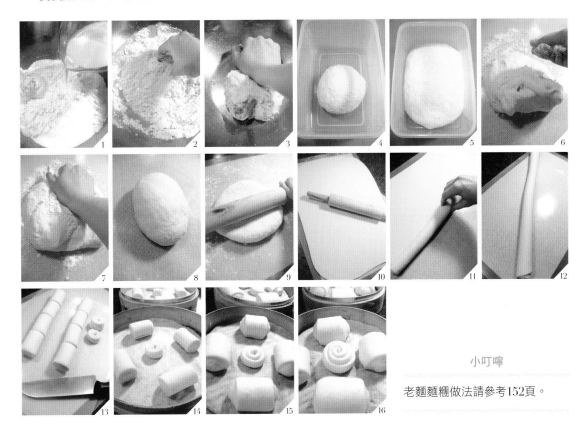

小叮嚀

老麵麵糰做法請參考152頁。

全麥
刈包

材料

A.刈包

中筋麵粉250g
全麥麵粉50g
雞蛋1個
水120cc
速發乾酵母1/2t
砂糖15g
液體植物油20g
鹽1/8t
中筋麵粉10g
（中間發酵完成添加用）
液體植物油適量（夾層抹油用）

B.紅燒蹄膀

蹄膀1個
蔥2支
薑片3～4片
大蒜5～6瓣
陳皮2片
五香滷包1個

C.調味料

醬油250cc
米酒50cc
冰糖30g
水1500cc（水量要能蓋住蹄膀）
*鹹甜度請依自己喜好調整

D.配料

甜辣醬、炒酸菜、加糖花生粉與
香菜葉（芫荽）各適量
（圖1）

白天到附近超市轉了轉，看到架上擺放的冷凍刈包，忽然也好想吃一個。回家就開始揉麵，將蹄膀燉上，打算晚上來吃刈包。翻了一下農民曆，才發現自己誤打誤撞剛好碰上了尾牙的日子。看到刈包也讓老公想起以前趕圖加班的日子，熬夜的時候總有同事細心的帶幾個「石家割包」給大家解饞。

最近有很多企業吃尾牙宴的新聞，想起以前上班，公司也都會準備豐富的尾牙犒賞大家。不過我的運氣總是不好，不管大小獎都與我無緣。希望大家都有好運氣抽中大獎。

沒有獎沒關係，好吃的刈包也讓人心情好。熱騰騰的全麥刈包夾上香噴噴的滷蹄膀，鹹中還帶一些甜的花生糖粉，滋味好極了！看Leo連吃5個，就知道他很喜歡。這個中式漢堡深得人心。^^

做法

A.製作刈包

1 　將所有材料放入鋼盆中（水的部分保留10cc視麵糰搓揉狀態慢慢添加），倒入水慢慢攪拌搓揉成為一個團狀（圖2～4）。

2 　麵糰筋性變大後，繼續搓揉8～10分鐘，成為光滑不黏手的麵糰（圖5）。

3 　放入抹少許油的盆中後，噴灑些水，鋼盆表面罩上溼布或保鮮膜，發酵1.5個小時至兩倍大。（天氣冷，麵糰請放溫暖空間，旁邊放一杯熱水幫助提高溫度，水若冷了就再換一杯。）（圖6、7）

4 　工作檯面灑上一些中筋麵粉，發酵完成的麵糰移出到桌面，麵糰表面灑上10g的中筋麵粉（圖8）。

5 　將10g的中筋麵粉慢慢搓揉進麵糰中，成為光滑橢圓形的麵糰（圖9、10）。

6 　切麵刀由橢圓形麵糰中間平均切開（圖11）。

7 　將兩條麵糰分別用手搓揉成長條（圖12）。

8 　再將兩個長條麵糰平均切成6等份（圖13）。

9 　將小麵糰壓扁，使用擀麵棍擀成長約12cm的橢圓形（圖14、15）。

小叮嚀

1 　乾煸酸菜做法請參考48頁；自製陳皮做法請參考49頁。

2 　蹄膀也可以用五花肉代替。

3 　加糖花生粉也可以直接使用炒熟花生加冰糖，用攪拌機快速打碎即成花生粉。

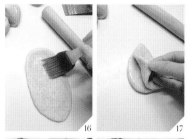

10 麵糰光滑面在下,朝上這一面塗上一層油,然後對折(圖16、17)。

11 蒸籠鋪上不沾烤焙紙,將完成的刈包間隔整齊放入蒸籠內(圖18)。

12 蒸鍋中加滿水,將水微微加溫至手摸不燙的程度(約35℃)然後關火,蒸籠放上後,蓋上鍋蓋再發40分鐘至刈包發到非常蓬鬆的感覺(圖19)。

13 發酵完成直接開中火蒸12分鐘,在時間快到前2分鐘將蓋子打開一個小縫。

14 時間到就關火,保持蓋子有一個小縫的狀態放置約5分鐘,再將蒸籠整個移除蒸鍋再放置3分鐘才慢慢掀蓋子,這樣蒸出來的包子才不容易皺皮。(這樣可以讓蒸籠內的溫度與外面的溫度越來越接近,不至於冷空氣一下子進入而造成成品回縮。)

B.製作紅燒蹄膀

15 先將蹄膀汆燙到表皮變色撈起(圖20、21)。

16 青蔥洗乾淨切大段(圖22)。

17 蹄膀放入鍋中,加上所有辛香材料及調味料(冰糖除外),燉煮20分鐘(圖23)。

18 嘗一下鹹淡看看是否再調味,然後將冰糖加入,蓋上蓋子,小火燉煮75分鐘(圖24)。

19 將滷好的蹄膀取出放涼再切片食用。(圖25)

C.組合

20 滷肉切片,香菜洗淨瀝乾水分。

21 蒸好的刈包撕開,先塗抹一層薄薄的甜辣醬(圖26)。

22 放上適當的滷肉及酸菜(圖27)。

23 最後灑上加糖花生粉及少許香菜葉即完成(圖28~30)。

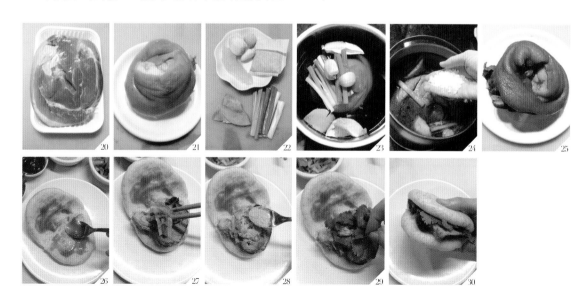

南瓜
饅頭

份量

約8～9個

材料

老麵麵糰100g
中筋麵粉300g
速發乾酵母1/2t
南瓜泥180g
全脂奶粉15g
細砂糖20g
鹽1/8t
中筋麵粉30g
（中間發酵完成添加用）

　　7~8年前，同事把家中飼養10年的巴西烏龜送給Leo。當時直徑約8~9公分的小烏龜已經長成直徑約22公分的中型烏龜。原本我都認為這種冷血動物不會認人，也不可能培養出什麼特別的感情。但是這些年跟牠相處，才發現自己是錯的。雖然牠不像貓貓狗狗般會撒嬌偎人，但是牠真的會認人。每天要餵食的時間到，牠會著急的拉長脖子，還會發出特別的聲音提醒。動物都是有感情的，只要真心付出，牠們就會回饋最真誠的愛。

　　最近南瓜是產季，大大小小的南瓜堆在市場中，我也搬了幾個回家，可以做好多料理。這是格友小娟希望做的饅頭，金黃的顏色引人食欲，完用南瓜泥來取代水分，這樣可以加入較多的南瓜泥，蒸出來的饅頭顏色超亮眼。

※
做法

1　南瓜蒸熟取180g，用叉子壓成泥狀。（因為蒸法不同及南瓜品種不同，使得南瓜含水量也會不同。此處南瓜蒸法是不密封直接蒸，含水量較多，若使用密封方式蒸熟，可以視實際狀況酌量增加些許水。）（圖1）

2　將所有材料攪拌搓揉8～10分鐘成為有彈性又不黏手的光滑麵糰（圖2～4）。

3　麵糰滾圓，收口朝下捏緊放入盆中，表面噴灑些水，盆子上罩上擰乾的濕布，放到溫暖密閉空間發酵1.5～2小時至兩倍大（圖5、6）。

4　工作檯灑一些中筋麵粉，發好的的麵糰移到桌上，慢慢加入30g中筋麵粉搓揉成為光滑無氣泡的麵糰（圖7～10）。

5　麵糰用擀麵棍慢慢擀成大片長方形（約厚0.3～0.4cm）。擀的時候桌上必須有灑粉，以免麵皮沾黏而破皮，蒸出來的饅頭才會光滑（圖11、12）。

6　將麵糰四角稍微拉整齊，再用擀麵棍擀平整。

7 　將麵糰由長向緊密捲起成為一個長條，收口朝下（圖13、14）。

8 　捲好的麵糰頭尾兩端不整齊的先切下，其餘用菜刀平均切成8個，底部墊不沾烤焙紙，整齊放入蒸籠內（若用鐵蒸籠，將鐵蒸籠蓋子整個包上一塊布巾，避免滴水將饅頭表面弄不平整）（圖15、16）。

9 　將鍋中的水微微加溫至手摸不燙（約35℃）的程度關火，放上蒸籠，蓋上鍋蓋，再發40分鐘至饅頭發到非常蓬鬆的感覺。（發酵時間到，肉眼先觀察饅頭是否已經有變大，若沒有就繼續多發10～15分鐘。可以用手指腹輕輕觸摸一下，感覺有類似耳垂般柔軟的感覺就是最後發酵完成。）（圖17）

10 發酵完成直接開中火蒸15分鐘，在時間快到前5分鐘將蓋子打開一個小縫。

11 時間到就關火，保持蓋子有一個小縫的狀態放置約5分鐘，再將蒸籠整個移除蒸鍋，再放置3分鐘才慢慢掀蓋子，這樣蒸出來的饅頭才不容易皺皮。（這樣可以讓蒸籠內的溫度與外面的溫度越來越接近，不至於冷空氣一下子進入而造成成品回縮。）（圖18）

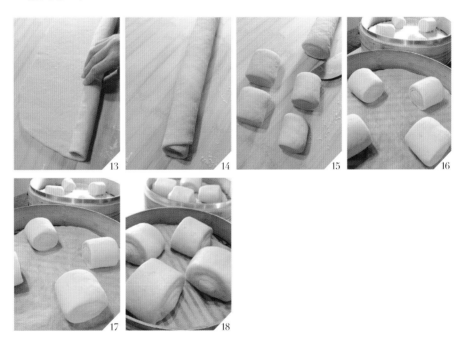

小叮嚀

1 　老麵麵糰做法請參考152頁。

2 　乾酵母用量因廠牌不同，使用量也會有差異，請依照包裝上說明添加正確用量。乾酵母會隨著擺放時間增加而減低效力，也必須適時的增加使用量。

3 　蒸南瓜有幾種方法：

　a.直接放入蒸鍋中沒有密封，這樣水分含量會比較高。

　b.直接放入蒸鍋中加上密封，這樣水分含量會比較少，蒸的時間需要長一點。

　c.將1/2個的南瓜去籽，用耐熱保鮮膜包起來，放微波爐強微波3～4分鐘取出，這樣蒸熟的南瓜水分含量會更少。

4 　因為南瓜品種不同，製作時請依實際狀況，視南瓜含水量適量添加其他液體材料調整。

紅麴
山東饅頭

份量

約4個

材料

黃砂糖20g
約35℃溫水110cc
一般乾酵母3/4t
老麵麵糰50g
中筋麵粉250g
低筋麵粉50g
紅麴醬80g
中筋麵粉120g
（揉麵時添加）
鹽1/8t

買了一罐紅麴醬來做料理，一時興起拿來做饅頭，染上一抹紅，蒸出來的顏色好漂亮，還帶有淡淡的酒香。

做山東饅頭要有好體力，才4個饅頭就揉得我滿頭大汗。但是要做出好吃紮實的山東饅頭，搓揉乾粉的程序可是不能省略。自己在揉麵的時候，想起了外婆在廚房的背影，她那微胖的身軀，用著全身的力量揉著各式各樣好吃的麵食，滿足全家人的味蕾。

這饅頭蒸出籠好香，不用任何配菜我就可以吃掉1個。層層疊疊的紮實口感越嚼越香甜。

1　將黃砂糖放入溫水中溶化。

2　一般乾酵母放入溫糖水中靜置5分鐘（圖1）。

3　將老麵加入所有材料中攪拌均勻，搓揉8～10分鐘成為有彈性又不黏手的光滑麵糰（圖2～5）。

4　麵糰放入抹了些許油的鋼盆中，噴點水，將鋼盆蓋上擰乾的濕布，放到溫暖的空間再發酵到2.5倍大（約90～120分鐘）（圖6、7）。

5　桌上灑一些中筋麵粉將麵糰移出，搓揉8～10分鐘，將空氣揉出成為一個光滑麵糰（圖8～10）。

6　將麵糰平均切成4等份（每一個約140g）（圖11）。

7 將30g中筋麵粉平均慢慢加入每一個麵糰，要用手掌根部將麵糰邊緣不停往中間壓揉，讓乾麵粉慢慢全部吸收進去即可。（其餘還沒有揉到的麵糰先用擰乾的濕布蓋著，避免表面乾燥。）（圖12～14）

8 揉好的麵糰表面會非常光滑細緻（圖15）。

9 將底部收口捏緊朝下放置，兩手垂直桌面，麵糰放在兩手手心中前後搓揉成為一個圓柱狀。（圖16、17）。

10 蒸籠底部墊不沾烤焙紙，將饅頭麵糰間隔整齊放入蒸籠內（圖18）。

11 將蒸鍋中水微微加溫至手摸不燙的程度關火，蒸籠放上後，蓋上鍋蓋再發酵40分鐘。

12 發酵完成直接開中火蒸15分鐘，在時間快到前5分鐘將蓋子打開一個小縫或是墊上筷子。

13 時間到就關火，蒸籠稍微交錯打開一些縫，約放置5～8分鐘，再慢慢掀蓋子，這樣蒸出來的饅頭才不容易皺皮（圖19）。

小叮嚀

1 老麵麵糰做法請參考152頁。

2 如果使用速發乾酵母，使用量請減少一半，且不需要泡溫水可以直接加入。

燕麥饅頭

份量

約16個

材料

A.燕麥糊
即食燕麥片50g
100℃熱水150cc

B.主麵糰
燕麥糊全部
中筋麵粉270g
全麥麵粉30g
速發乾酵母1/2t
細砂糖15g
鹽1/8t
橄欖油15g
水80cc
中筋麵粉15g
（中間發酵完成添加用）

　　以前還是忙碌的上班族時，生活是非常緊張的。早上趕著打卡，擔心事情做不完，擔心要加班，擔心來不及接Leo。大概是長時間處於焦慮的狀態，所以飲食習慣也不好，容易忽略早餐，甚至連中餐都沒有好好吃。連帶脾氣變的不好，動不動就生氣，老公常說要小心不能掃到「颱風尾」。

　　卸下充實的上班族身分，我回歸家庭做一個單純的主婦，其實是需要一些勇氣。但是我找回了身體的健康與心靈上的平靜，還是非常值得。

　　燕麥片纖維質豐富，早上來一杯燕麥奶營養又健康，可以幫助體內環保。把燕麥加入到麵點中不僅美味也增加口感。小小的饅頭味道純樸，天天吃都不會膩！

做法

1　將沸水加入到即食燕麥片中混合均勻（圖1、2）。

2　蓋上蓋子燜15分鐘。

3　時間到，打開蓋子再攪拌均勻成為團狀放涼（圖3）。

4　放涼的燕麥糊加入主麵糰的材料中，大致混合均勻（圖4、5）。

5　攪拌搓揉7～10分鐘成為一個不黏手的麵糰（圖6、7）。

6　麵糰滾圓，收口朝下捏緊放入盆中，表面噴灑些水，盆子上罩上擰乾的濕布發酵1.5～2小時至兩倍大（圖8、9）。

7　發好的的麵糰移出，桌上灑上一些中筋麵粉，再加入15g的中筋麵粉搓揉，將麵糰空氣揉出成為光滑的麵糰（圖10～13）。

8　麵糰表面灑些中筋麵粉，用擀麵棍將麵糰氣泡確實壓出，慢慢擀開成為一片長方形，約厚0.3cm的麵皮（圖14～16）。

9 　將麵皮由長向密實捲起，收口朝下（圖17～19）。

10 　將捲好的麵糰頭尾切下，剩餘的麵糰平均用菜刀切成16等份（圖20）。

11 　蒸籠鋪上防沾烤焙紙，將饅頭間隔整齊放入（圖21）。

12 　將蒸鍋中加入足量的水，微微加溫至35℃關火，蒸籠放上後，蓋上鍋蓋，再發
　　酵40分鐘至饅頭發的非常蓬鬆的感覺（圖22）。

13 　發酵完成直接開中火蒸15分鐘，在時間快到前3分鐘，將蓋子打開一個小縫
　　（或是墊上筷子）。

14 　時間到就關火，保持蓋子有一個小縫的狀態放置約5分鐘，再將蒸籠整個移除
　　蒸鍋再放置3分鐘才慢慢掀蓋子，這樣蒸出來的饅頭才不容易皺皮（圖23）。

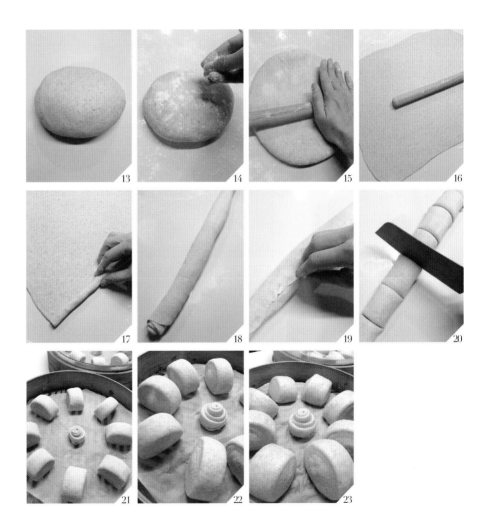

黃豆胚芽饅頭

份量
約16個

材料

A.中種麵糰
中筋麵粉400g
水230cc
速發乾酵母3/4t

B.主麵糰
小麥胚芽粉2T
黃豆粉2T
中筋麵粉130g
鮮奶70cc
細砂糖4T
橄欖油2T
鹽1/8t

　　雙薪家庭的媽媽往往最為辛苦，除了要工作幫忙家中的經濟，還要抽出時間照顧孩子跟家人的健康。以前還在工作時，一到下班時間就必須厚著臉皮去打卡，趕著到幼稚園接Leo下課。有時候不得不加班，也必須先打電話跟老公協調，請他提早下班，回家經過超市也無法悠閒的逛逛，總是快速的採買一些食材料理晚餐。一到家就像打仗似的洗洗切切準備三道菜，還好老公都會主動幫忙分攤其他的家事，減少我很大的壓力。一個家是兩個人共同的責任，夫妻一定要互相支持信任，家庭才會和樂圓滿。

　　我也要替現在是職業婦女的妳們加油打氣！

　　這一陣子在家做了很多饅頭，因為過年時，總會有香腸臘肉這些應景食物。蒸上香腸臘肉，切些青蒜片，用饅頭夾著一塊吃就是我們家過年最常見的吃法。饅頭多做一些當早餐或正餐都很方便，蒸出來蓬鬆可口的饅頭讓人心情好。

1　將材料A搓揉成為一個光滑不黏手的麵糰。

2　麵糰放入盆中，蓋上濕布，發酵1.5～2個小時至兩倍大。

3　將已經發酵兩倍大的中種麵糰加入材料B所有材料，攪拌搓揉成為有彈性又不黏手的光滑麵糰（圖1、2）。

4　桌上灑一些手粉將麵糰移出，用擀麵棍將麵糰慢慢擀開成為一片約0.5cm厚的長方形麵皮，氣泡確實壓出（圖3、4）。

5　將麵皮平均切成兩片，每一片麵皮由長向密實捲起，收口朝下（圖5、6）。

6　將捲好的麵糰用菜刀切成一個長約6cm的小塊，底部墊不沾烤焙紙，整齊放入蒸籠內（圖7、8）。

7　冬天天冷時，可將鍋中水微微加溫至手摸不燙的程度關火，蒸籠放上後，蓋上鍋蓋再發40分鐘（圖9）。

8　發酵完成直接開火蒸15分鐘，在時間快到前5分鐘將蓋子打開一個小縫（或是墊上筷子）

9　時間到就關火，蒸籠稍微交錯打開一些縫，約放置5分鐘，再慢慢掀蓋子，這樣蒸出來的饅頭才不會皺皮（圖10、11）。

紫米桂圓
饅頭

♔
材料

A.中種麵糰

中筋麵粉250g

水140cc

速發乾酵母3/4t

B.主麵糰

中種麵糰全部

中筋麵粉200g

煮熟紫米150g

橄欖油20g

鹽1/8t

奶粉20g

細砂糖30g

桂圓肉60g

水30cc

（水保留一些慢慢添加調整麵
糰濕度，不一定全部加）

　　昨天在游泳池的櫃台聽到一段有趣的對話──乙女士與甲先生在櫃台碰見，乙女士朝著甲先生打招呼，但是甲先生愣了一會兒才認出乙女士，然後不好意思的跟乙女士說：「穿著衣服認不出來了！」我們周圍的人聽到，都忍不住笑出來。

　　前幾天自己也發生一件類似的糗事；先游好的我臨時想到要跟還在池子裡的老公說事情，跑到泳池中，就拉起一位戴著黑色泳帽先生的手。他被我突如其來的舉動嚇一跳，把蛙鏡拿下的他愣愣的看著我，我才知道自己抓錯人。當時的我雙頰發燙，忘記是怎麼逃離現場的。不過說真的，戴著泳帽蛙鏡還真的是分辨不太出來呢！
∧∧

做法

A.製作中種麵糰

1　將水倒入麵粉及乾酵母中，攪拌搓揉成為一個光滑不黏手的麵糰（圖1～3）。

2　麵糰放入盆中，罩上塑膠袋或擰乾的濕布，發酵1.5～2個小時至兩倍大（圖4）。

B.製作主麵糰

3　紫米100g與水120g煮成紫米飯放涼取150g。

4　將已經發酵兩倍大的中種麵糰加入主麵糰所有材料（除了桂圓肉），攪拌搓揉8～10分鐘，成為有彈性又不黏手的麵糰（圖5、6）。

5　加入桂圓肉，搓揉攪拌使得桂圓肉散布均勻（圖7、8）。

6　桌上灑一些中筋麵粉，將麵糰移出，將麵糰擀成厚約0.3cm的50cm×30cm長方形（圖9）。

7　由長向緊密捲起成為柱狀（圖10）。

8　用切麵刀切成14個（每個約60g），再將小麵糰在用手掌根部將麵糰邊緣往中間揉，底部收口捏緊，滾成圓形（圖11、12）。

9　蒸籠鋪上防沾烤焙紙，將饅頭間隔整齊放入（圖13）。

10　將蒸鍋中加入足量的水，微微加溫至35℃關火，蒸籠放上後蓋上鍋蓋，再發酵40分鐘至饅頭發的非常蓬鬆的感覺。

11　發酵完成直接開中火蒸15分鐘，在時間快到前3分鐘將蓋子打開一個小縫（或是墊上筷子）。

12　時間到就關火，保持蓋子有一個小縫的狀態放置約5分鐘，再將蒸籠整個移除蒸鍋再放置3分鐘才慢慢掀蓋子，這樣蒸出來的饅頭才不容易皺皮。

菠菜捲

👑
份量

約8個

👑
材料

A.菠菜泥
菠菜150g
水100cc

B.麵糰
菠菜泥全部
中筋麵粉300g
低筋麵粉100g
速發乾酵母3/4t
細砂糖20g
橄欖油30g
鹽1/8t
中筋麵粉15g
（中間發酵完成添加用）

這幾天重感冒，鼻塞＋咳嗽＋發燒，一整個人頹廢到最高點。我就像感冒藥廣告中形容的一樣，雙眼無神、紅鼻子、聲音沙啞，抱著一盒面紙窩在沙發上。

離開我的廚房，料理的事就暫時交給老公負責。感冒前做的可愛饅頭，一個個捲得像小蝸牛，添加菠菜泥顏色好美。正好讓沒有胃口的我配著醬菜吃，勉強解決三餐。

天氣變化大，大家也要多多保重。～～

1　菠菜洗淨，瀝乾水分，切成大段（圖1）。

2　放入果汁機中，加入水攪打成泥狀（圖2、3）。

3　將所有材料放入盆中，菠菜泥分兩次加入，混合均勻成為團狀（圖4～6）。

4　繼續攪拌搓揉8～10分鐘，成為有彈性又不黏手的光滑麵糰（圖7）。

5　麵糰滾圓，收口朝下捏緊放入盆中，表面噴灑些水，盆子上罩上擰乾的濕布，發酵1～1.5小時至兩倍大。（天氣冷請放溫暖密閉的空間，旁邊放杯熱水幫忙提高溫溼度。）（圖8、9）

6　發好的的麵糰移出到桌上，灑上中筋麵粉，將15g的中筋麵粉慢慢搓揉進去成為一個光滑無氣泡的麵糰（圖10～12）。

7　將揉好的麵糰平均切成4等份（每一個約170g）（圖13）。

8　再將小麵糰搓揉成圓形（圖14、15）。

9 用手將小麵糰搓揉成長條（圖16）。

10 用擀麵棍擀成約10cm×30cm的長條麵皮（圖17、18）。

11 將麵皮光滑面放在下，麵皮表面抹上薄薄一層橄欖油（圖19）。

12 麵皮由短向緊密捲起成為柱狀（圖20）。

13 收口捏緊（圖21）。

14 由麵糰中間對切成兩半（圖22、23）。

15 切口朝下，底部墊不沾烤焙紙，間隔整齊放入蒸籠內（圖24）。

16 將蒸鍋底部水微微加溫至手摸不燙的程度（約35℃）關火，蒸籠放上後，蓋上鍋蓋再發40分鐘至饅頭發的非常蓬鬆的感覺（圖25）。

17 發酵完成直接開中火蒸12分鐘，在時間快到前5分鐘將蓋子打開一個小縫。

18 時間到就關火，保持蓋子有一個小縫的狀態放約7～8分鐘，再將蒸籠整個移除蒸鍋再放置3分鐘才慢慢掀蓋子，這樣蒸出來的包子才不容易皺皮。（這樣可以讓蒸籠內的溫度與外面的溫度越來越接近，不至於冷空氣一下子進入而造成成品回縮。）

地瓜
雙色捲

份量

約10個

材料

A.紫地瓜麵糰
老麵50g
中筋麵粉200g
速發乾酵母1/3t
紫地瓜泥120g
全脂奶粉10g
蜂蜜15g
水50cc
中筋麵粉10g
（中間發酵完成添加用）
鹽1/8t

B.黃地瓜麵糰
老麵50g
中筋麵粉200g
速發乾酵母1/3t
黃地瓜泥120g
全脂奶粉10g
蜂蜜15g
水50cc
中筋麵粉10g
（中間發酵完成添加用）
鹽1/8t

　　台灣真是個寶島，各式各樣的農產品及水果產量豐沛，讓我一年四季都有滿滿的驚喜。依照季節不同挑選食材就有著各式各樣的變化，麵糰加入兩種不同色彩的地瓜，創造出好看又好吃的饅頭。不管是紫色地瓜還是黃色地瓜，甜美的滋味都令人滿足！～

1　紫地瓜及黃地瓜去皮切塊蒸熟，分別取120g（圖1）。

2　用叉子壓成泥狀（圖2）。

3　分別將紫地瓜麵糰及黃地瓜麵糰的所有材料放入鋼盆中攪拌搓揉8～10分鐘成為有彈性又不黏手的光滑麵糰（水的部分可以先保留10cc，視實際麵糰的乾濕程度再加入。）（圖3～6）

4　麵糰滾圓，收口朝下捏緊放入盆中，表面噴灑些水，盆子上罩上擰乾的濕布發酵1～1.5小時至兩倍大（圖7、8）。

5　發好的的麵糰移出到桌上，灑上中筋麵粉，分別加上10g的中筋麵粉搓揉成為一個光滑無氣泡的麵糰（圖9～12）。

6 　將揉好的兩個麵糰，分別用擀麵棍慢慢擀開成為一樣大的長方形麵皮（圖13、14）。

7 　將兩個麵糰疊上，稍微拉整齊，再用擀麵棍擀平整。

8 　將麵糰由長向緊密捲起成為一個長條，收口朝下。（圖15、16）

9 　捲好的麵糰頭尾兩端不整齊的先切下，其餘用菜刀切成約長7～8cm（圖17）。

10　切好的麵糰底部墊不沾烤焙紙，整齊放入蒸籠內（若是鐵蒸籠底部請鋪上一條布巾，避免水汽將饅頭弄濕）（圖18）。

11　將鍋中水微微加溫至35℃的程度關火，蒸籠放上後，蓋上鍋蓋再發40分鐘至饅頭發的非常蓬鬆的感覺（圖19）。

12　發酵完成直接開中火蒸15分鐘，在時間快到前5分鐘將蓋子打開一個小縫。

13　時間到就關火，保持蓋子有一個小縫的狀態放置約5分鐘，再將蒸籠整個移除蒸鍋再放置3分鐘才慢慢掀蓋子，這樣蒸出來的成品才不容易皺皮（圖20）。

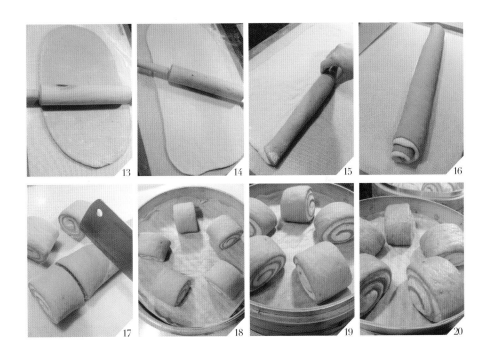

抹茶饅頭

份量

約16個

材料

A.中種麵糰

中筋麵粉400g
抹茶粉2T
速發乾酵母3/4t
水240cc

B.主麵糰

中種麵糰全部
中筋麵粉150g
全脂奶粉15g
細砂糖60g
鮮奶70cc
橄欖油30g
鹽1/4t

　　音樂響起，看著你挽著美麗的新娘子緩緩進場，真的替你高興。我想起我們從小一塊長大的點點滴滴，腦中的影像就像跑馬燈一樣閃過。你總在我身後「姊姊、姊姊」的喊，我們的感情是這麼深刻。

　　沒有兄弟的我，你就是我最親的弟弟，看到乾爸、乾媽開心的臉龐，知道他們期盼這一天很久了，今天的你終於有了自己的家，肩頭責任也更重了。親愛的弟弟，祝你幸福！

　　加了抹茶的饅頭有一股自然的清新，甘苦的滋味越嚼越香。夫妻同心一塊攜手，再多的挫折與辛苦也都會化為美麗的果實。

做法

A.製作中種麵糰

1　將水倒入麵粉、抹茶粉及乾酵母中，攪拌搓揉成為一個光滑不黏手的麵糰（圖1～3）。

2　放入盆中，罩上塑膠袋或擰乾的濕布，發酵1.5～2個小時至兩倍大（圖4、5）。

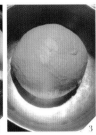

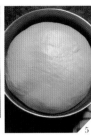

B.製作主麵糰

3　將中種麵糰與主麵糰所有材料放入鋼盆中，攪拌搓揉7～10分鐘，成為一個不黏手的麵糰（圖6～8）。

4　揉好的麵糰移出到灑上一些中筋麵粉的桌上。

5　用擀麵棍將麵糰慢慢擀開成為一片60cm×40cm長方形，厚約0.3cm的麵皮，氣泡確實壓出（圖9、10）。

6　將麵皮平均切成兩片，每一片麵皮由長向密實捲起，收口朝下（圖11、12）。

7　將捲好的麵糰頭尾切下，剩餘的麵糰平均用菜刀切成8等份（圖13）。

8　蒸籠鋪上防沾烤焙紙，將饅頭間隔整齊放入（圖14）。

9　將蒸鍋中加入足量的水，微微加溫至35℃關火，蒸籠放上後，蓋上鍋蓋再發酵40分鐘至饅頭發的非常蓬鬆的感覺。

10　發酵完成直接開中火蒸15分鐘，在時間快到前3分鐘將蓋子打開一個小縫（或是墊上筷子）。

11　時間到就關火，保持蓋子有一個小縫的狀態放置約5分鐘，再將蒸籠整個移除蒸鍋再放置3分鐘才慢慢掀蓋子，這樣蒸出來的饅頭才不容易皺皮（圖15）。

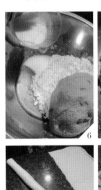

炒饅頭

份量

約2～3人份

材料

雞胸肉100g
白饅頭1個
雞蛋1個
紅甜椒1/4個
黃甜椒1/4個
杏鮑菇1個
青蔥1/2支

（圖1）

醃料

醬油1/2T
米酒1/2T
太白粉1/2t
蛋白1t

調味料

鹽1/4t
醬油1/2t
白胡椒粉少許

　　小的時候家裡必備的主食就是饅頭，除了用蒸著食用外，媽媽還會把冰了較久的饅頭切片油炸到金黃，滋味真是香酥極了。不過現在為了健康的因素，已經很久沒有再嘗過炸饅頭的味道。還有另一樣好吃的料理就是炒饅頭，將饅頭切成小丁代替米飯來做的一道料理。小學的時候，媽媽還在大學當講師，因為校職工作只有半天，所以我幸運的每天放學回家都可以吃到媽媽準備的午餐，那時我們母女經常吃的就是炒一盤香噴噴的雞蛋饅頭。

　　其實這並不是什麼特別的料理，只是將剩餘的材料做一些變化，小饅頭丁稍微煎到脆脆的，吃起來特別香。翻出冰箱有的材料，自己炒上一盤，又記起跟媽媽兩個人一塊吃著炒饅頭的滋味。我彷彿看到童年的自己用筷子一個個將饅頭丁夾起塞進嘴裡，一邊跟媽媽說著學校發生的事情。我的記憶都是跟食物有關，這些食物帶著我從廚房穿越時間的長廊，成為生命中永遠的記錄。

做法

1　雞胸肉切1cm丁狀，加入醃料混合均勻，醃漬20分鐘。

2　饅頭切成約1cm大小的丁狀（圖2）。

3　將雞蛋打散，紅、黃甜椒及杏鮑菇切丁，青蔥切小段。

4　炒鍋中倒入1T油，油熱後將雞胸肉放入炒熟先撈起（圖3）。

5　原鍋中再加2T液體油，將雞蛋放入炒至半熟。

6　然後將饅頭丁放入炒散，稍微煎至香脆（圖4）。

7　將紅、黃甜椒丁及杏鮑菇放入翻炒2～3分鐘（圖5）。

8　最後把炒好的雞胸肉，加入青蔥及調味料翻炒均勻即可（圖6～8）。

花捲

份量

約8個

材料

A.麵糰

老麵麵糰50g
中筋麵粉200g
低筋麵粉100g
速發乾酵母1/2t
細砂糖15g
橄欖油15g
鹽1/8t
水160cc
中筋麵粉15g
（中間發酵完成添加用）

B.夾層

鹽1t
橄欖油2T

　　晚上，接到遠從荷蘭打來的電話，電話那頭傳來熟悉的聲音，最要好的國中同學S給我稍來了問候。電話中的她溫柔依舊，聲音都沒變，靠著長長電話線，我們將友誼延續。

　　國中，那已經是多久遠的一段記憶，留著及耳頭髮的我們是最談得來的朋友。因為有彼此的加油打氣，才能度過最灰澀的國中生活。

　　國中畢業後，我們各自考上適合的學校，雖然減少了聯絡，但是心中總有一塊位置留給對方。工作、結婚、生子，生命中的大小事一定收到對方的祝福。

　　改變的只是我們彼此遙遠的距離，這份情誼永遠都不變。

　　Dear S，謝謝妳～

　　用低筋麵粉做的花捲鬆鬆軟軟，淡淡的滋味是最好搭配中式料理的主食。蒸出來每一個形狀都不同，手作的快樂就是這樣奇妙！^ ^

1　將所有材料A放入鋼盆中，倒入水慢慢攪拌搓揉成為一個團狀（水的部分保留10cc，視麵糰搓揉狀態慢慢添加）（圖1～3）。

2　麵糰筋性變大後，繼續搓揉8～10分鐘成為光滑不黏手的麵糰（圖4）。

3　放入抹少許油的盆中，噴灑些水，工作盆表面罩上溼布或保鮮膜，發酵1.5個小時至兩倍大。（天氣冷，麵糰請放溫暖空間，旁邊放一杯熱水幫助提高溫度。水若冷了就再換一杯。）（圖5、6）

4　發好的的麵糰移出到桌上，灑上一些中筋麵粉，麵糰表面灑上15g的中筋麵粉（圖7）。

5　搓揉4～5分鐘將空氣揉出成為光滑的麵糰，蓋上保鮮膜鬆弛10分鐘（圖8、9）。

6　利用擀麵棍，將麵糰慢慢擀開成為一片30×35cm的長方形大麵皮。（擀開的時候，麵皮會縮回是正常的，要有耐心慢慢重複將麵皮擀開。）（圖10、11）

7　將1t鹽均勻灑在麵皮上，用手抹開，然後使用擀麵棍將鹽壓實到麵皮中（圖12、13）。

8　再將2T橄欖油淋上，用刷子或手抹均勻（圖14）。

9 將麵皮從長向緊密捲起成為長條狀（圖15、16）。

10 捲好的麵糰頭尾兩端不整齊的先切下，其餘用菜刀平均切成16個（圖17）。

11 每兩個小麵糰收口緊靠，用手從麵糰中間壓下，一邊拉長一邊旋轉2～3圈（圖18～20）。

12 將兩端折往底部捏緊即成花捲（圖21、22）。

13 蒸籠底部墊不沾烤焙紙，完成的花捲間隔整齊放入蒸籠內（圖23）。

14 將底部鍋中水微微加溫至手摸不燙的程度（約35℃）關火，蒸籠放上後，蓋上蒸籠蓋再發40分鐘
    至花捲發到非常蓬鬆的感覺。（發酵時間到，肉眼先觀察饅頭是否已經有變大，若沒有就繼續多發
    10～15分鐘，可以用手指腹輕輕觸摸一下，感覺有類似耳垂般柔軟的感覺就是最後發酵完成。）
    （圖24、25）

15 發酵完成直接開中火蒸12分鐘，在時間快到前3分鐘將蓋子打開一個小縫（圖26）。

16 時間到就關火，保持蓋子有一個小縫的狀態放置約5分鐘，再將蒸籠整個移除蒸鍋，再放置3分鐘
    才慢慢掀蓋子，這樣蒸出來的花捲才不容易皺皮（這樣可以讓蒸籠內的溫度與外面的溫度越來越接
    近，不至於冷空氣一下子進入而造成成品回縮）。

小叮嚀

1 老麵麵糰做法請參考152頁。
2 橄欖油可以使用任何液體植物油代替。
3 沒有老麵可以直接省略，其他材料不需更改。
4 若用鐵蒸籠，將鐵蒸籠蓋子整個包上一塊布巾，避免滴水將
   成品表面弄不平整。

南瓜
蔥花捲

份量

約14個

材料

A.麵糰

南瓜泥180g
中筋麵粉200g
低筋麵粉100g
速發乾酵母1/2t
細砂糖20g
橄欖油20g
鹽1/8t
鮮奶20cc
中筋麵粉15g
（中間發酵完成添加用）

B.餡料

鹽1/4t
麻油1.5T
青蔥3～4支

中秋節竟然有辛樂克颱風來搗亂，難得的假期也泡湯了，只能在家望著風強雨大，心裡有些失望。不過我可不會就這樣閒著，抓著不用上班上學的老公和Leo來大掃除。三個人各自負責一個區域，趁著颱風天不能出門把家裡打掃乾淨。

在部落格中最開心的事，就是跟格友有很多的互動，大家不只跟我分享自己的心情，還會提供很多關於料理烘焙的資料跟我一塊討論，雖然每天花不少時間，但是心裡都是暖烘烘的。謝謝妳們願意花這些時間來這裡留言，甚至在我粗心寫錯材料份量而導致成品失敗時也不會生氣，還會適時的來提醒我修正，很多的很多，我都放在心中。

南瓜一直是家中常備的食材，不僅顏色漂亮，也富含多種維生素及纖維質，而且還非常耐放。買一個可以吃3～4次，烹煮的軟爛有自然的甘甜。除了料理之外，我還喜歡將南瓜泥添加在麵包或饅頭中，做出來的成品色彩真是美極了！好吃的花捲有了南瓜的加持，視覺效果100分。

小叮嚀

因為南瓜品種不同，含水量也有不同，配方中的鮮奶請視麵糰的實際情形斟酌的添加。

1 南瓜去皮、去籽後切大塊，放入蒸籠，以大火蒸15分鐘，至竹籤能夠輕易插入的程度。

2 蒸熟的南瓜將盤子中多餘的水倒掉，然後取180g放涼，用叉子壓成泥狀（圖1）。

3 將所有材料A放入鋼盆中（鮮奶除外），大致混合均勻（圖2、3）。

4 若麵糰太乾，視情形將鮮奶加入攪拌，搓揉7～10分鐘成為一個不黏手的麵糰（圖4～6）。

5 麵糰滾圓，收口朝下捏緊放入盆中，表面噴灑些水，盆子上罩上擰乾的濕布，發酵1～1.5小時至兩倍大（圖7、8）。

6 發好的麵糰移出到灑上一些中筋麵粉的桌上，加上15g中筋麵粉，仔細搓揉5～6分鐘至光滑（圖9～11）。

7 用擀麵棍將麵糰慢慢擀開成為一片50cm×25cm，厚約0.3cm的長方形麵皮，氣泡確實壓出（圖12）。

8　將鹽均勻灑在麵皮上（圖13）。

9　用手抹均勻，再用擀麵棍擀壓一下，使得鹽壓入麵皮中（圖14）。

10　將麻油均勻刷在麵皮上（圖15）。

11　青蔥均勻灑在麵皮上（圖16）。

12　麵皮由長向密實捲起，收口捏緊朝下（圖17、18）。

13　將捲好的麵糰頭尾切下，剩餘的麵糰平均用菜刀切成14等份（圖19）。

14　每一個花中央用筷子壓出一道痕（圖20）。

15　蒸籠鋪上防沾烤焙紙，將花捲間隔整齊放入（圖21）。

16　將蒸鍋中加入足量的水，微微加溫至35℃關火，蒸籠放上後，蓋上鍋蓋，再發酵40分鐘至饅頭發的非常蓬鬆的感覺（圖22）。

17　發酵完成直接開中火蒸12分鐘，在時間快到前3分鐘將蓋子打開一個小縫（或是墊上筷子）。

18　時間到就關火，保持蓋子有一個小縫的狀態放置約5分鐘，再將蒸籠整個移除，蒸鍋再放置3分鐘才慢慢掀蓋子，這樣蒸出來的花捲才不容易皺皮（圖23）。

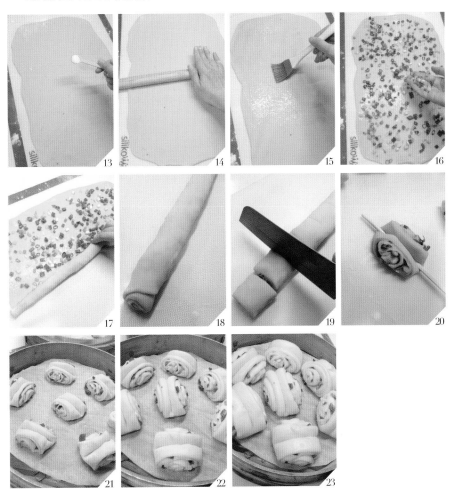

全麥
銀絲捲

份量

約24個

材料

A.主麵糰

老麵麵糰100g
中筋麵粉200g
全麥麵粉50g
水140cc
速發乾酵母1/2t
奶粉20g
細砂糖1T
鹽1/8t

B.中間塗抹餡料

液體植物油3T
細砂糖2T
（可依照個人喜好做增減）

　　銀絲捲做的時候滿有趣的，如果不好捲螺絲狀，也可以將麵條直接打一個單結，效果也不錯。麵粉實在是一種很奇妙的食材，搓揉之後產生筋性，就可以做出各式各樣的變化。我的廚房若是少了麵粉，生活一定會平淡許多。

　　小小的銀絲捲帶點淡淡的甜，吃起來很順口。

1　所有材料A放入鋼盆中，攪拌搓揉8～10分鐘成為一個不黏手的麵糰（圖1、2）。

2　放入盆中，罩上塑膠袋或擰乾的濕布，發酵1.5～2個小時至兩倍大（圖3、4）。

3　桌上灑一些手粉將發酵好的麵糰移出，用擀麵棍將麵糰慢慢擀開成為一片約0.3cm厚的麵皮（圖5、6）。

4　在麵皮上均勻灑上一層細砂糖，用擀麵棍滾動將細砂糖壓進麵皮中（圖7、8）。

5　再倒上適量液體植物油，用手塗抹均勻（圖9）。

6　將麵皮折成4折（圖10～12）。

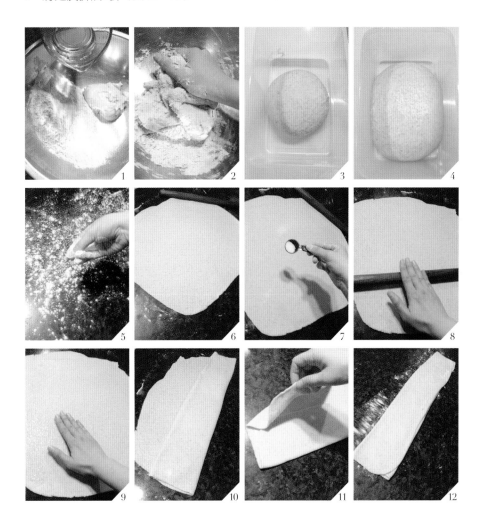

7 用菜刀每隔0.3cm切開，每3～4條小麵條成一束，稍微拉長再捲成螺絲狀，捲到上方要把收尾往中間壓一下，避免鬆開（圖13～16）。

8 或是直接打一個單結，兩端收到底部（圖17）。

9 捲好的麵糰底部墊不沾烤焙紙，整齊放入蒸籠內（圖18）。

10 將蒸鍋中加入足量的水，微微加溫至35℃關火，蒸籠放上後，蓋上鍋蓋，再發酵40分鐘至饅頭發的非常蓬鬆的感覺。

11 發酵完成直接開中火蒸12分鐘，在時間快到前3分鐘將蓋子打開一個小縫（或是墊上筷子）。

12 時間到就關火，保持蓋子有一個小縫的狀態放置約7～8分鐘，再將蒸籠整個移除蒸鍋再放置3分鐘才慢慢掀蓋子，這樣蒸出來的花捲才不容易皺皮（圖19）。

小叮嚀

1 老麵麵糰做法請參考152頁。

2 麵皮塗抹的液體植物油也可以使用豬油或奶油代替。

南瓜菜包

份量

約14個

材料

A.青江菜內餡
a.餡料
乾香菇4～5朵
青江菜600g
豆皮120g
b.調味料
麻油6T
鹽3/4t
白胡椒粉1/4t

B.包子外皮
南瓜泥180g
老麵麵糰100g
中筋麵粉300g
速發乾酵母1/2t
全脂奶粉20g
細砂糖20g
橄欖油20g
鹽1/8t
中筋麵粉15g
（中間發酵完成添加）

真的開始打掃才覺得家裡東西為什麼那麼多？

散落著的CD，滿地貓咪的玩具，流理台大大小小的鍋碗瓢盆，3C產品的電線，每一樣都要好好的歸位，櫃子下平日偷懶的地方也得彎下腰擦乾淨，一年就這麼一次，總得要花點心思。

為什麼室內設計雜誌上美美的家那麼有質感？仔細觀察才發現，他們的客廳除了重要家具，幾乎沒有任何像我們家這麼多雜七雜八的小東西。但是家裡怎麼可能沒有這些東西呢？

CD、VCD、DVD：只會增加，不可能減少。

舊雜誌：就算看完也捨不得丟，總覺得還有可能再翻翻。

朋友旅遊送的紀念品：好朋友辛苦帶回，每一樣都珍貴，當然要放在櫃子上展示。

全家福的照片：這是我們成長的足跡，一年一年變化很大，所以要擺放出來。

Leo的畫：沒有大師的名畫，總要有點文化氣息。

壞一半的音響：雖然MD槽壞了，但是收音機功能還是好的。

玻璃瓶罐：喝完紅酒剩下來漂亮的瓶子，當水壺很適合。

唉！我沒辦法減少任何一樣東西，算了，我就是跟美屋無緣！

市場的青江菜好便宜，買了滿滿一袋，正好可以做些包子。素包子一直是我喜歡的麵點，做一些可以當做早餐或中午輕食很方便。麵皮中混合了南瓜泥豔麗的色彩，還帶點微微的甜，吃完滿嘴清香，沒有太多負擔。

A.製作青江菜內餡

1 乾香菇泡水軟化（圖1）。

2 青江菜切碎，將水分擠出，豆皮切末，軟化的香菇切末（圖2）。

3 將所有材料及調味料放入盆中，攪拌均勻（圖3、4）。

4 若沒有馬上包製，請將餡料放冰箱冷藏。（包製之前，餡料需從冰箱取出先回溫，以免內餡太冰影響麵糰發酵。）（圖5）

B.製作包子外皮

5 南瓜去皮取籽後，蒸熟取180g（圖6）。

6 將所有材料放入盆中，搓揉7～8分鐘成為有彈性又不黏手的光滑麵糰（圖7～9）。

7 麵糰滾圓，收口朝下捏緊放入盆中，表面噴灑些水，盆子上罩上擰乾的濕布，發酵1～1.5小時至兩倍大（天氣冷請放溫暖密閉的空間）（圖10、11）。

8 發好的的麵糰移出到灑上中筋麵粉的桌上，加上15g中筋麵粉，仔細搓揉5～6分鐘至光滑（圖12、13）

9 將揉好的麵糰切成兩半，擀成長條，平均切成14個小麵糰（每一個約45g）（圖14～16）。

10 將小麵糰壓扁，每一個小麵糰擀成內部稍厚，周圍較薄直徑約12cm的圓形麵皮（桌上稍微灑些中筋麵粉，不要讓麵皮因為沾黏桌面或擀麵棍而破皮）（圖17、18）。

11 將光滑面放在外側，放上適量青江菜內餡，一邊折一邊轉，最後將收口捏緊（圖19～21）。

12 將包好的包子底部墊不沾烤焙紙，間隔整齊放入蒸籠內（圖22）。

13 將鍋中水微微加溫至手摸不燙的程度（約體溫程度）關火，蒸籠放上後，蓋上鍋蓋再發40分鐘至包子發得非常蓬鬆的感覺。

14 發酵完成直接開中火蒸12分鐘，在時間快到前3分鐘將蓋子打開一個小縫。

15 時間到就關火，保持蓋子有一個小縫的狀態放置約5分鐘，再將蒸籠整個移除蒸鍋再放置3分鐘才慢慢掀蓋子，這樣蒸出來的包子才不容易皺皮（圖23）。

小叮嚀

1 老麵麵糰做法請參考152頁。

2 因為南瓜品種不同，製作時請依實際狀況，視南瓜含水量適量添加其他液體材料調整。

筍丁辣肉包

份量

約12個

材料

A.筍丁鮮肉內餡

a.餡料

豬絞肉300g

熟筍300g　雞蛋1個

青蔥3～4支

薑2片

（圖1）

b.調味料

辣椒醬1t　醬油1/2T

紹興酒1T　鹽1/2t

白胡椒粉1/4t

B.包子外皮

a.中種麵糰

中筋麵粉200g

速發乾酵母1/2t

水120cc

b.主麵糰

中種麵糰全部

中筋麵粉100g

全脂奶粉15g

細砂糖20g　鮮奶30cc

橄欖油20g　鹽1/8t

同學D匆匆回台灣兩星期，今天又要帶著大家的思念回法國了。趁著她回去前，趕緊再約時間碰個面，因為這一分別又不知道要多久才能見面？她總是說要我到法國玩，我為了家裡的貓一直無法實現這樣的願望。看著她在異鄉努力的擁有現在的一切，真的很替她感到驕傲。祝福我的好朋友永遠幸福！

加了筍子的肉包帶著微辣，吃完一個還意猶未盡。筍子清甜消除了肉餡的油膩感，這個好吃的包子一定要跟好朋友分享^^

做法

A.製作筍丁鮮肉內餡

1 青蔥洗淨後，瀝乾水分，切成蔥花，薑片切末，熟筍切約0.5cm丁狀。

2 絞肉再稍微剁細至有黏性產生。

3 將雞蛋及調味料加入肉餡中攪拌均勻（圖2）。

4 接著將蔥花及薑末加入攪拌均勻（圖3）。

5 最後將筍丁加入攪拌均勻即可（圖4）。

6 若沒有馬上包製，請將餡料放冰箱冷藏。（包製之前，餡料需從冰箱取出先回溫，以免內餡太冰影響麵糰發酵）。

B.製作包子外皮

7 將水倒入麵粉及乾酵母中，攪拌搓揉成為一個光滑不黏手的麵糰（圖5～7）。

8 放入盆中，罩上塑膠袋或擰乾的濕布，發酵1.5～2個小時至兩倍大（圖8、9）。

9 將中種麵糰與主麵糰所有材料放入鋼盆中，攪拌搓揉7～10分鐘成為一個不黏手的麵糰（圖10～13）。

10 揉好的麵糰移出到灑上一些中筋麵粉的桌上（圖14）。

11 將揉好的麵糰切成兩半，擀成長條，平均各切成6個小麵糰（每一個約40g）（圖15）。

12 將小麵糰壓扁，每一個小麵糰擀成內部稍厚，周圍較薄直徑約12cm圓形麵皮（桌上稍微灑些中筋麵粉，不要讓麵皮因為沾黏桌面或擀麵棍而破皮）（圖16～19）。

13 將光滑面放在外側，放上適量筍丁鮮肉餡，一邊折一邊轉，最後將收口捏緊（圖20～22）。

14 將包好的包子底部墊不沾烤焙紙，間隔整齊放入蒸籠內（圖23）。

15 將鍋中水微微加溫至手摸不燙的程度（約體溫程度）關火，蒸籠放上後，蓋上鍋蓋再發40分鐘至包子發的非常蓬鬆的感覺（圖24）。

16 發酵完成直接開中火蒸15分鐘，在時間快到前3分鐘將蓋子打開一個小縫。

17 時間到就關火，保持蓋子有一個小縫的狀態放置約5分鐘，再將蒸籠整個移除蒸鍋再放置3分鐘才慢慢掀蓋子，這樣蒸出來的包子才不容易皺皮（圖25）。

15 16 17 18 19

20 21 22 23 24

25

小叮嚀

調味份量僅為參考，請依自己口味調整；辣度請依個人喜好調整，若不吃辣，調味料中的辣椒醬請直接取消。

高麗菜
秋葉包

🜲
份量

約12個

🜲
材料

A.高麗菜內餡
a.內餡
豆包2片
乾香菇4～5朵
鮮木耳1片
高麗菜200g
紅蘿蔔100g
紅蔥頭2粒
蝦皮1T
（圖1）

b.調味料
麻油2T
醬油1T　鹽1/3t
白胡椒粉1/4t

B.包子外皮
中筋麵粉300g
菠菜70g
水100cc
速發乾酵母1/2t
細砂糖20g
鹽1/4t
中筋麵粉30g
（中間發酵完成添加）

　　菜價便宜到讓人恨不得
有三個胃可以多吃一點蔬
菜，看著家裡漂亮又新鮮的
高麗菜和菠菜，組合起來做
了好吃的高麗菜包。添加了
菠菜泥的麵糰顏色美極了，
包成葉子形狀好適合，高麗
菜清脆的口感為這個包子加
分不少。

（做法）

A.製作高麗菜內餡

1 鍋中放1T油，豆皮放入鍋中煎到金黃（若買已經炸好的，此步驟可省略）（圖2）。

2 乾香菇泡水軟化後切末，木耳切絲。

3 高麗菜及炸豆包切1cm大小，紅蘿蔔刨細絲，紅蔥頭切末（圖3）。

4 鍋中倒入2T油，將紅蔥頭及蝦皮放入炒香。

5 依序將紅香菇絲、蘿蔔絲、炸豆包放入翻炒（圖4、5）。

6 最後將高麗菜及調味料加入，稍微翻炒均勻即可（高麗菜不要炒的太軟，蒸完才能保持清脆的口感）（圖6～8）。

B.製作包子外皮

7 菠菜取葉的部分70g，加入水用果汁機打成泥狀（圖9、10）。

8 將菠菜液加入所有材料中攪拌搓揉成為一個光滑不黏手的麵糰（約揉8～10分鐘）。（圖11～14）

9 放入盆中，蓋上濕布，發酵2～3個小時至兩倍大（圖15、16）。

10 將已經發酵兩倍大的麵糰慢慢加入30g中筋麵粉，搓揉7～8分鐘，成為結實無氣泡的光滑麵糰（圖17～20）。

11 將麵糰切成兩半，分別搓揉成長條，用切麵刀平均切成10個小麵糰（每個約50g）（圖21～23）。

12 將小麵糰壓扁，每一個小麵糰擀成周圍較薄的橢圓形（圖24、25）。

13 將光滑面朝下，包上適量內餡（餡料盡量不要沾到邊緣，避免無法黏合）。

14 將其中一邊凹出折痕捏緊，依序左邊往中間折起再右邊往中間折，尾端將收口捏緊成為一個葉子形狀（圖26～32）。

15 將包好的包子底部墊不沾烤焙紙，整齊放入蒸籠內。

16 將鍋中水微微加溫至手摸不燙的程度（約35℃）關火，蒸籠放上後，蓋上鍋蓋，再發40分鐘至包子發的非常蓬鬆的感覺（圖33）。

17 發酵完成直接開中火蒸12分鐘，在時間快到前3分鐘將蓋子打開一個小縫。

18 時間到就關火，保持蓋子有一個小縫的狀態放置約5分鐘，再將蒸籠整個移除蒸鍋再放置3分鐘才慢慢掀蓋子，這樣蒸出來的包子才不容易皺皮（圖34）。

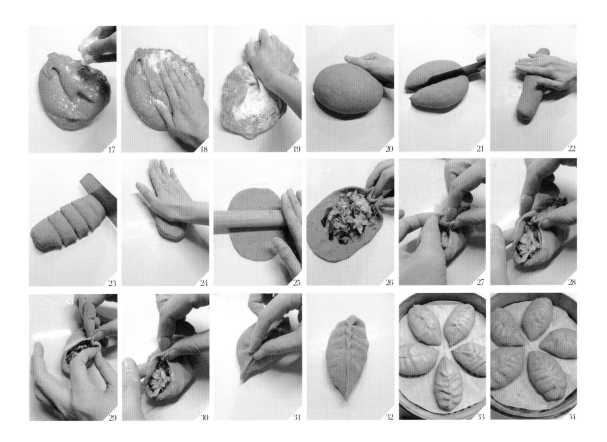

雙色高麗菜鮮肉包

份量

約16個

材料

A.高麗菜鮮肉餡

a.內餡

豬絞肉300g

高麗菜200g

青蔥2～3支

蝦米10g

薑2片

雞蛋 1個

（圖1）

b.調味料

醬油1.5T

米酒1T

麻油1T

鹽1/4t

白胡椒粉 1/4t

*調味份量僅為參考，
請依照自己口味調整

B.雙色包子外皮

a.甜菜根麵糰

中筋麵粉200g

速發乾酵母1/3t

甜菜根汁120cc

細砂糖15g

鹽1/8t

橄欖油15g

中筋麵粉15g

（中間發酵後添加用）

b.原味麵糰

中筋麵粉200g

速發乾酵母1/3t

細砂糖15g

鹽1/8t

橄欖油15g

水120cc

中筋麵粉15g

（中間發酵完成添加用）

今天早上，忽然很想吃市場老婆婆做的包子，好一段時間都沒去光顧了，順便可以採買些新鮮的蔬果回來。

結果幫毛毛剪毛，摩蹭摩蹭拖到快十點半才出門，心裡還有些懊惱，因為婆婆只有一個人在做，太晚去可能都賣完了。到了市場，我轉了一圈，嗯？怎麼沒找到婆婆的店？是我太久沒來了嗎？我又重新繞了一遍，確定之前老婆婆饅頭店的位置。瞬間我

明白了，店不見了!小小的饅頭店已經變成賣素食的。我站在素食店門口有些慌張，老婆婆的店沒有了，我再也吃不到她做的包子了。也許她的包子沒有雜誌介紹過，但是卻是我心中好吃的包子第一名。

幾年不變的味道，每次來都看到她一個人在充滿水蒸氣的店中忙碌著。等著她把剛蒸好的包子饅頭放進棉布箱中，然後心滿意足的拎著熱包子回家。

她是生病了，還是回家享受天倫之樂，還是……？我問了一下左右兩家商店，他們也說不太清楚，好多的問號在心裡，真是好捨不得。

自己做，卻怎麼也做不出婆婆的味道呢！

廚房就是我的遊戲間，材料就是我的調色盤，兩種色彩的麵糰交織做出饒富趣味的雙色包子，讓視覺更豐富。

做法

A.製作高麗菜鮮肉餡

1　絞肉再稍微剁細至有黏性產生（圖2）。

2　高麗菜及青蔥洗淨，瀝乾水分切碎，蝦米泡溫水5分鐘切末，薑片切末（圖3）。

3　依序將調味料及青蔥、蝦米、薑末放入盆中與肉餡攪拌均勻（圖4～6）。

4　切好的高麗菜及拌好的肉餡備用。

5　餡料若沒有馬上包製，請放冰箱冷藏。（包製之前，餡料需從冰箱中先取出回溫，以免內餡太冰影響麵糰發酵。）（圖7）

B.製作雙色包子外皮

6　甜菜根取100g加上水100cc，用果汁機打成細緻的泥狀過濾取120cc（圖8）。

7　分別將甜菜根麵糰及原味麵糰的所有材料，放入鋼盆中攪拌搓揉8～10分鐘，成為有彈性又不黏手的光滑麵糰。（液體的部分可以先保留10cc，視實際麵糰的乾濕程度再加入。）（圖9～12）

8　麵糰滾圓，收口朝下捏緊放入盆中，表面噴灑些水，盆子上罩上擰乾的濕布，發酵2小時至兩倍大（圖13、14）。

9　發好的的麵糰移出到灑上中筋麵粉的桌上，分別加入15g中筋麵粉搓揉，將麵糰空氣揉出成為光滑的麵糰（圖15～18）。

10　將揉好的麵糰分別用手搓揉成約60cm長條（圖19、20）。

11　將兩條麵糰互相交纏，再用雙手搓揉緊密（圖21）。

12　平均切成16個小麵糰（每一個約45g）（圖22）。

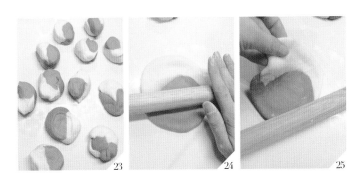

13 將小麵糰壓扁，每一個小麵糰擀成內部稍厚，周圍較薄直徑約12cm的圓形麵皮（桌上稍微灑些中筋麵粉，不要讓麵皮因為沾黏桌面或擀麵棍而破皮）（圖23～25）。

C.包製

14 包餡之前，將高麗菜加入肉餡中混合均勻（太早混入會使得高麗菜出水導致濕黏）（圖26～28）。

15 將麵皮光滑面放在外側，放上適量高麗菜鮮肉餡，一邊折一邊轉，最後將收口捏緊（圖29～31）。

16 將包好的包子底部墊不沾烤焙紙，間隔整齊放入蒸籠內（圖32）。

17 將鍋中水微微加溫至手摸不燙的程度（約體溫程度）關火，蒸籠放上後，蓋上鍋蓋，再發40分鐘至包子發的非常蓬鬆的感覺（圖33）。

18 發酵完成直接開中火蒸15分鐘，在時間快到前3分鐘將蓋子打開一個小縫。

19 時間到就關火，保持蓋子有一個小縫的狀態放置約5分鐘，再將蒸籠整個移除蒸鍋再放置3分鐘才慢慢掀蓋子，這樣蒸出來的包子才不容易皺皮（圖34）。

雪菜鮮肉包

材料

A.雪菜鮮肉餡

a.內餡
雪裡紅150g
絞肉350g
青蔥2支
嫩薑片3片
雞蛋1個
（圖1）

b.調味料
醬油1/2T
米酒1T
麻油1T
鹽1/4t
白胡椒粉適量
太白粉1T

B.包子外皮
老麵麵糰100g
中筋麵粉300g
速發乾酵母1/2t
牛奶170cc
細砂糖20g
橄欖油30g
鹽1/8t
中筋麵粉10g
（中間發酵完成添加用）

　　前兩天依照媽媽的方式做了一些雪裡紅，拿來炒肉絲、豆皮、辣椒都適合。做法非常簡單，只要加鹽將適合的青菜醃漬起來，放冰箱冷藏2～3天，就成為家中常備的簡易醃漬蔬菜。適量的鹽可以讓食物產生特殊的風味，真的非常神奇。

　　有了自製的雪裡紅，當然要做好吃的雪菜包子。包子是家中最方便的麵食，早餐、午餐或是有一點餓的時候，隨蒸隨吃。青翠的雪裡紅包在包子中，特別有一股清新的味道！

準備工作

1　青蔥切成細蔥花，嫩薑片切末。雪裡紅洗淨切碎，絞肉再剁碎一些（圖2）。
2　將所有材料放入盆中混合均勻（圖3）。
3　最後將所有調味料加入攪拌均勻（圖4）。
4　若沒有馬上包製，請放冰箱冷藏。（包製之前，餡料需從冰箱中先取出回溫，以免肉餡太冰影響麵糰發酵。）

做法

1　將所有材料B放入盆中，牛奶分兩次加入攪拌，搓揉7～8分鐘，成為有彈性又不黏手的光滑麵糰（圖5～8）。
2　麵糰滾圓，收口朝下捏緊放入盆中，表面噴灑些水，盆子上罩上擰乾的濕布，發酵1～1.5小時至兩倍大（圖9、10）。

3 發好的麵糰移出到灑上中筋麵粉的桌上，將10～20g的中筋麵粉慢慢搓揉進去，成為一個光滑無氣泡的麵糰（圖11～13）。

4 將揉好的麵糰捏成長條，平均切成12個小麵糰（每一個約50g）（圖14）。

5 將小麵糰壓扁，每一個小麵糰擀成內部稍厚、周圍較薄，直徑約12cm的圓形麵皮。（桌上稍微灑些中筋麵粉，不要讓麵皮因為沾黏桌面或擀麵棍而破皮。）（圖15、16）

6 將光滑面放在外側，放上適量雪菜鮮肉餡，一邊折一邊轉，最後將收口捏緊（圖17～19）。

7 將包好的包子底部墊不沾烤焙紙，間隔整齊放入蒸籠內（圖20）。

8 將鍋中水微微加溫至手摸不燙的程度（約體溫程度）關火，蒸籠放上後，蓋上鍋蓋再發40分鐘至包子發的非常蓬鬆的感覺。

9 發酵完成直接開中火蒸12分鐘，在時間快到前5分鐘將蓋子打開一個小縫。

10 時間到就關火，保持蓋子有一個小縫的狀態，放置約5分鐘，再將蒸籠整個移除，蒸鍋再放置3分鐘才慢慢掀蓋子，這樣蒸出來的包子才不容易皺皮（圖21）。

小叮嚀

老麵麵糰請參考152頁。

延伸做法

自製雪裡紅

材料

小芥菜600g
鹽1.5T
（圖1）

做法

1 將小芥菜洗淨，瀝乾水分（水分稍微瀝乾就好，有少許水沒有關係）。

2 將鹽均勻灑上小芥菜，用手搓揉小芥菜，直到小芥菜顏色變深且濕潤的感覺（圖2～4）。

3 用一個乾淨的塑膠袋將小芥菜裝起來密封（圖5）。

4 然後放冰箱冷藏2～3天，即成為雪裡紅（圖6）。

5 吃之前將表面的鹽份沖洗乾淨。

6 做好放在冰箱冷藏，約可以存放7～10天。

小叮嚀

小芥菜可以用油菜、青江菜、蘿蔔葉梗或大頭菜葉梗代替。

梅乾菜肉包

份量

約8個

材料

A.梅乾菜肉餡

a.內餡

梅乾菜100g

豬前腿肉300g

青蔥2～3支 薑2片

紅辣椒2支

（圖1）

b.調味料

米酒1T

醬油2.5T

黃砂糖（或冰糖）20g

水200cc

B.包子外皮

a.中種麵糰

中筋麵粉200g

速發乾酵母1/2t

水120cc

b.主麵糰

中種麵糰全部

中筋麵粉100g

細砂糖15g

牛奶30cc

橄欖油15g

鹽1/8t

　　梅乾菜特殊的滋味是很多菜色的好搭配，這種媽媽的味道怎麼都吃不膩。記得小學的時候只要有這道料理，便當一定很快吃完，同學帶的菜色再吸引人都不願意交換。把最喜歡的梅乾菜燒肉變成內餡包在包子中，帶點辣真是極品～～

A.製作梅乾菜內餡

1 乾燥梅乾菜泡水3～4小時，豬前腿肉切成塊狀，青蔥洗淨後，瀝乾水分切大段，紅辣椒切段（圖2）。

2 梅乾菜中間換水兩次，洗乾淨撈起切碎（圖3）。

3 炒鍋中倒入2T油，油熱將肉塊放入，炒至變色（圖4）。

4 再將青蔥、薑片及紅辣椒放入拌炒均勻（圖5）。

5 梅乾菜及所有調味料依序放入混合均勻煮沸（圖6～8）。

6 蓋上蓋子，小火熬煮20～25分鐘，至湯汁收乾即可（圖9）。

7 放涼將薑片撈起，其餘材料切碎即可（圖10）。

B.製作包子外皮

8 將材料a的水倒入麵粉及乾酵母中，攪拌搓揉成為一個光滑不黏手的麵糰（圖11～14）。

9 放入盆中，罩上塑膠袋或擰乾的濕布，發酵1.5～2個小時至兩倍大（圖15）。

10 將發好的中種麵糰與主麵糰所有材料放入鋼盆中，攪拌搓揉7～10分鐘，成為一個不黏手的麵糰（圖16～19）。

11 揉好的麵糰移出到灑上一些中筋麵粉的桌上，搓揉成為一個光滑無氣泡的麵糰（圖20）。

12 將揉好的麵糰切成兩半，擀成長條，平均各切成4個小麵糰（每一個約60g）（圖21、22）。

13 將小麵糰壓扁，每一個小麵糰擀成內部稍厚，周圍較薄直徑約12cm的圓形麵皮（桌上稍微灑些中筋麵粉，不要讓麵皮因為沾黏桌面或擀麵棍而破皮）（圖23～25）。

14 將光滑面放在外側，放上適量梅乾菜肉餡，一邊折一邊轉，最後將收口捏緊（圖26～28）。

15 將包好的包子底部墊不沾烤焙紙，間隔整齊放入蒸籠內（圖29）。

16 將鍋中水微微加溫至手摸不燙的程度（約體溫程度）關火，蒸籠放上後，蓋上鍋蓋，再發40分鐘至包子發得非常蓬鬆的感覺。

17 發酵完成直接開中火蒸12分鐘，在時間快到前3分鐘將蓋子打開一個小縫。

18 時間到就關火，保持蓋子有一個小縫的狀態放置約5分鐘，再將蒸籠整個移除，蒸鍋再放置3分鐘才慢慢掀蓋子，這樣蒸出來的包子才不容易皺皮（圖30）。

五香蔥燒包

份量

約10個

材料

A.青蔥鮮肉餡
a.材料
豬絞肉400g
青蔥100g
鹹蛋黃3個
（圖1）
b.調味料
醬油1T
醬油膏1.5T
細砂糖1.5T 米酒1T
鹽1/2t
白胡椒粉1/2t
五香粉1/8t
肉桂粉1/8t
花椒粉1/8t

B.包子外皮
老麵麵糰100g
中筋麵粉300g
速發乾酵母1/2t
細砂糖20g
鹽1/8t
橄欖油15g
牛奶170cc
中筋麵粉15g
（中間發酵完成添加用）

　　Leo第一次段考結束了，剛進入另一階段的他有些抓不住唸書的方向，考試結果不理想。他是個自尊心強的孩子，看的出來他很受傷，滿臉的落寞。把他喚來，跟他討論問題出在哪裡。翻開他的課本講義，學校功課真的又多又重。英文要背的單字密密麻麻，數學都是證明題，史地也不輕鬆，假日還得抽空做公共服務，每天連睡覺的時間都不夠。

　　這幾天晚上睡覺的時候，我竟然做夢夢到自己坐在教室中，面對一堆作業與考試驚慌失措，醒來的時候，才慶幸自己早已脫離這樣的日子。

　　現在老公晚上跟著他一塊背英文，爺倆一起討論物理數學，希望他不會覺得一個人唸書是孤單的。雖然心疼他，但是我們也鼓勵他，在這麼激烈的競爭下，唯有能堅持的人才能跑到終點。

　　雖然沒有辦法幫忙Leo分攤功課壓力，但是每天打理好吃的三餐就是我的工作，麵包、蛋糕與麵點，我總是想方法變化，不讓他吃膩。這個蛋白質豐富的鮮肉包子，加了香氣十足的各式各樣辛香料，早餐蒸一個，給Leo滿滿元氣，面對一天的挑戰。

👑
做法

A.製作內餡

1　絞肉再稍微剁細至有黏性產生（圖2）。

2　青蔥洗淨後，瀝乾水分，切成蔥花（圖3）。

3　將所有調味料放入絞肉中，攪拌均勻（圖4、5）。

4　最後將蔥花加入混合均勻，鹹蛋黃切小丁狀備用（圖6～8）。

5　餡料若沒有馬上包製，請放冰箱冷藏。（包製之前，餡料需從冰箱中先取出回溫，以免內餡太冰影響麵糰發酵）。

小叮嚀

老麵麵糰做法請參考152頁。

B.製作包子外皮

6　將老麵麵糰加入主麵糰所有材料，放入鋼盆中，大致混合均勻（圖9、10）。

7　攪拌搓揉7～10分鐘，成為一個不黏手的麵糰（圖11）。

8　麵糰滾圓，收口朝下捏緊放入盆中，表面噴灑些水，盆子上罩上擰乾的濕布，發酵1.5～2小時至兩倍大（圖12、13）。

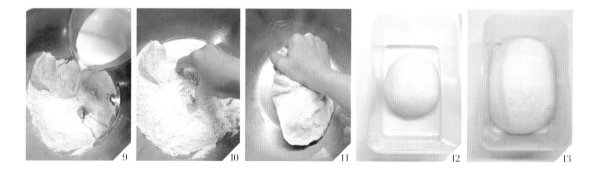

9 發好的麵糰移出到灑上一些中筋麵粉的桌上，加入15g的中筋麵粉。將麵糰空氣揉出成為光滑的麵糰（圖14～16）。

10 將揉好的麵糰切成兩半，擀成長條，平均各切成5個小麵糰（每一個約60g）（圖17、18）。

11 將小麵糰壓扁，每一個小麵糰擀成內部稍厚，周圍較薄直徑約12cm的圓形麵皮。（桌上稍微灑些中筋麵粉，不要讓麵皮因為沾黏桌面或擀麵棍而破皮。）（圖19、20）

12 將光滑面放在外側，放上適量青蔥鮮肉餡，一邊折一邊轉，最後將收口捏緊（圖21～24）。

13 將包好的包子底部墊不沾烤焙紙，間隔整齊放入蒸籠內（圖25）。

14 將鍋中水微微加溫至手摸不燙的程度（約體溫程度）關火，蒸籠放上後，蓋上鍋蓋，再發40分鐘至包子發的非常蓬鬆的感覺（圖26）。

15 發酵完成直接開中火蒸15分鐘，在時間快到前3分鐘將蓋子打開一個小縫。

16 時間到就關火，保持蓋子有一個小縫的狀態放置約5分鐘，再將蒸籠整個移除，蒸鍋再放置3分鐘，才慢慢掀蓋子，這樣蒸出來的包子才不容易皺皮（圖27）。

全麥豆角素包子

份量

約12個

材料

A.包子內餡

a.內餡

乾香菇5～6朵

豆皮4片

豆角250g

蒜頭2瓣

（圖1）

b.調味料

鹽1/2t

麻油1T

白胡椒粉1/4t

B.包子外皮

中筋麵粉200g

全麥麵粉100g

速發乾酵母1/2t

砂糖10g

橄欖油20g

豆漿170cc

鹽少許

外婆非常會做料理及各式各樣的麵食，小時候只要一回外婆家，就好像進入五星級的餐廳，她會準備最好的食材讓我們享用。記憶中的她有一點嚴肅，卻非常疼愛我跟妹妹。餐桌上料理最好吃的，總是先挾起，放在我們姊妹的盤子中。我喜歡看外婆在廚房忙碌的模樣，她微胖的身軀有著滿滿獻給家人的愛。

外婆最後一次健康的模樣是在我的婚禮上，穿著棗紅旗袍的她好有精神。之後她的身體就越來越不好，連出門都難。結婚後的我忙著工作，根本沒有太多時間回那棟老房子陪陪她，現在想起來，還是很多遺憾。

我努力的回想外婆做過的每一道料理，謝謝外婆把這些好味道都留給我，雖然她老人家已經不在了，但外婆及她做的每一道料理都會永遠陪伴著我。

做法

A.製作包子內餡

1. 乾香菇泡水泡到軟，然後將水分擠出切末（圖2）。

2. 豆皮切約1cm見方，豆角切小丁，蒜頭切末。

3. 鍋中倒入蔬菜油，豆皮放入，炒至呈現金黃色（圖3）。

4. 再將香菇末及蒜頭末加入炒香（圖4、5）。

5. 炒好的餡料與生豆角混合均勻，然後添加適量的調味料調味即可（圖6）。

B.製作包子外皮

6 將所有材料放入鋼盆中，攪拌搓揉成為一個光滑不黏手的麵糰。（豆漿的部分保留10cc，視麵糰搓揉狀態慢慢添加。）（圖7、8）

7 麵糰筋性變大後，繼續搓揉8～10分鐘，成為光滑的麵糰（圖9）。

8 放入抹少許油的盆中，噴灑些水，鋼盆表面罩上溼布或保鮮膜，發酵1個小時至兩倍大（圖10、11）。

9 發好的麵糰移出到灑上一些中筋麵粉的桌上，稍微揉一下將空氣揉出（圖12）。

10 揉好的麵糰捏為一長條，用切麵刀切成12個小麵糰（每個約40g）（圖13）。

11 將麵糰壓扁，每一個小麵糰擀成內部稍厚，周圍較薄直徑約12cm的圓形麵皮。（桌上稍微灑些粉，不要讓麵皮因為沾黏桌面或擀麵棍而破皮。）（圖14）

12 將光滑面放在外側，包上適量內餡，一邊折一邊轉，最後將收口捏緊（圖15～17）。

13 將包好的包子底部墊不沾烤焙紙，整齊放入蒸籠內（圖18）。

14 蒸鍋中的水微微加溫至手摸不燙的程度就關火，蒸籠放上後，蓋上蒸籠蓋，再發40分鐘。

15 發酵完成直接開中火蒸12分鐘，在時間快到前5分鐘將蓋子打開一個小縫。

16 時間到就關火，約放置5分鐘才慢慢掀蓋子，這樣蒸出來的包子較不容易皺皮。

高麗菜豆腐水煎包

Leo開始放暑假，全家找了一家老字號的餐廳一塊吃個飯。重新裝潢的店面有著時尚的氣息，雖然許久沒來，不過店裡面的味道依然道地，三個人度過一個愉快的家庭日。

回到家後，我們接連出現上吐下瀉的症狀，想想應該是中午吃到了不潔的食物引起。原本希望偷懶一下出去聚餐，沒想到一家人都引發急性腸胃炎。經過這一次事件，老公對出門吃飯這件事更是興趣缺乏，所以我還是要打起精神，為全家的健康把關。

簡單清爽的豆腐蔬菜內餡，底部煎的金黃，水煎包一出鍋香噴噴！自己動手做，這份快樂讓味蕾感動。

份量

約16個

材料

A.高麗菜豆腐餡

a.內餡
板豆腐200g
粉絲1把（約50g）
高麗菜200g
青蔥3～4支
薑2片
蝦皮20g
（圖1）

b.調味料
醬油1T
麻油1T　鹽1/2t
白胡椒粉1/8t
*調味份量僅為參考，
請依照自己口味調整

B.水煎包外皮
老麵麵糰50g
中筋麵粉200g
低筋麵粉100g
速發乾酵母1/2t
細砂糖15g
鹽1/8t
橄欖油15g
水160cc
中筋麵粉15g
（中間發酵完成添加用）

做法

A.製作內餡

1 板豆腐壓重物1小時，去除多餘的水分，將豆腐捏碎（圖2～4）。

2 鍋中倒入2T油，捏碎的豆腐炒至呈金黃色撈起（圖5、6）。

3 粉絲泡水6～7分鐘軟化，切成約0.5cm段狀。

4 高麗菜切碎，加入1/4t鹽（份量外），醃漬30分鐘讓它自然出水，再用手將多餘的水擠乾（圖7、8）。

5 青蔥洗淨後，瀝乾水分，切成蔥花，薑切末（圖9）。

6 將所有材料及調味料放入混合均勻即可（圖10～12）。

7 餡料若沒有馬上包製，請放冰箱冷藏。（包製之前，餡料需從冰箱中先取出回溫，以免內餡太冰影響麵糰發酵）。

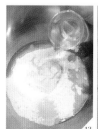     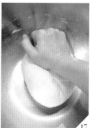

B.製作外皮

8 將老麵麵糰加入其他材料放入鋼盆中，大致混合均勻（圖13～15）。

9 攪拌搓揉7～10分鐘，成為一個不黏手的麵糰（圖16、17）。

10 麵糰滾圓，收口朝下捏緊放入盆中，表面噴灑些水，盆子上罩上擰乾的濕布，發酵1.5～2小時至兩倍大（圖18、19）。

11 發好的的麵糰移出到灑上一些中筋麵粉的桌上，加入15g的中筋麵粉，將麵糰空氣揉出，成為光滑的麵糰（圖20～22）。

12 將揉好的麵糰切成兩半，各擀成長條，平均各切成8個小麵糰（每一個約32g）（圖23～25）。

13 將小麵糰壓扁，每一個小麵糰擀成內部稍厚，周圍較薄直徑約10cm的圓形麵皮。（桌上稍微灑些中筋麵粉，不要讓麵皮因為沾黏桌面或擀麵棍而破皮。）（圖26～28）。

14 將光滑面放在外側，放上適量高麗菜豆腐餡，將兩邊的麵皮捏緊（圖29、30）。

15 準備一個大盤子，盤子上灑一些中筋麵粉（避免水煎包底部沾黏）。

16 包好的水煎包放在灑上麵粉的盤子中（圖31）。

17 將所有的水煎包依序完成。

18 平底鍋中倒入1T油，油熱將水煎包整齊排入，稍微煎1分鐘。

19 倒入水，水量約1cm高（圖32）。

20 蓋上蓋子，以中小火悶煮到水收乾，底部煎到呈金黃色即可（圖33、34）。

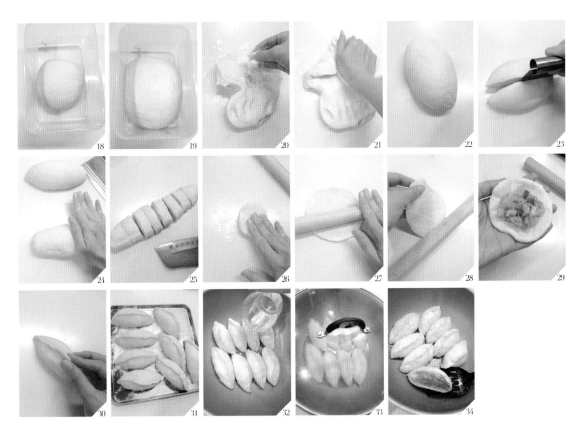

小叮嚀

老麵麵糰做法請參考152頁。

上海生煎包

份量

約24個

材料

A.鮮肉餡

a.內餡
豬絞肉300g
青蔥3～4支
薑3片
（圖1）

b.調味料

醬油1T
蠔油1T
米酒1T
麻油2T
鹽1/4t
白胡椒粉1/8t
高湯50cc
*調味份量僅為參考，
請依照自己口味調整

B.包子外皮
老麵麵糰100g
中筋麵粉300g
速發乾酵母1/2t
細砂糖10g
鹽1/8t
橄欖油20g
水170cc
中筋麵粉15g
（中間發酵完成添加用）

台灣真是美食的天堂，從五星級飯店到街頭夜市，處處都是美味。寶島上集合了來自不同地方的人，不分國界，沒有隔閡，料理多元又道地。這樣特殊的環境也創造出許多獨特的口味。離家最近的通化夜市是我很喜歡去的地方，傍晚過後，人潮就開始聚集，長長的街燈火通明，各式各樣的小吃及攤商讓人目不暇給，混在人群中，莫名就覺得興奮起來。

米粉湯、豬血糕、鐵板燒、四果冰，每一樣都不想放過，要來夜市，就千萬要把減肥這件事拋到腦後，回家前再拎一盒上海生煎包，大大滿足！^^

加了老麵揉製的麵糰有彈性也多了麥香，好吃的生煎包自己動手做，讓夜市人氣小吃在家裡餐桌重現！

A.製作內餡

1　絞肉再稍微剁細至有黏性產生（圖2）。

2　青蔥洗淨後，瀝乾水分，切成蔥花，薑切末（圖3）。

3　將所有材料及調味料放入混合均勻（圖4）。

4　高湯分3～4次加入攪拌均勻即可（圖5）。

5　餡料若沒有馬上包製，請放冰箱冷藏。（包製之前，餡料需從冰箱中先取出回溫，以免內餡太冰影響麵糰發酵。）

B.製作包子外皮

6　將老麵麵糰加入其他材料放入鋼盆中，大致混合均勻（圖6、7）。

7　攪拌搓揉7～10分鐘成為一個不黏手的麵糰（圖8、9）。

8　麵糰滾圓，收口朝下捏緊放入盆中，表面噴灑些水，盆子上罩上擰乾的濕布，發酵1～1.5小時至兩倍大（圖10）。

9　發好的的麵糰移出到灑上一些中筋麵粉的桌上，加入15g的中筋麵粉搓揉。將麵糰空氣揉出成為光滑的麵糰（圖11、12）。

10　將揉好的麵糰切成兩半，搓成長條，平均各切成12個小麵糰（每一個約25g）（圖13）。

11　將小麵糰壓扁，每一個小麵糰搓成內部稍厚，周圍較薄直徑約10cm的圓形麵皮。（桌上稍微灑些中筋麵粉，不要讓麵皮因為沾黏桌面或擀麵棍而破皮。）（圖14）

12　光滑面朝下，放上適量鮮肉餡，一邊折一邊轉，最後將收口捏緊（圖15～17）。

13　準備一個大盤子，盤子上灑一些中筋麵粉（避免包子皮底部沾黏）。

14　包好的生煎包放在灑上麵粉的盤子中（圖18）。

15　將所有的生煎包依序完成。

16　平底鍋中倒入1T油，油熱後將生煎包整齊排入，稍微煎1分鐘。

17　倒入水，水量約1cm高（圖19）。

18　蓋上蓋子中小火悶煮到水收乾，底部再煎至呈現金黃色即可（圖20～22）。

小叮嚀

老麵麵糰做法請參考152頁。

黑糖
三角包

份量

約8個

材料

A.黑糖內餡
黑糖80g
低筋麵粉40g
（圖1）

B.包子外皮
中筋麵粉300g
速發乾酵母1/3t
細砂糖15g
鹽1/8t
橄欖油15g
牛奶170cc
中筋麵粉10g
（中間發酵完成添加用）

在部落格中可以遇到很多很多人，大部分可能是過客，匆匆進來又匆匆離開。少數的人會在此留下回應，甚至更進一步變成無話不談的好朋友。我花在部落格的時間很多，非常珍惜每一個來訪的朋友，也喜歡到好朋友家分享美味的餐廳料理與精采的旅遊日記。有些人很大方的把一家大小都秀出來，有些人跟我一樣膽小藏在電腦後面。我常常會在心中將沒有露臉的朋友用自己的想像力來揣摩對方的長相，這真是一件很有意思的事情呢！～

好喜歡黑糖的味道，不會太甜膩卻又帶著微苦的焦香味。這是記憶中媽媽給我的美味，有我甜蜜的童年時光。^^

1

1 將材料A混合均勻即可（圖2～4）。

2 將材料B所有材料放入鋼盆中，攪拌搓揉8～10分鐘，成為有彈性又不黏手的光滑麵糰（液體的部分可以先保留10cc，視實際麵糰的乾濕程度再加入）（圖5～9）。

3 麵糰滾圓，收口朝下捏緊放入盆中，表面噴灑些水，盆子上罩上擰乾的濕布，發酵1～1.5小時至兩倍大（圖10、11）。

4 發好的的麵糰移出到灑上中筋麵粉的桌上，加入15g的中筋麵粉搓揉，將麵糰空氣揉出成為光滑的麵糰（圖12～14）。

5 將揉好的麵糰切成兩半，分別擀成長條，平均各切成4個小麵糰（每一個約65g）（圖15）。

6 將小麵糰壓扁，每一個小麵糰擀成內部稍厚，周圍較薄直徑約12cm的圓形麵皮。（桌上稍微灑些中筋麵粉，不要讓麵皮因為沾黏桌面或擀麵棍而破皮。）（圖16）

7 將光滑面放在外側，放上適量黑糖內餡（圖17）。

8 把外圈麵皮拉向中央，然後將交接處的麵皮捏緊成為一個三角形（圖18、19）。

9 將包好的包子底部墊不沾烤焙紙，間隔整齊放入蒸籠內（圖20）。

10 將鍋中水微微加溫，至手摸不燙的程度（約體溫程度）關火，蒸籠放上後，蓋上鍋蓋，再發40分鐘至包子發的非常蓬鬆的感覺。

11 發酵完成直接開中火蒸12分鐘，在時間快到前3分鐘將蓋子打開一個小縫。

12 時間到就關火，保持蓋子有一個小縫的狀態放置約5分鐘，再將蒸籠整個移除，蒸鍋再放置3分鐘才慢慢掀蓋子，這樣蒸出來的包子才不容易皺皮（圖21）。

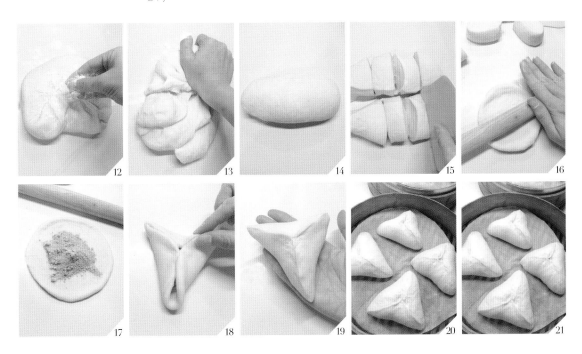

椰奶黃包

材料

A.椰奶內餡

a.椰奶
椰漿120cc
細砂糖60g
無鹽奶油50g

b.雞蛋糊
玉米粉30g
低筋麵粉30g
雞蛋3個
帕梅森起司粉20g

（圖1）

B.包子外皮
中筋麵粉300g
紅米麴2T
速發乾酵母1/2t
細砂糖15g
鹽1/8t
橄欖油15g
水170cc
中筋麵粉10g
（中間發酵完成添加用）

　　前個星期，與老公到苗栗公館看一個朋友，不太出遠門的我們很早就出發，還是遇到大塞車。朋友家在清幽的山上，延路蟲鳴鳥叫，樹旁松鼠上上下下，陽光透過樹梢點點灑下。瞬間，在高速公路上塞車不愉快的心情完全平靜下來。朋友問我們花了多少時間，老公回答說1小時40分鐘。他笑笑說，在鄉下花30分鐘開車就沒辦法忍受呢！這讓我想到台北的生活，還真是讓人輕鬆不下來，開車太慢會被後方猛按喇叭，上公車速度要快，趕著搭捷運，好像真的什麼事都在急，凡事快點再快點！人跟人沒有太多交集，反而冷漠又疏遠。也許追求更多的享受時，反而失去了生活的原點。

　　有著南洋氣息的小包子，迷你的尺寸對小朋友剛剛好，椰奶的香味特別吸引人。朋友送的紅米麴加在包子麵皮中，除了增添營養，也多了好風味～

A.製作內餡

1 材料a放入盆中，用小火煮至糖融化（圖2、3）。

2 材料b的玉米粉與低筋麵粉混合均勻過篩（圖4）。

3 過篩完成的粉類加上雞蛋及帕梅森起司粉，放入鋼盆中，用打蛋器攪拌均勻（圖5～7）。

4 將材料a煮熱的椰奶，慢慢倒入雞蛋麵糊中，攪拌均勻（圖8、9）。

5 將鍋子移回瓦斯爐上，用小火加熱，一邊煮一邊攪拌直到變濃稠團狀即可（圖10、11）。

6 表面覆蓋保鮮膜，放涼備用。

B.製作包子外皮

7 將材料B的所有材料放入鋼盆中，攪拌搓揉8～10分鐘，成為有彈性又不黏手的光滑麵糰。（液體的部分可以先保留10cc，視實際麵糰的乾濕程度再加入。）（圖12～14）

8 麵糰滾圓，收口朝下捏緊放入盆中，表面噴灑些水，盆子上罩上擰乾的濕布，發酵1～1.5小時至兩倍大（圖15、16）。

9 發好的的麵糰移出到灑上中筋麵粉的桌上，加入15g的中筋麵粉搓揉，將麵糰空氣揉出成為光滑的麵糰（圖17、18）。

10 將揉好的麵糰切成兩半，分別擀成長條，平均各切成7個小麵糰（每一個約35g）（圖19）。

11 將小麵糰壓扁，每一個小麵糰擀成內部稍厚，周圍較薄直徑約10cm的圓形麵皮。（桌上稍微灑些中筋麵粉，不要讓麵皮因為沾黏桌面或擀麵棍而破皮。）

12 將光滑面放在外側，放上25g椰奶黃餡，一邊折一邊轉，最後將收口捏緊（圖20～22）。

13 包好的包子底部朝下，兩手垂直桌面，麵糰放在兩手手心中，前後搓揉整形為一個圓柱狀（圖23）。

14 包子底部墊不沾烤焙紙，間隔整齊放入蒸籠內（圖24）。

15 將鍋中水微微加溫至手摸不燙的程度（約35℃）關火，蒸籠放上後，蓋上鍋蓋，再發40分鐘至包子發的非常蓬鬆的感覺（圖25）。

16 發酵完成直接開中火蒸12分鐘，在時間快到前3分鐘將蓋子打開一個小縫。

17 時間到就關火，保持蓋子有一個小縫的狀態放置約5分鐘，再將蒸籠整個移除，蒸鍋再放置3分鐘才慢慢掀蓋子，這樣蒸出來的包子才不容易皺皮（圖26）。

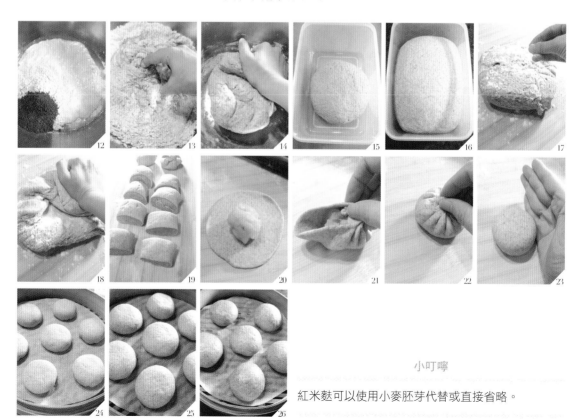

小叮嚀

紅米麩可以使用小麥胚芽代替或直接省略。

芋頭
三角包

份量

約10個

材料

A.芋泥內餡
芋頭400g
細砂糖80g
動物性鮮奶油2T
無鹽奶油20g
*甜度僅供參考，
請依照自己喜好酌量增減

B.包子外皮
a.中種麵糰
中筋麵粉250g
速發乾酵母1/3t
水150cc
b.主麵糰
中種麵糰全部
熟芋頭丁150g
（芋頭切小丁蒸軟）
中筋麵粉50g
細砂糖15g
橄欖油15g
鹽1/8t

　　看著Leo一天天長大，現在的他已經是個大人模樣。他的天地是學校、朋友與社團組成。以前總是希望他快點長大，但是現在卻希望時間過慢一點，我們才有多一點的相處時間。有時候想約他出門吃個飯，他可是行程滿滿，老爸老媽還必須早點跟他預約呢！我很開心這幾年可以好好陪伴Leo青少年的時光，共同收藏了美好的回憶。

　　對我們來說，幸運的是孩子沒有所謂的叛逆期，他一直都很貼心，讓我跟老公感到安慰。多給他一些掌聲與鼓勵，孩子會飛的更高更遠～

　　由裡到外滿滿的芋頭，這個三角甜包有著幸福的滋味。鬆軟綿密的大甲芋頭口感好，喜歡芋頭的人可以好好的吃個過癮。

~~~~
做法
</div>

A.製作內餡

1 芋頭整顆放蒸籠蒸10分鐘，放涼去皮，取400g切成塊狀或片狀（圖1）。

2 以大火蒸20分鐘，蒸到用筷子可以輕易戳入的程度就可以。

3 趁熱用叉子壓成細緻的泥狀（圖2）。

4 再依序將所有材料加入，拌合均勻即可（圖3～6）。

5 放涼就可以使用。

B.製作包子外皮

6 將材料a的水倒入麵粉與乾酵母中，攪拌搓揉成為一個光滑不黏手的麵糰（圖7～9）。

7 放入盆中，罩上塑膠袋或擰乾的濕布，發酵1.5～2個小時至兩倍大（圖10、11）。

8 將發好的中種麵糰與主麵糰所有材料放入鋼盆中，攪拌搓揉7～10分鐘，成為一個不黏手的麵糰（圖12～16）。

9 揉好的麵糰移出到灑上一些中筋麵粉的桌上（圖17）。

10 將揉好的麵糰切成兩半，分別擀成長條，平均各切成5個小麵糰（每一個約60g）
（圖18～20）。

11 將小麵糰壓扁，每一個小麵糰擀成內部稍厚，周圍較薄直徑約12cm的圓形麵皮。
（桌上稍微灑些中筋麵粉，不要讓麵皮因為沾黏桌面或擀麵棍而破皮。）（圖
21、22）

12 將光滑面放在外側，放上約50g芋泥內餡（圖23）。

13 把外圈麵皮拉向中央，然後將交接處的麵皮捏緊成為一個三角形（圖24、25）。

14 將包好的包子底部墊不沾烤焙紙，間隔整齊放入蒸籠內（圖26）。

15 將鍋中水微微加溫，至手摸不燙的程度（約體溫程度）關火，蒸籠放上後，蓋上
鍋蓋，再發40分鐘，至包子發的非常蓬鬆的感覺（圖27）。

16 發酵完成直接開中火蒸12分鐘，在時間快到前3分鐘將蓋子打開一個小縫。

17 時間到就關火，保持蓋子有一個小縫的狀態放置約5分鐘，再將蒸籠整個移除，蒸
鍋再放置3分鐘才慢慢掀蓋子，這樣蒸出來的包子才不容易皺皮（圖28）。

桂花
南瓜包子

份量

約8個

材料

A.桂花南瓜餡

南瓜500g

無鹽奶油20g

細砂糖50g

桂花醬1T

B.包子外皮

老麵麵糰50g

中筋麵粉150g

速發乾酵母1/4t

牛奶85cc

細砂糖10g

橄欖油15g

鹽1/8t

中筋麵粉10g

（發酵完成後添加用）

　　參考格友LTT的桂花南瓜包子做法，做了好好吃的南瓜包，這個包子有著她對家濃濃的思念。幾乎使用一整顆南瓜慢慢炒製出來的內餡香甜可口，顏色也濃縮成非常美麗的橙橘色。沒想到桂花加上南瓜滋味這麼迷人！包子一出籠，老公跟Leo就急著想吃，只做了8個，份量真的有一點少。

　　因為格友的分享，我也多了很多體驗與生活樂趣。每一個到訪的朋友都是我珍惜的。謝謝你們！

小叮嚀

老麵麵糰做法請參考152頁；桂花醬做法請參考411頁。

A.製作桂花南瓜餡

1　南瓜去皮去籽，切小塊取500g，包覆上保鮮膜，放在盤子，放進蒸籠中蒸軟（圖1）。

2　蒸軟後，將盤子中多餘的水倒掉。趁熱用叉子將南瓜壓成泥狀（圖2）。

3　炒鍋中放入無鹽奶油融化（圖3）。

4　將南瓜泥放入混合均勻，用小火炒3分鐘。

5　加入細砂糖混合均勻，繼續小火拌炒（圖4）。

6　炒到南瓜泥成為一個團狀，變的非常濃稠且不沾鍋的感覺才算完成（必須不停的拌炒避免焦底，至少需10～15分鐘）。

7　最後加入桂花醬混合均勻（圖5）。

8　放涼後，放冰箱冷藏，短時間不使用的話，可以冷凍保存（圖6、7）。

B.製作包子外皮

9　將所有材料放入盆中，牛奶分次加入，攪拌搓揉7～8分鐘，成為有彈性又不黏手的光滑麵糰（圖8～11）。

10　麵糰滾圓，收口朝下捏緊放入盆中，表面噴灑些水，盆子上罩上擰乾的濕布，發酵2小時至兩倍大（圖12、13）。

11　將發好的的麵糰移出到灑上10g中筋麵粉的桌上，搓揉一下將空氣揉出成為光滑的麵糰（圖14）。

12　將揉好的麵糰捏成長條，平均切成8個小麵糰（每一個約40g）。

13 將小麵糰壓扁，每一個小麵糰擀成內部稍厚，周圍較薄直徑約10cm的圓形麵皮。（桌上稍微灑些中筋麵粉，不要讓麵皮因為沾黏桌面或擀麵棍而破皮。）（圖15、16）

14 將光滑面放在外側，包上適量桂花南瓜餡，一邊折一邊轉，最後將收口捏緊（圖17～19）。

15 將包好的包子底部墊不沾烤焙紙，間隔整齊放入蒸籠內（圖20）。

16 將鍋中水微微加溫至手摸不燙的程度（約體溫程度）關火，蒸籠放上後，蓋上鍋，蓋再發40分鐘至包子發的非常蓬鬆的感覺。

17 發酵完成直接開中火蒸12分鐘，在時間快到前5分鐘將蓋子打開一個小縫。

18 時間到就關火，保持蓋子有一個小縫的狀態放置約5分鐘，再將蒸籠整個移除，蒸鍋再放置3分鐘才慢慢掀蓋子，這樣蒸出來的包子才不容易皺皮（圖21、22）。

雲南芝麻破酥包

這是雲南傳統的麵點，多年前我在公司附近的一家小小的雲南麵點店吃過一次。層層疊疊的麵皮口感很特別，但是實際做起來卻是滿費工的點心，難怪市面上看到的機會也比較少。其實這有一點類似中式酥皮類點心的做法，只是改成蒸製的方式。

老公看我一早起來就忙著揉麵糰，問我又要做什麼。我說我要做「破酥包」，他大笑著說，我高中時候背的書包就是一個「破書包」！！

份量
約8個

材料

A.油酥麵皮
低筋麵粉60g
橄欖油20g

B.發麵麵皮
老麵麵糰50g
中筋麵粉170g
低筋麵粉30g
牛奶110cc
速發乾酵母1/2t
細砂糖20g
鹽1/8t
橄欖油20g
中筋麵粉10g
（發酵完成後添加用）

C.芝麻內餡
無糖黑芝麻粉60g
糖粉40g
低筋麵粉10g

A.製作油酥麵皮

1　將材料A放入鋼盆中，攪拌搓揉成為一個均勻的麵糰就好，包上
　　保鮮膜放冰箱備用（不需要搓揉過久，避免麵粉出筋影響口感）
　　（圖1～4）。

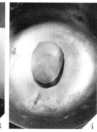

B.製作發麵麵皮

2　將材料B倒入鋼盆中，攪拌搓揉成為一個不黏手的麵糰。（牛奶
　　的部分先保留10g，視麵糰搓揉狀態慢慢添加。）（圖5、6）

3　麵糰筋性變大後，繼續搓揉6～8分鐘至麵糰光滑。

4　將麵糰滾圓，收口朝下捏緊放入抹少許油的盆中（圖7）。

5　麵糰表面噴灑些水，表面罩蓋上濕布，室溫發酵1～1.5個小時至
　　兩倍大（圖8）。

C.製作芝麻內餡

6　將材料C混合均勻即可（圖9～11）。

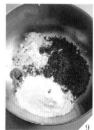

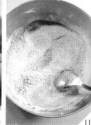

7 桌上灑些手粉，將發好的麵糰移出至桌上，加入10g中筋麵粉搓揉，將空氣揉出成為光滑的麵糰，捏成長條，平均分割成8塊（每塊約50g）（圖12、13）。

8 油酥麵皮捏成柱形，平均分割成8等份（每塊約10g），然後滾圓。

9 將發麵麵皮壓扁，光滑面在外，包上一個油酥麵皮，收口捏緊（圖14）。

10 將包好油酥麵皮的麵糰用手壓扁，擀成橢圓形薄片，光滑面在下，由短向捲起，收口朝下，蓋上擰乾的溼布，再讓麵糰休息10分鐘（圖15〜18）。

11 將休息好的麵糰擀成長形後翻面，由短向捲起，蓋上擰乾的溼布，再讓麵糰休息10分鐘（圖19〜21）。

12 休息完成的麵糰用大姆指從中間壓下，兩端往中間折起捏一下，用手心將麵糰壓扁（圖22、23）。

13 將麵糰擀成直徑約12cm的圓形大薄片，光滑面在外，中間放上適當的芝麻餡。（餡料盡量不要沾到周圍，以免較難收口。）（圖24）

14 將麵糰收口朝內捏緊，成為一個圓形。（捏的時候不要急，慢慢多捏幾次，稍微有一點開口也不要太擔心。）（圖25）

15 包好的破酥包收口朝下，墊上防沾烤焙紙，間隔整齊的放入蒸籠（圖26）。

16 蒸鍋中的水微微加溫到手摸不燙的程度，放上蒸籠後，再發酵40分鐘。

17 發酵好的麵糰，摸起來像耳垂般柔軟，就可以直接開中火蒸12分鐘。（在時間快到前5分鐘，將蒸籠微微開一道縫或墊上筷子。）

18 蒸好後關火，放置8〜10分鐘再掀蓋子，避免皺皮（圖27）。

小叮嚀

老麵麵糰做法請參考152頁。

刺蝟
紅豆小包

份量

約10個

材料

中筋麵粉200g
速發乾酵母1/4t
鮮奶115cc
細砂糖20g
橄欖油20g
鹽少許
中筋麵粉10g
（中間發酵完成添加用）

餡料

棗泥餡50g
紅豆餡150g
桂花醬1/2T

這個世界每天紛紛擾擾，天災、戰爭的新聞，讓人看了心情也跟著變得沉重。關上電腦，轉身到廚房拿出麵粉開始揉麵，心中默默祈求在苦難中的人們堅強度過。想想我們能夠這樣平安健康的生活著，真的要心懷感謝。感謝每一位還在災區辛苦救援的英雄，感謝每一雙捐出物資與金錢的雙手。盼望所有破碎的心都能得到溫暖！

一定要好好珍惜手中擁有的幸福！

甜蜜的棗泥包，做成了可愛討喜的模樣，小朋友看到一定喜歡。Leo看到刺蝟包子，笑著說捨不得吃^^

1　將餡料的所有材料攪拌均勻備用。

2　將所有材料放入盆中，攪拌搓揉8～10分鐘，成為有彈性又不黏手的光滑麵糰（圖1～4）。

3　麵糰滾圓，收口朝下捏緊放入盆中，表面噴灑些水，盆子上罩上擰乾的濕布發酵1～1.5小時至兩倍大（圖5、6）。

4　工作檯上灑一些中筋麵粉，將發好的的麵糰移到桌上，慢慢加入10g中筋麵粉，搓揉成為光滑無氣泡的麵糰（圖7）。

5　將揉好的麵糰捏成長條，平均切成10個小麵糰（每一個約35g）（圖8）。

6　將小麵糰壓扁，每一個小麵糰擀成內部稍厚，周圍較薄直徑約10cm的圓形麵皮。（桌上稍微灑些中筋麵粉，不要讓麵皮因為沾黏桌面或擀麵棍而破皮。）（圖9）

7 將光滑面放在外側，包上適量豆沙桂花餡，一邊折一邊轉，最後將收口捏緊（圖10～12）。

8 將包好的包子整成長形，將麵糰放在手心中前後搓揉成為一個橢圓形狀（圖13）。

9 麵糰前端用大姆指與食指捏出一個凹槽成為刺蝟的臉（圖14）。

10 用剪刀在麵糰表面剪出一個一個小尖刺，凹槽處沾上2粒黑芝麻當眼睛。（剪的時候不要剪太深，避免將麵糰剪破。）（圖15、16）

11 底部墊不沾烤焙紙，整齊放入蒸籠內（圖17）。

12 將鍋中水微微加溫至手摸不燙的程度關火，蒸籠放上後，蓋上鍋蓋再發40分鐘。至包子發的非常蓬鬆的感覺（圖18）。

13 發酵完成直接開中火蒸12分鐘，在時間快到前5分鐘將蓋子打開一個小縫。

14 時間到就關火，保持蓋子有一個小縫的狀態放置約5分鐘，再將蒸籠整個移除蒸鍋再放置3分鐘才慢慢掀蓋子，這樣蒸出來的包子才不容易皺皮。

小叮嚀

棗泥餡做法請參考313頁；紅豆餡做法請參考338頁；桂花醬做法請參考411頁。

芝麻蔥燒餅

份量

約7～8個

材料

A.餅皮

a.燙麵麵糰

中筋麵粉100g

鹽少許

100℃熱水50cc

水10～20cc

b.主麵糰

燙麵麵糰全部

老麵麵糰50g

中筋麵粉270g

全麥麵粉30g

速發乾酵母1/2t

水150cc

細砂糖20g

鹽1/8t

橄欖油20g

B.內餡及抹料

青蔥6～7支

黃砂糖10g

水10g

鹽2t

白胡椒粉1t

白芝麻2～3T

（圖1）

　　格友丸子留言給我，提起通化街有一家用老麵及燙麵麵糰做的好吃蔥燒餅。買到了漂亮的青蔥當然要來做這道香噴噴的中式麵食。加了燙麵麵糰會讓餅皮更柔軟，老麵可以增加彈性及麥香，多一個步驟就是鬆軟可口好吃的關鍵。

　　我想起幾年前還在南京東路五段上班時，公司對面有一間賣燒餅油條的小舖子，那時每天我都希望趕著8：30前可以到公司，因為小舖子的芝麻蔥燒餅8：30後肯定買不到了。小小的舖子排隊的人好多，老伯伯費力的擀著麵皮，應付這些嘴饞的上班族。他們孤身一人，十六、七歲就離開了親人，在這塊土地上做著家鄉的味道認真的過日子。香酥的餅皮上刷上甜甜的糖水，鋪上滿滿的芝麻，咬下去每一口都有芝麻的香氣。這麼多年過去了，再經過時小舖早已不見，原址已經蓋起了辦公大樓，心中有一股悵然！

　　燒餅出爐時已經是中午。我泡了一杯杏仁茶，一個人的午餐也可以簡單又滿足。

A.製作餅皮

1 先將中筋麵粉與鹽放入盆中，倒入全部熱水，用筷子攪拌成為塊狀後，再倒入水攪拌搓揉成為無粉粒狀態的麵糰（水可以保留10cc視狀況添加）（圖2～5）。

2 手上沾些乾麵粉，將麵糰搓揉約7～8分鐘至均勻程度（圖6、7）。

3 蓋上保鮮膜或擰乾的濕布，鬆弛醒置30分鐘。

4 將已經醒置完成的燙麵麵糰加入所有材料b中，水可分2～3次加入，先混合成為一個團狀，然後攪拌搓揉8～10分鐘成為有彈性又不黏手的均勻麵糰（圖8～11）。

5 麵糰滾圓，收口朝下捏緊放入盆中，表面噴灑些水，盆子上罩上擰乾的濕布，放到溫暖密閉空間發酵約1～1.5小時至兩倍大（圖12、13）。

B.製作內餡

6 青蔥洗淨後，瀝乾水分，切成蔥花備用（圖14）。

7 黃砂糖10g加水10g，煮至糖溶化，放涼備用。

8 發好的的麵糰移出到灑上一些中筋麵粉的桌上，搓揉1～2分鐘，將空氣揉出成為光滑的麵糰，蓋上保鮮膜鬆弛10分鐘（圖15、16）。

9 將麵糰慢慢擀開成為一個30cm×50cm的大麵皮。（擀開的時候麵皮會縮回是正常的，要有耐心慢慢將麵皮擀開。）（圖17）

10 將鹽及白胡椒粉均勻灑在麵皮上，用手抹開，然後使用擀麵棍將鹽及白胡椒粉壓實到麵皮中（圖18）。

11 均勻灑上蔥花，將麵皮折成三折（圖19～21）。

12 用菜刀斜切成寬度約7cm菱形，間隔整齊放入烤盤中（圖22）。

13 在麵糰表面刷上一層糖水，灑上白芝麻（圖23、24）。

14 表面噴一些水，再放入烤箱中發酵50分鐘（圖25）。

15 發酵好前10分鐘，將烤盤從烤箱中取出，烤箱打開預熱至170℃。

16 放進已經預熱至170℃的烤箱中，烘烤20～22分鐘至表面呈現金黃色即可（圖26）。

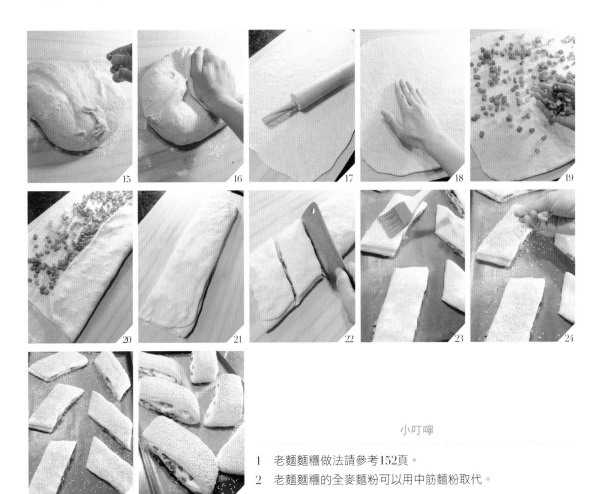

小叮嚀

1 老麵麵糰做法請參考152頁。

2 老麵麵糰的全麥麵粉可以用中筋麵粉取代。

芝麻香蔥烙餅

份量

約5～6人份

材料

A.餅皮

a.燙麵麵糰
高筋麵粉100g
鹽1/8t
100℃熱水50cc
水10～20cc

b.主麵糰
燙麵麵糰全部
老麵麵糰50g
高筋麵粉270g
低筋麵粉30g
速發乾酵母1/2t
水150cc
細砂糖20g
橄欖油20g
鹽1/4t

B.餡料

青蔥6～7支
鹽2t
白胡椒粉1t
白芝麻2～3T

　　家裡沒有烤箱或蒸籠，一樣可以享受揉麵發麵的樂趣。只要有一把平底鍋，注意火候就可以將麵糰煎成香噴噴的餅。厚實的餅充滿麵香及嚼勁，包準吃過一次就愛上。

　　天氣涼涼，正是揉麵的好時機，在廚房不再汗流浹背，還可以當做最好的運動。芝麻香蔥烙餅出鍋的時候，香噴噴^ ^

小叮嚀

1　老麵麵糰做法請參考152頁。
2　不喜歡老麵可以直接省略。
3　煎烙的時候火一定要小，有耐心慢慢烘內部才會熟透。
4　使用高筋麵粉做更有彈性，高筋麵粉也可以使用中筋麵粉代替。

♔

做法

1　青蔥洗淨後，瀝乾水分，切成蔥花備用。

2　將高筋麵粉及鹽放入盆中，倒入全部熱水，用筷子攪拌成為塊狀後，再倒入水，攪拌搓揉成為無粉粒狀態的麵糰。（水可以保留10cc，視狀況添加。）（圖1～4）

3　手上沾些乾麵粉，將麵糰搓揉約7～8分鐘至均勻程度（圖5、6）。

4　蓋上保鮮膜或擰乾的濕布，鬆弛醒置30分鐘。

5　將已經醒置完成的燙麵麵糰加入所有材料b中，水可分2～3次加入，先混合成為一個團狀，然後攪拌搓揉8～10分鐘成為有彈性又不黏手的均勻麵糰（圖7～10）。

6　麵糰滾圓，收口朝下捏緊放入盆中，表面噴灑些水，盆子上罩上擰乾的濕布，放到溫暖密閉空間發酵約1～1.5小時至兩倍大（圖11、12）。

7　將發好的麵糰移出到灑上一些中筋麵粉的桌上，搓揉1～2分鐘，將空氣揉出成為光滑的麵糰，蓋上保鮮膜鬆弛10分鐘（圖13）。

8 將麵糰慢慢擀開成為一個厚約0.5cm，直徑35cm的大麵皮。（擀開的時候麵皮會縮回是正常的，要有耐心慢慢重複將麵皮擀開。）（圖14）

9 將鹽及白胡椒粉均勻灑在麵皮上，用手抹開，然後使用擀麵棍將鹽及白胡椒粉壓實到麵皮中。

10 再將麻油淋上，用手抹均勻（圖15）。

11 平均在麵皮上灑上大量蔥花（圖16）。

12 將麵皮緊密捲起成為長條狀（圖17、18）。

13 再將捲成長條的麵糰捲成車輪狀。（表面蓋上保鮮膜避免乾燥，休息20分鐘。）（圖19、20）

14 醒好的麵糰用手壓扁，擀成厚約1.5～2cm的大圓片（直徑約30cm）（圖21～23）。

15 在麵糰表面均勻灑上白芝麻，再用擀麵棍將白芝麻壓實到麵皮中（圖24）。

16 平底鍋中倒入2T油。

17 油熱後，就將餅放入鍋中，使用微火煎烙（圖25）。

18 將鍋蓋蓋上，悶煎至底部上色才翻面（圖26）。

19 以微火繼續將另一面煎到呈金黃色即可（圖27）。

20 切成自己喜歡的大小享用（圖28）。

蒜蓉
椒麻烙餅

每隔一段時間就會想吃餅，手工做的麵餅有著回味無窮的嚼感。煎烙的餅皮厚實酥脆，內裡柔軟有彈性，層層疊疊帶著蒜香椒麻香，不需要其他配菜就好有滋味。

今天我們晚餐就吃香香的餅^^

份量

直徑約25cm約做1個

材料

A.麵皮
中筋麵粉200g
低筋麵粉100g
橄欖油20g
速發乾酵母1/2t
細砂糖2T
水170cc
鹽1/8t

B.內餡
a.酥油
沙拉油15g
低筋麵粉20g
鹽1/2t
b.蒜蓉花椒末
蒜頭3～4瓣
花椒粉（或五香粉）1t
白胡椒粉1t

做法

1　將所有材料A放入鋼盆中，攪拌搓揉成為一個光滑不黏手的麵糰。（水的部分保留10cc，視麵糰搓揉狀態慢慢添加。）（圖1）

2　麵糰筋性變大後，繼續搓揉6～7分鐘成為光滑的麵糰（圖2～4）。

3　放入抹少許油的盆中，噴灑些水，表面罩上溼布或放保鮮盒中，發酵1～1.5個小時至兩倍大（圖5、6）。

4　將發好的麵糰移出到灑上一些中筋麵粉的桌上，表面也灑上一些中筋麵粉，稍微揉一下，將空氣揉出（圖7、8）。

5　揉好的麵糰滾成圓形（圖9）。

6　用擀麵棍將麵糰慢慢擀開成為一個大薄片（圖10、11）。

7　將材料a攪拌均勻。將材料b中的蒜頭切末，再加上其他材料攪拌均勻即可（圖12）。

8 將準備好的酥油及蒜蓉花椒末依序均勻塗抹在麵皮上（圖13、14）。

9 將麵皮仔細往前慢慢捲起，收口捏緊（圖15、16）。

10 再將捲成長條的麵糰捲成車輪狀，罩上一層保鮮膜或是擰乾的濕布，再放置15分鐘（圖17）。

11 將麵糰壓扁，用擀麵棍擀成厚約1.5cm的大圓片，放入鍋中用2T油，煎烙至兩面呈現金黃即可（圖18～21）。

12 分切成三角形食用（圖22）。

全麥
蔥香烙餅

份量

約6個

材料

A.青蔥餡
青蔥120g
麻油1T
鹽1/4t
白胡椒粉1/4t
（圖1）

B.麵餅外皮
中筋麵粉250g
全麥麵粉50g
速發乾酵母1/4t
水170cc
鹽1/8t

又濕又悶的天氣，做什麼都變的懶洋洋。到泳池游泳才發現人明顯變多了，在水裡都要小心別撞到人。出門變成一件苦差事，若沒有太重要的事，只好盡量躲在家避暑。

家裡沒有裝冷氣，一直以來都是利用自然通風加上電扇，來度過炎熱的夏天。我總是說「心靜自然涼」，好像也真的如此。

學校即將放暑假，每年都會幫Leo規畫一些活動。希望他的暑假的生活能夠有趣又有意義。媽媽們也可以趁這難得的長假，好好地與孩子相處。在他們長大之後，這些時光都會成為生命中最珍貴的回憶。

青蔥是家裡少不了的食材，熬湯炒菜燒肉加一點，去腥又提香。若是加到麵食中更是加分，沒有什麼東西比青蔥更適合做麵點的，滿滿的蔥花真是過癮。

準備工作

1　青蔥洗淨後，瀝乾水分，切成蔥花。
2　將蔥花與其他材料A混合均勻備用（圖2～4）。

做法

1　將所有材料B放入鋼盆中，大致混合均勻（圖5、6）。
2　攪拌搓揉7～10分鐘成為一個不黏手的麵糰（圖7）。
3　麵糰滾圓，收口朝下捏緊放入盆中，表面噴灑些水，盆子上罩上擰乾的濕布，發酵1～1.5小時至兩倍大（圖8、9）。
4　發好的的麵糰移出到灑上一些中筋麵粉的桌上，麵糰表面也灑上一些中筋麵粉（圖10）。

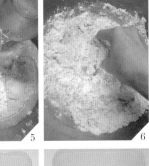

5　將麵糰空氣揉出成為光滑的麵糰（圖11）。

6　將揉好的麵糰平均切成6個小麵糰，滾成圓形（每一個約75g）（圖12）。

7　將小麵糰壓扁，每一個小麵糰擀成直徑約18cm的圓形麵皮。（桌上稍微灑些中筋麵粉，不要讓麵皮因為沾黏桌面或擀麵棍而破皮。）（圖13）

8　光滑面朝下，放上1T青蔥餡，一邊折一邊轉，最後將收口捏緊（圖14～16）。

9　用手壓一下，擀麵棍稍微擀開（圖17～20）。

10　平底鍋中倒入少許油，油熱將蔥餅放入，煎烙至兩面呈現金黃色即可（圖21、22）。

酒釀餅

份量

約8個

材料

甜酒釀（含湯汁約1/3）100g
老麵麵糰100g
中筋麵粉300g
一般乾酵母1t
水70cc
細砂糖10g

內餡

棗泥餡240g（30g/個）

　　天氣一冷，酒釀就是我最好的驅寒食材，媽媽總是在冬天用酒釀煮碗甜蛋湯或酒釀湯圓，都能夠讓我瞬間溫暖起來。外婆會把酒釀加在麵糰中烘出香香甜甜的酒釀餅，熱熱的餅包著甜滋滋的紅豆餡，拿在手心中就暖起來。

　　翻出了冰箱中的桂花酒釀，我開始揉麵複製這個老味道。酒釀餅源自上海蘇州，是街坊巷弄的平民點心。加入老麵經過較長時間慢慢的發酵，麵糰充滿了甜酒的芳香。軟中又帶有嚼勁，越嚼越能吃出其中淡淡的甘甜滋味。

做法

1 甜酒釀加熱煮沸放涼。

2 將所有材料放入盆中，水分兩次加入，攪拌搓揉7～8分鐘成為有彈性又不黏手的光滑麵糰。（圖1～4）。

3 麵糰滾圓，收口朝下捏緊放入盆中，表面噴灑些水，盆子上罩上擰乾的濕布，室溫發酵2～3小時至兩倍大（圖5、6）。

4 發好的的麵糰移出到灑上中筋麵粉的桌上，麵糰表面也灑上一些中筋麵粉搓揉2～3分鐘至光滑（圖7～9）。

5 將揉好的麵糰平均分切成8等份（每份約70g），將光滑面翻折出來滾圓（圖10～12）。

6　將小麵糰壓扁，每一個小麵糰擀成內部稍厚，周圍較薄直徑約15cm的圓形麵皮。（桌上稍微灑些中筋麵粉，不要讓麵皮因為沾黏桌面或擀麵棍而破皮。）（圖13）

7　將光滑面放在外側，放上適量棗泥內餡，一邊折一邊轉，最後將收口捏緊（圖14〜16）。

8　將麵糰稍微壓一下擀開（圖17、18）。

9　完成的酒釀餅間隔整齊放入烤盤中（圖19）。

10　麵糰表面噴些水，整盤放入烤箱中，然後蓋上烤箱門，再室溫發酵30分鐘。

11　發酵好前8〜10分鐘，將烤盤從烤箱中取出，烤箱打開預熱至180℃。

12　酒釀餅放入烤箱中，烘烤12分鐘後，翻面再烤7〜8分鐘，至表面呈現金黃色即可（圖20、21）。

13　移至鐵網架放涼（圖22）。

小叮嚀

1　老麵麵糰做法請參考152頁；棗泥館做法請參考313頁；酒釀做法請參考370頁。

2　也可以在平底鍋中用乾烙的方式烙熟，不喜歡加餡料也可以直接烘烤成原味的麵餅。

3　內餡也可以包入豆沙或任何自己喜歡的甜餡或鹹餡。

PART 5

發　糕　類

以麵粉或米粉為主要材料，成品具有蜂窩狀組織。

經過混合攪拌然後發酵蒸製，利用酵母或泡打粉的膨脹作用達到口感鬆軟的目的。

此類產品有傳統黑糖發糕、白糖糕及鹹蛋糕。

泡打粉的做法簡單方便，只要掌握麵粉部分不要混合過久，

蒸製的火力多多注意，新手大多能夠順利完成。

酵母的做法雖然比較花時間，

但是成品經由酵母作用，產生的風味獨特，更有復古情懷。

而打發全蛋的做法只要多加注意雞蛋的溫度控制，濃濃雞蛋香讓人懷念。

馬拉糕

份量

直徑5cm油力士紙模約做6個

材料

低筋麵粉100g
泡打粉1t
小蘇打粉1/2t
無鹽奶油30g
雞蛋3個
細砂糖50g
煉乳1T
牛奶45cc
香草精1/4t
（圖1）

　　忙碌充實的一年將要在今晚結束，新的一年即將到來。回顧這一年，我幾乎全年無休的在我心愛的廚房中打轉，每天用一道料理或點心跟來訪的朋友打招呼已經變成習慣。生活雖然忙碌，卻也讓我體驗了一些以前不曾嘗試的料理，藉由部落格的分享，我的收穫更多。

　　家人與貓寶貝身體健康，就是我新年最大的願望。

　　謝謝每一個朋友在這個小窩留下滿滿的愛，祝福大家心想事成，來年好運到。

　　充滿濃濃雞蛋香的馬拉糕，是簡單又容易上手的小點心，只要依照順序一樣一樣將材料混合均勻，就等著下午茶的點心出籠了。

　　你有多久沒有好好靜下心來傾聽心底的聲音呢？泡壺茶，與自己來個甜蜜的約會。

做法

1　低筋麵粉、泡打粉及小蘇打粉倒入盆中，用湯匙混合均勻，使用濾網過篩（圖2～4）。

2　無鹽奶油使用強微波10秒或是隔水加溫融化成為液體（圖5）。

3　雞蛋與糖放入盆中，使用打蛋器混合均勻（圖6、7）。

4　再依序將煉乳、牛奶、香草精及無鹽奶油加入混合均勻（圖8～10）。

5　最後將過篩的粉類，分兩次加入混合均勻成為無粉粒的麵糊（圖11～13）。

6　罩上保鮮膜，醒置30分鐘（圖14）。

7　將蒸鍋中的水煮沸，將麵糊再度攪拌均勻（圖15）。

8　將油力士紙杯套入布丁杯中（圖16）。

9　麵糊平均倒入紙杯中約七～八分滿（圖17、18）。

10　放入蒸籠中，大火蒸15分鐘即可（圖19）。

11　蒸好倒出烤模放涼。

桂圓
黑糖糕

份量

直徑5cm油力士紙模約做5個

材料

A.黑糖蜜

黑糖130g

水60cc

（圖1）

B.主麵糊

黑糖蜜全部

中筋麵粉100g

在來米粉25g

糯米粉25g

泡打粉5g

小蘇打粉2g

雞蛋3個

牛奶40g

液體植物油40g

龍眼肉（桂圓肉）25g

熟白芝麻少許

（圖2）

　　甜點給人幸福的感覺，而且這樣的快樂可以分享給周圍的朋友，增進人際關係。Leo小時候，我常常做一些簡單的小甜點，讓他帶到學校跟師長同學享用。有時公司有一些活動，準備一些手製糕餅也讓團體氣氛更歡樂。一開始在家想試試簡單的點心，這一款不需要烤箱或複雜器具的中式甜點就非常適合在家中操作。甘苦的黑糖加上香甜的桂圓乾，冷吃熱吃皆有不同風味。

小叮嚀

龍眼肉最後放的目的，是為了避免龍眼肉容易沉底。

1　將水倒入黑糖中（圖3）。

2　小火熬煮到黑糖完全溶化即可，放涼備用（圖4）。

3　將中筋麵粉、在來米粉、糯米粉、泡打粉及小蘇打粉放入盆中，用湯匙混合均勻（圖5）。

4　混合均勻的粉類用濾網仔細過篩（圖6）。

5　將放涼的黑糖蜜及牛奶倒入已經過篩的粉類中，用打蛋器混合均勻（圖7～9）。

6　再將雞蛋及液體植物油加入，攪拌均勻（圖10～14）。

7　完成的麵糊覆蓋上保鮮膜，室溫鬆弛30分鐘。

8　裝模前將蒸鍋中的水煮沸。

9　油力士紙模放入布丁杯中（圖15）。

10　將醒置均勻的麵糊平均倒入紙杯中約八分滿，間隔整齊放入蒸籠中（圖16）。

11　最後在麵糊表面平均鋪放桂圓肉（圖17）。

12　放入已經燒開水的蒸鍋中，以大火蒸18分鐘（圖18）。

13　將蒸好的桂圓黑糖糕倒出布丁模，趁熱灑上熟白芝麻（圖19、20）。

14　放在鐵架上散熱放涼。

延伸菜單

自製龍眼乾

材料

龍眼1000g

做法

1　龍眼清洗乾淨，放入煮沸的水中汆燙30秒，撈起瀝乾水分（圖1、2）。

2　平均鋪放在鐵網架上曬太陽（圖3）。

3　約曬7～8天至龍眼完全乾燥即可。（曬的時間會隨太陽的強弱而有增減。）（圖4、5）

小叮嚀

1　若沒有太陽，可以收起來先放冰箱，等有太陽再繼續曬。

2　也可以放入70～80℃的烤箱中，烘烤4～5小時直到乾燥。

3　曬的過程可以剝開看看，龍眼肉完全變黑褐色就是完成。

　　龍眼盛產的時候，不妨利用自然的陽光來自製一些龍眼乾，成果完美的令人感動！加到甜點中更有加分的效果！謝謝Winnie格友的分享！

黃金發糕

原本沒有時間分享發糕的做法，但是看到格友rose的留言，還是忍不住動手做了一些小發糕。這是純粹用麵粉＋地瓜＋酵母做的小蒸糕，與一般米製的不太相同。黃澄澄的顏色特別討喜，即使冰過口感依然Q軟，還帶著地瓜自然的香甜。

使用酵母來做雖然比較花時間，但是做出來的成品風味更好。看著一個個笑開口的發糕出籠，心情特別好。

大家新的一年發發發！！！

1 將材料A的麵粉過篩後與速發乾酵母混合（圖3）。

2 加入水攪拌均勻，表面用保鮮膜覆蓋，放到溫暖密閉空間發酵50～60分鐘至充滿大氣泡（圖4～7）。

3 材料B的地瓜去皮切塊蒸熟，蒸好後將盤子中多餘的水分倒掉。

4 將蒸好的地瓜用叉子壓成泥狀取200g放涼（圖8）。

5 再依序將細砂糖、雞蛋，過篩的中筋麵粉、牛奶及香草精加入地瓜泥中，用打蛋器混合均勻。（因為地瓜蒸出來含水量會稍微不同，配方中的牛奶可以斟酌增減。整個麵糊是比較濃稠的狀態）（圖9、10）。

6 最後將第一次發酵完成的材料A加入混合均勻（圖11、12）。

7 將做法6表面用保鮮膜覆蓋，放到溫暖密閉空間再發酵60～90分鐘。（天氣冷可以放微波爐或保麗龍箱中，旁邊放杯熱水幫忙提高溫度。）（圖13）

8 發好的麵糊體積膨漲兩倍左右，麵糊中充滿大氣孔。（時間會因為溫度不同而有不同，請自行斟酌。）（圖14）

9 蒸鍋開始燒一鍋水，水必須煮至大滾。

10 將油力士紙杯套入布丁杯中（圖15）。

11 用橡皮刮刀將麵糊輕輕刮起。（不要攪拌，只要輕輕舀起就好。）（圖16）

12 把麵糊舀起，平均放入紙模中滿模，間隔整齊放入蒸籠中（圖17）。

13 馬上放入已經煮沸的蒸鍋上，蓋子蓋上，大火蒸25分鐘即可（圖18）。

14 時間到之前3分鐘，將蒸籠先開蓋一個小縫，使得內外溫度接近。（若油力士紙杯比較大，蒸的時間就必須延長。）

15　16　17　18

小叮嚀

1 材料A的速發乾酵母若使用一般乾酵母代替的話，使用量請增加1倍，配方中的水稍微加溫到35℃（手摸不燙程度）。

2 蒸製時全程使用大火，讓酵母迅速受熱膨脹才會裂開。蒸的時候如果沒有膨脹，糕的組織就會比較黏也會回縮。

3 地瓜泥可用南瓜代替，但必須注意水量。牛奶的量要斟酌，麵糊不要太稀，麵糊是偏濃稠的感覺。

4 麵糊第二次發起來就舀進杯子中，不要過度攪拌，麵糊舀進紙杯中也不要放置太久，最好馬上就進鍋蒸。放置太久會導致酵母繼續發酵，反而蒸不出來漂亮的開口。

5 時間到之前3～5分鐘將蒸籠先開蓋一個小縫，避免發糕塌陷。

6 蒸的時候份量必須大小一致，避免有大有小，導致時間不同而蒸的不平均。

黑糖酵母發糕

份量

直徑7cm×高3cm
油力士紙杯做5個

材料

A.酵母麵糊

中筋麵粉50g
速發乾酵母1/2t
水60cc
（圖1）

B.黑糖蜜

黑糖70g
水50cc
蜂蜜15g
（圖2）

C.主麵糰

酵母麵糊全部
黑糖蜜全部
中筋麵粉100g
在來米粉70g
糯米粉30g
牛奶50cc
（圖3）

　　過年時，家裡免不了會準備一些發糕，期望來年的運勢也像發糕一樣發。利用酵母來做成品好吃又發的漂亮。

　　祝福大家新年順利平安，一路發發發！！！

1　　2　　3

👑

做法

A.製作酵母麵糊

1　將速發乾酵母倒入麵粉中混合均勻（圖4）。

2　加入水後用打蛋器攪拌均勻（圖5、6）。

3　表面用保鮮膜覆蓋，放到溫暖密閉空間發酵60分鐘至2～3倍大（圖7、8）。

B.製作黑糖蜜

4　黑糖放入不鏽鋼鍋中。

5　將水倒入（圖9）。

6　小火熬煮到黑糖完全融化放涼。

7　最後將蜂蜜加入混合均勻（圖10、11）。

C.製作主麵糰

8　將中筋麵粉、在來米粉與糯米粉用湯匙混合均勻過篩（圖12）。

9　將發酵完成的酵母麵糊與放涼的黑糖蜜及牛奶，倒入已經過篩的粉類中，用手慢慢混合均勻成為無粉粒狀態的麵糊（圖13～16）。

267

發 糕 類 PART 5

10 表面用保鮮膜覆蓋，放到溫暖密閉空間發酵2～3小時至3倍大。（天氣冷可以放微波爐或保麗龍箱中，旁邊放杯熱水幫忙提高溫度）。（圖17、18）

11 蒸鍋開始燒一鍋水，水必須煮至大滾。

12 將油力士紙杯套入布丁杯中（圖19、20）。

13 發好的麵糊體積膨漲3倍左右，麵糊中充滿大氣孔（圖21）。

14 用橡皮刮刀將麵糊輕輕刮起（不要攪拌，只要輕輕舀起就好）（圖22）。

15 把麵糊舀起（不要攪拌）平均放入紙模中約滿模程度，間隔整齊放入蒸籠中（圖23～25）。

16 馬上放入已經煮沸的蒸鍋上，蓋子蓋上，大火蒸25分鐘即可（圖26）。

17 時間到之前3分鐘將蒸籠先開蓋一個小縫，使得內外溫度接近。

18 放置到隔天會變硬，請蒸熱食用。

小叮嚀

1 材料A的速發乾酵母若使用一般乾酵母替代的話，使用量請增加1倍，配方中的水稍微加溫到35℃（手摸不燙程度）。

2 蒸製的時候全程要使用大火，讓酵母迅速受熱膨脹才會裂開，蒸的時候如果沒有膨脹，整個糕的組織就會比較黏也會回縮。

3 麵糊第二次發起來就舀進杯子中，不要過度攪拌。麵糊舀進紙杯中不可放置太久，舀進紙杯中就馬上就進鍋蒸。若放置過久，會導致酵母繼續發酵，反而蒸不出來漂亮的開口，成品就會變成如左圖顯示的狀況（圖27）。

肉燥
蒸蛋糕

這是很多朋友希望做的蒸蛋糕，我終於找了時間好好的全程記錄下來。天氣冷，蒸蛋糕使得滿屋子的水蒸氣特別有溫暖的感覺。

謝謝小惠、如、藍藍天空、Annie與Teresa的建議，這個飄著台式香氣甜中帶鹹的點心擄獲人心。

份量

8吋戚風蛋糕平底模1個

材料

A.肉燥餡
a.餡料
豬絞肉100g
紅蔥頭3～4粒
蒜頭2～3瓣
（圖1）

b.調味料
醬油1.5T
糖1t
米酒1T
白胡椒粉1/4t

B.原味海綿蛋糕體
a.麵糊
低筋麵粉160g
雞蛋5個
細砂糖160g
橄欖油30g
b.夾餡
肉燥全部
櫻花蝦1小把

1 紅蔥頭及蒜頭切末。

2 然後將絞肉放入，翻炒至變色（圖2、3）。

3 再將紅蔥頭、蒜頭末加入炒香（約3～4分鐘）（圖4）。

4 所有調味料加入混合均勻（圖5）。

5 蓋上蓋子，以小火煮至湯汁收乾即可（圖6）。

6 放涼備用。

7 材料B的所有材料確實秤量（圖7）。

8 低筋麵粉用篩網過篩（圖8）。

9 戚風蛋糕平底模底板包覆一層鋁箔紙，再放回烤模中。

10 找一個比工作的鋼盆稍微大一些的鋼盆，裝上水，煮至50℃。

11 蒸鍋底部加滿水。

做法

1 將5個雞蛋放入工作盆中，加入細砂糖（圖9）。

2 鋼盆放在已經煮至熱的鍋子上方，用隔水加熱的方式將蛋液加溫（圖10）。

3 用打蛋器將雞蛋與細砂糖打散（圖11、12）。

4 邊攪拌邊用手指不時試一下蛋液的溫度，若感覺到溫熱的程度（約38～40℃），就將鋼盆從熱水上移開。此時開始預先將瓦斯打開，煮沸蒸鍋中的水。（圖13）

5 移開後，用電動打蛋器高速將全蛋打發至泛白蓬鬆的蛋糕（至少8～10分鐘）。

6 打到蛋糕蓬鬆拿起打蛋器滴落下來的蛋糕能夠有非常清楚的摺疊痕跡就是打好了（圖14）。

7　完成的蛋糕舀出一小部分到另一個小盆子。

8　將橄欖油倒入混合均勻（圖15、16）。

9　再倒回原來的蛋糕中混合均勻（圖17）。

10　低筋麵粉分4～5次倒進蛋糕中。（倒入粉的時候不要揚的太高）。（圖18）

11　每一次都快速以切拌的方式，將麵粉與蛋糕混合均勻（圖19、20）。

12　完成的麵糊一半倒入烤模中（圖21、22）。

13　放入已經燒開水的蒸籠中，大火蒸10分鐘。

14　然後取出將一半的肉燥餡，平均鋪在蛋糕上（圖23）。

15　再倒入另一半麵糊，表面稍微整平（圖24）。

16　表面平均鋪上剩下的肉燥餡及櫻花蝦（圖25、26）。

17　放入蒸籠中，大火蒸20分鐘即可（圖27）。

18　取出稍微散熱一下，用一把扁平的小刀貼著烤模周圍畫一圈脫模（圖28）。

19　脫模的蛋糕包覆上一層保鮮膜，避免乾燥，放至完全涼透即可（圖29）。

小叮嚀

1　不喜歡櫻花蝦可以直接取消。

2　如果是使用不分離烤模，烤盒必須先抹油，然後鋪一層白報紙。這樣蒸好之後就可以直接倒扣出來，把紙撕掉就可以。

白糖糕

（倫教糕）

份量

18cm×18cm×5cm
方形烤模1個

材料

A.

速發乾酵母3t
細砂糖1t
約35℃溫水30cc

（圖1）

B.

在來米粉300g
細砂糖150g
100℃熱水460cc
水60cc

（圖2）

　　爺爺是將軍，看著他老人家騎在馬背上英姿的照片，不僅想起我們爺孫許多相處的時光。我是長孫女，從小爺爺就喜歡帶著我散步。每每逛到點心店，就會買個我最喜歡白糖糕回家。白糖糕對我來說，是這麼甜蜜，帶著爺爺給我的愛。

　　利用酵母做的白糖糕，經過長時間的發酵，帶著一點點微酸的滋味。稍微冷藏後再吃清清涼涼，味道更好。我的廚房中不只分享好吃的料理，還蒐集著自己點點滴滴平凡幸福的人生。

1　將所有材料A放入盆中混合均勻靜置5分鐘（圖3～5）。

2　材料B的在來米粉及細砂糖倒入盆中，用打蛋器混合均勻（圖6、7）。

3　將沸水倒入快速混合均勻成為濃稠的米糊（圖8、9）。

4　再將冷水加入混合均勻，放涼至35℃（圖10、11）。

5　將材料A的酵母液加入混合均勻（圖12～14）。

6　方形烤模鋪上一層防沾烤焙紙（圖15）。

7　將米糊倒入抹平整（圖16、17）。

8　放置到溫度密閉的空間發酵4～5小時至膨脹兩倍大（圖18）。

9　將蒸鍋中的水煮沸。

10　放入蒸籠中大火蒸35分鐘即可（圖19）。

11　蒸好移出烤模放涼，切成自己喜歡的大小（圖20）。

PART 6

酥 皮 類

將麵糰分為油皮麵糰及油酥麵糰兩部分，
油皮麵糰緊密包裹油酥麵糰，再反覆折疊擀捲而成。
經過烘烤膨脹形成層層疊疊的組織，口感酥鬆而有層次。
麵糰添加使用的油脂可依每個人喜好不同而選擇固體油脂或是液體油脂。
固體油脂包含豬油，去除水分的無水奶油或是一般無鹽奶油，
使用此類油脂製作的成品會具有香氣，口感非常酥脆；
液體油脂包含大豆油、橄欖油、芥花油等植物油脂。
使用植物油脂製作的成品香氣較不足，酥脆度略差，
但是不含膽固醇，適合特殊需求的朋友。
酥皮類麵皮需要掌握的是油皮麵皮必須搓揉至產生筋性，
水分添加要足夠，擀捲過程延展性才好。
因為此類產品油脂高，所以天氣越炎熱時操作性越差，
油酥部分可以放冰箱冷藏30分鐘會比較好控制。
此類成品造型多變，餡料豐富，成品也比較耐放，中秋節的蛋黃酥為此類代表。

酥皮
標準做法

　　中式酥皮類點心是由油皮及油酥兩部分組合而成，層層疊疊擀壓，創造出層次分明酥鬆的口感。不同的油脂烘烤出來的口感稍有差異，可以依照個人喜好做選擇。

一、純素標準做法

A.製作油皮麵皮

1　中筋麵粉用濾網過篩。

2　將糖粉加入麵粉中混合均勻（圖3）。

3　再加入液體植物油及水（圖4、5）。

4　用手搓揉攪拌5～6分鐘成為一個均勻柔軟的麵糰即可（圖6～9）。

5　盆子表面封上保鮮膜，醒置30～40分鐘（圖10）。

材料一

A.油皮麵皮（20g/個）
中筋麵粉125g
糖粉20g
液體植物油30g
水65cc
（圖1）

B.油酥麵皮（15g/個）
低筋麵粉135g
液體植物油45g
（圖2）

1

2

6　將低筋麵粉用濾網過篩。

7　將橄欖油加入低筋麵粉中，用手慢慢將橄欖油及麵粉搓揉成為一個均勻的麵糰，包上保鮮膜放冰箱
　　備用。（不需要搓揉過久，避免麵粉出筋影響口感。）（圖11～15）

C.組合

8　油酥麵皮由冰箱取出，平均分割成配方份量，將每一個小麵糰滾成圓形（圖16、17）。

9　將醒置好的油皮麵皮平均分割成配方份量，光滑面翻折出來滾成圓形（圖18、19）。

10　油皮麵皮壓扁略擀開，光滑面朝下，包上一個油酥麵皮，收口捏緊，在桌上滾圓（圖20～24）。

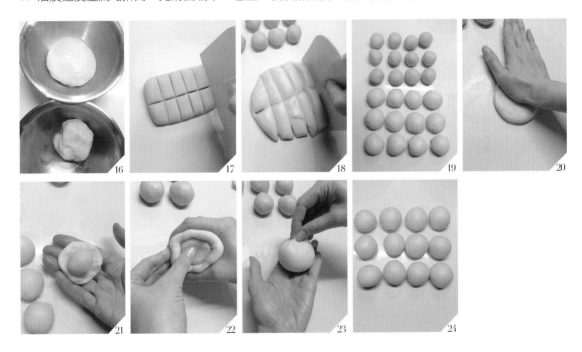

11 將包好的麵糰稍微壓一下擀成橢圓形薄片，光滑面在下，由短向捲起，收口朝下，蓋上保鮮膜讓麵糰休息15分鐘（圖25～28）。

12 將休息好的麵糰擀成長形後翻面，由短向捲起，蓋上保鮮膜讓麵糰休息15分鐘（圖29～32）。

13 完成的小麵糰就是純素酥皮麵糰。

14 完成的油皮油酥麵糰收口朝上，用大姆指從中間壓下，兩端往中間折起捏一下，將麵糰壓扁（圖33～35）。

15 將麵糰擀開就可以包裹各式餡料（圖36、37）。

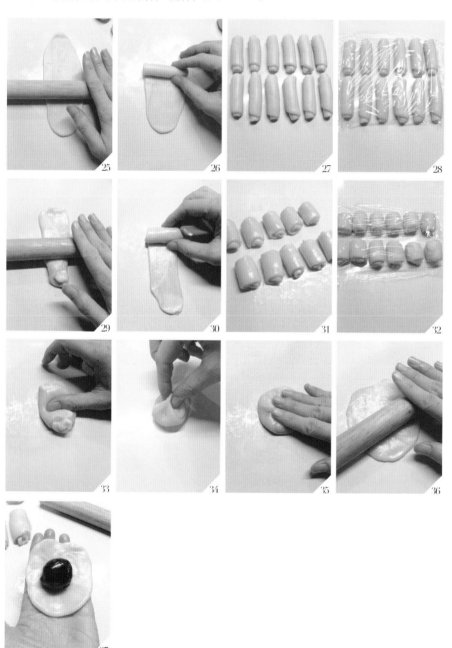

材料二

A.油皮麵皮（20g/個）

中筋麵粉125g

糖粉15g

無水奶油45g

水65cc

（圖38）

B.油酥麵皮（15g/個）

低筋麵粉120g

無水奶油60g

（圖39）

小叮嚀

1 油皮麵皮中添加的水，約是麵粉重量的48～52%，因為麵粉牌子不同，吸水率也稍有不同。所以添加時請保留少許，視實際情形斟酌添加。若油皮水分多，較利於擀捲操作，過程中比較不容易破裂。

2 液體植物油可以用橄欖油、大豆油、芥花油、葵花籽油、葡萄籽油等液體植物油代替。

3 無水奶油部分，可依照個人喜好用無鹽奶油或豬油代替。

4 在擀壓過程中，保持麵糰不要乾燥及醒置很重要，所以每一個步驟都要用保鮮膜覆蓋麵糰。也盡量避免吹電風扇或在冷氣房中操作，以免麵糰水分散失。擀壓的過程要慢慢到位，不要一下子就很用力的把麵糰擀長。如果覺得麵糰會黏，可以適量在桌面及麵糰表面稍微抹一些油就好。

5 由於天氣溫度不同，固體奶油（無水奶油、無鹽奶油或豬油）回軟程度請稍微控制一下，若夏天氣溫高，回溫不要太軟，以免影響操作。

二、蛋奶素標準做法

A.製作油皮麵皮

1 中筋麵粉及糖粉用濾網過篩，放入盆中（圖40）。

2 加入無水奶油，用手大致混合均勻（圖41、42）。

3 將水倒入，混合成團狀，用手掌根部反覆搓揉5～6分鐘，成為一個均勻柔軟的麵糰即可（圖43～47）。

4 盆子表面罩上保鮮膜或擰乾的濕布，醒置40分鐘（圖48）。

B.製作油酥麵皮

5　低筋麵粉用濾網過篩。

6　無水奶油加入低筋麵粉中，用手慢慢將材料大致混合（圖49～51）。

7　倒到桌上，利用手掌根部快速將油及粉搓揉均勻，用刮板幫忙將黏在桌上的麵糰刮起成團即可。（不需要搓揉過久，避免麵粉出筋影響口感。）（圖52～54）

8　包上保鮮膜，放在冰箱備用（圖55）。

C.組合

9　將醒置好的油皮麵皮平均分割成配方份量，光滑面翻折出來滾成圓形（圖56～58）。

10　油酥麵皮由冰箱取出，平均分割成配方份量，將每一個小麵糰滾成圓形（圖59～61）。

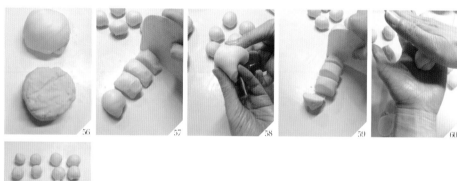

11 油皮麵皮壓扁略擀開，光滑面朝下，包上一個油酥麵皮，收口捏緊，在桌上滾圓（圖62～67）。

12 將包好的麵糰稍微壓一下擀成橢圓形薄片，光滑面在下，由短向捲起，收口朝下，蓋上保鮮膜讓麵糰休息15分鐘（圖68～71）。

13 將休息好的麵糰擀成長條形後翻面，由短向捲起，蓋上保鮮膜讓麵糰休息15分鐘（圖72～77）。

14 完成的小麵糰就是蛋奶素酥皮麵糰。

15 完成的油皮油酥麵糰收口朝上，用大姆指從中間壓下，兩端往中間折起捏一下，將麵糰壓扁（圖78～80）。

16 將麵糰擀開就可以包裹各式餡料（圖81、82）。

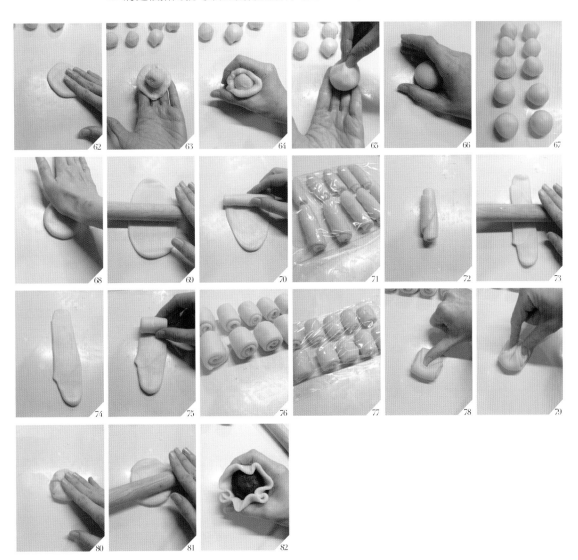

咖哩
綠豆碰

份量

約8個

材料

Ａ.咖哩滷肉餡

a.咖哩綠豆
去殼綠豆仁100g
水200cc
紅蔥頭2～3粒
細砂糖100g
液體植物油20g
咖哩粉1/2T
白胡椒粉1/8t
*甜度請依照自己喜好調整
（圖1）

b.滷肉餡
豬絞肉150g
紅蔥頭3～4粒
蒜頭2～3瓣
（圖2）

c.調味料
醬油1.5T
糖1t
米酒1T
白胡椒粉1/4t

Ｂ.蛋奶素酥皮

a.油皮麵皮（20g/個）
中筋麵粉80g
糖粉10g

要與好朋友見面時，我總是習慣帶一些自製的小點心當做伴手禮，看到朋友開心的臉龐，就是我在廚房動力的來源。自己做的成品雖然不是名牌甜點，卻都是使用天然的材料，過程中也加入了我滿滿的祝福。在綠豆餡中加入了咖哩，特殊的風味吃起來不甜不膩，這份親手烘焙的禮物，希望你們喜歡！

咖哩粉1T
無水奶油30g
水40cc
（圖3）

b.油酥麵皮（20/個）
低筋麵粉105g

咖哩粉1t
無水奶油55g
（圖4）

C.表面裝飾
濃縮蔓越莓液少許

做法

A.製作咖哩滷肉餡

1 先做咖哩綠豆餡。將去殼綠豆仁洗淨瀝乾，加入200cc的水，浸泡2小時（圖5、6）。

2 電鍋外鍋放1杯水，蒸煮一次，煮至綠豆仁用手可以輕易捏碎的程度（圖7）。

3 紅蔥頭去皮切碎，使用1T油炒至金呈黃色撈起（圖8、9）。

4 將蒸煮好的綠豆仁倒入炒鍋中，使用小火拌炒3～4分鐘（圖10）。

5 將細砂糖加入，以小火拌炒至濃稠（圖11、12）。

6 將液體植物油加入混合均勻，繼續拌炒到整個綠豆泥可以成為一個團狀（要有耐心約須10分鐘，必須不停的拌炒避免焦底）（圖13）。

7 將咖哩粉及白胡椒粉加入拌勻（圖14）。

8 最後將炒好的紅蔥頭加入混合均勻即可（圖15、16）。

9 短時間不使用可以放冰箱冷凍保存。

10 接著再做滷肉餡。先將紅蔥頭及蒜頭切末（圖17）。

11 鍋中倒入1T油，將豬絞肉放入炒至變色（圖18、19）。

12 再將紅蔥頭、蒜頭末加入炒香（約3～4分鐘）（圖20）。

13 所有調味料c加入混合均勻（圖21）。

14 蓋上蓋子，以小火煮至湯汁收乾即可（圖22）。

15 放涼備用。

16 咖哩綠豆餡平均分成8個（每個約55g），捏成球形（圖23）。

17 綠豆餡在手心中壓成一個碗狀，放入約20g的滷肉餡，包成圓形備用（圖24～27）。

B.製作蛋奶素酥皮

18 先做油皮麵皮。將材料a的中筋麵粉及糖粉用濾網過篩，放入盆中。

19 加入咖哩粉及無水奶油，用手大致混合均勻（圖28）。

20 將水倒入混合成團狀，用手掌根部反覆搓揉5～6分鐘成為一個均勻柔軟的麵糰即可（圖29）。

21 盆子表面罩上保鮮膜或擰乾的濕布，醒置40分鐘。

22 再做油酥麵皮。材料b的低筋麵粉用濾網過篩。

23 將咖哩粉及無水奶油加入低筋麵粉中，用手慢慢將材料大致混合（圖30、31）。

24 倒在桌上，利用手掌根部快速將油及粉搓揉均勻，用刮板幫忙將黏在桌上的麵糰刮起成團即可。
    （不需要搓揉過久，避免麵粉出筋影響口感。）（圖32）

25 包覆保鮮膜放冰箱備用。

C.組合

26 將醒置好的油皮麵皮平均分割成8等份，光滑面翻折出來滾成圓形。

27 油酥麵皮由冰箱取出，平均分割成8等份，將每一個小麵糰滾成圓形（圖33）。

28 油皮麵皮壓扁略擀開，光滑面朝下，包上一個油酥麵皮，收口捏緊滾圓（圖34、35）。

29 將包好的麵糰稍微壓一下擀成橢圓形薄片，光滑面在下，由短向捲起，收口朝下，蓋上保鮮膜讓麵糰休息15分鐘（圖36、37）。

30 將休息好的麵糰擀成長形後翻面，由短向捲起，蓋上保鮮膜讓麵糰休息15分鐘（圖38、39）。

31 完成的酥皮麵糰收口朝上，用大姆指從中間壓下，兩端往中間折起捏一下，將麵糰壓扁（圖40、41）。

32 將麵糰擀開成為約12cm的圓形薄片（圖42、43）。

33 事先準備好的餡料放在中間（圖44）。

34 利用虎口將麵糰收口朝內捏緊（圖45、46）。

35 麵糰放在兩手中間前後搓揉整成為一個圓形（圖47）。

36 將麵糰用手略壓成扁形間隔整齊放入烤盤中（圖48、49）。

37 竹籤尾端沾上一些濃縮蔓越莓液，在麵糰表面做上裝飾（沒有可以省略）（圖50、51）。

38 放進已經預熱至170℃的烤箱中，烘烤10分鐘後，將溫度調為150℃，再烘烤15分鐘即可（圖52）。

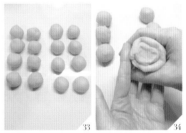

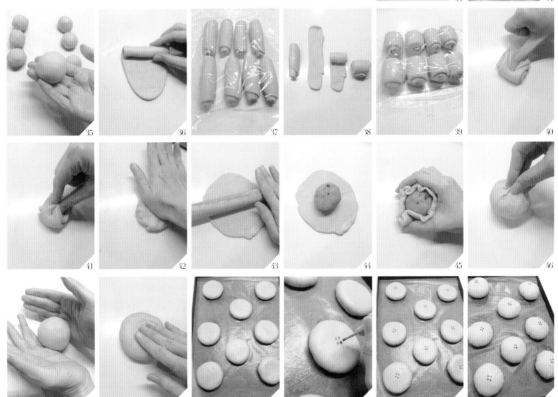

純素
綠豆碰

份量

約12個

材料

A.綠豆香菇豆皮餡

a.綠豆餡
去殼綠豆150g
水300cc 花生油30g
細砂糖150g
（圖1）

b.香菇豆皮餡
乾香菇6朵 豆皮1片
熟白芝麻1T

c.調味料
麻油1T 醬油1T
糖1/2T 鹽1/4t
白胡椒粉少許
（圖2）

B.純素酥皮

a.油皮麵皮（15g/個）
中筋麵粉100g
糖粉15g 水50cc
液體植物油25g
（圖3）

b.油酥麵皮（15g/個）
低筋麵粉135g
液體植物油45g
（圖4）

C.表面裝飾
海苔粉少許

國中的時候迷上金庸小說，媽媽給的零用錢全都花在相關書籍的收藏。一整套36本書，我看了又看，內容情節記的滾瓜爛熟，有時想想，要是唸書時也這麼用功就好。不過年輕的時候就是會為一些瘋狂的事情著迷，否則枉為青春一場。生命中的璀璨花朵在眼前如跑馬燈般閃過，《倚天屠龍記》、《雪山飛狐》與《神雕俠侶》等等，代表了一段歲月的印記，我凝視著過去的自己，感動好久好久！

內餡用香菇與豆皮炒成香香的素餡，純素的綠豆碰好吃極了。尺寸刻意做比較迷你一點，看起來好討喜。植物油酥皮層次分明，不輸奶油做的口感。

♕
做法

A.製作綠豆香菇豆皮餡

1 先做綠豆餡。將綠豆洗淨，加入300cc的水，浸泡2小時（圖5）。

2 電鍋外鍋放1杯水，蒸煮1次，煮至綠豆用手可以輕易捏碎的程度（圖6）。

3 炒鍋中倒入花生油，將蒸煮好的綠豆加入小火拌炒2～3分鐘（圖7）。

4 將細砂糖加入，小火拌炒到整個綠豆泥可以成為一個團狀即可。（要有耐心，約須10分鐘，必須不停的拌炒避免焦底。）（圖8、9）

5 短時間不使用，可以放冰箱冷凍保存。

6 再做香菇豆皮餡。將乾香菇泡水泡軟，切成小丁，豆皮切小丁（圖10）。

7 熟白芝麻裝入塑膠袋中，用擀麵棍用力擀壓（壓破香氣才會出來）（圖11）。

8 炒鍋中倒入1T麻油，將香菇丁炒香（圖12）。

9 再將豆皮丁加入，翻炒1分鐘（圖13）。

10 將所有調味料加入，以小火炒至湯汁收乾（圖14）。

11 最後將擀壓過的熟白芝麻加入，翻炒均勻即可（圖15、16）。

12 盛起放涼備用。

13 將放涼的綠豆餡分成12份（每份30g），滾成圓形（圖17）。

14 綠豆餡在手心中壓成一個碗狀，放入適量的香菇豆皮餡，然後捏成圓形備用（圖18、19）。

B.製作純素酥皮

15 先做油皮麵皮。將材料a的中筋麵粉用濾網過篩。

16 將糖粉加入麵粉中，混合均勻。

17 將液體植物油及水加入（圖20）。

18 用手搓揉攪拌5～6分鐘成為一個均勻柔軟的麵糰即可（圖21、22）。

19 盆子表面封上保鮮膜，醒置30～40分鐘（圖23）。

20 再做油酥麵皮。將材料b的低筋麵粉用濾網過篩。

21 將液體植物油加入低筋麵粉中，用手慢慢將油及麵粉搓揉成為一個均勻的麵糰，包上保鮮膜放冰箱備用。（不需要搓揉過久，避免麵粉出筋影響口感。）（圖24～26）

C.組合

22 將醒置好的油皮麵皮平均分割成12個，光滑面翻折出來滾成圓形。

23 油酥麵皮由冰箱取出，平均分割成12個，將每一個小麵糰滾成圓形。

24 油皮麵皮壓扁略擀開，光滑面朝下，包上一個油酥麵皮，收口捏緊滾圓（圖27、28）。

25 將包好的麵糰稍微壓一下，擀成橢圓形薄片，光滑面在下，由短向捲起，收口朝下，蓋上保鮮膜讓麵糰休息15分鐘（圖29）。

26 將休息好的麵糰擀成長形後翻面，由短向捲起，蓋上保鮮膜讓麵糰休息15分鐘（圖30）。

27 休息完成的酥皮麵糰收口朝上，用大姆指從中間壓下，兩端往中間折起捏一下，將麵糰壓扁（圖31～33）。

28 將麵糰擀成直徑約12cm的圓形薄片，光滑面在下，中間放上內餡（圖34、35）。

29 利用虎口將麵糰收口朝內捏緊，成為一個圓形（圖36～38）。

30 將麵糰用手略壓成扁形，間隔整齊放入烤盤中（圖39、40）。

31 在麵糰表面灑上一些海苔粉裝飾（沒有可省略），用手稍微壓緊（圖41）。

32 放進已經預熱至170℃的烤箱中，烘烤10分鐘後，將溫度調為150℃，再烘烤15分鐘即可（最後15分鐘烘烤溫度不可以過高，以免上色影響外觀）（圖42）。

小叮嚀

1 花生油可用其他液體植物油代替。

2 不喜歡香菇豆皮餡可直接省略，綠豆餡請增加到每個35g。

3 綠豆沙甜度請依個人喜好調整。

咖哩酥

份量

約12個

材料

A.咖哩餡

絞肉100g
馬鈴薯1個（約150g）
紅蘿蔔60g
洋蔥1/4個（約80g）
市售咖哩塊25g
水200cc
（圖1）

B.純素酥皮

a.油皮麵皮（15g/個）
中筋麵粉95g
糖粉15g
液體植物油20g
水50cc
（圖2）

b.油酥麵皮（10g/個）
低筋麵粉90g
液體植物油30g
（圖3）

C.表面裝飾
全蛋液少許

趁著好天氣，我拉著老公帶我到假日花市晃晃，想把我的露台添些香草植物。對植物我一直沒有太大的把握，帶回家最後的下場都差不多，能夠長的茂盛的，只剩下萬年青和鳳仙花。

天氣好，花市人潮洶湧，我們得緊緊牽著手才不會被擠散。來到我最愛的一個香草攤，老闆娘馬上遞來一杯熱熱的香草茶。看著滿滿的各式各樣可以入菜入茶的香草植物，想起了日劇《美人》中的田村正和，也很想有一個魔法般的香草花園。買了幾株小苗，又帶著滿滿的希望回家。

今天做的咖哩酥讓放學回來的Leo非常捧場，一轉眼3個就吃下肚。真不愧是我的大胃王^^

A.製作咖哩餡

1　馬鈴薯、紅蘿蔔切小丁，洋蔥切末（圖4）。

2　鍋中倒入約1T油，將絞肉放入炒至變色（圖5）。

3　然後將洋蔥末加入炒香（圖6）。

4　再將馬鈴薯，紅蘿蔔放入拌炒2～3分鐘（圖7）。

5　將水倒入，蓋上鍋蓋小火煮至所有材料變軟，水分也大致收乾（圖8、9）。

6　將咖哩塊加入，以小火拌炒至咖哩塊完全融化，材料成為團狀即可（圖10、11）。

7　放涼備用。

B.製作純素酥皮

8　先做油皮麵皮。將材料a的中筋麵粉用濾網過篩。

9　將糖粉加入麵粉中混合均勻。

10　再加入液體植物油及水（圖12）。

11　用手搓揉攪拌5～6分鐘成為一個均勻柔軟的麵糰即可（圖13、14）。

12　盆子表面封上保鮮膜，醒置30～40分鐘（圖15）。

13　再做油酥麵皮。將材料b的低筋麵粉用濾網過篩。

14　將液體植物油加入低筋麵粉中，用手慢慢將油及麵粉搓揉成為一個均勻的麵糰，包上保鮮膜放冰箱備用。（不需要搓揉過久，避免麵粉出筋影響口感。）（圖16～19）。

C.組合

15 將醒置好的油皮麵皮平均分割成12個，光滑面翻折出來滾成圓形。

16 油酥麵皮由冰箱取出，平均分割成12個，將每一個小麵糰滾成圓形（圖20）。

17 油皮麵皮壓扁略擀開，光滑面朝下，包上一個油酥麵皮，收口捏緊滾圓（圖21～23）。

18 將包好的麵糰稍微壓一下，擀成橢圓形薄片，光滑面在下，由短向捲起，收口朝下，蓋上保鮮膜，讓麵糰休息15分鐘（圖24）。

19 將休息好的麵糰擀成長形後翻面，由短向捲起，蓋上保鮮膜，讓麵糰休息15分鐘（圖25）。

20 完成的酥皮麵糰收口朝上，用大姆指從中間壓下，兩端往中間折起捏一下，將麵糰壓扁（圖26、27）。

21 將麵糰擀開成為約12cm的圓形薄片（圖28）。

22 事先準備好的餡料適量放在中間（圖29）。

23 利用虎口，將麵糰收口朝內捏緊（圖30）。

24 麵糰放在兩手中間，搓揉整成為一個橢圓形（圖31）。

25 完成的麵糰間隔整齊放入烤盤中（圖32）。

26 麵糰上方刷上一層全蛋液，用剪刀在表面剪出兩道缺口（圖33、34）。

27 放進已經預熱至200℃的烤箱中，烘烤15～18分鐘，至表面呈現金黃色即可（圖35、36）。

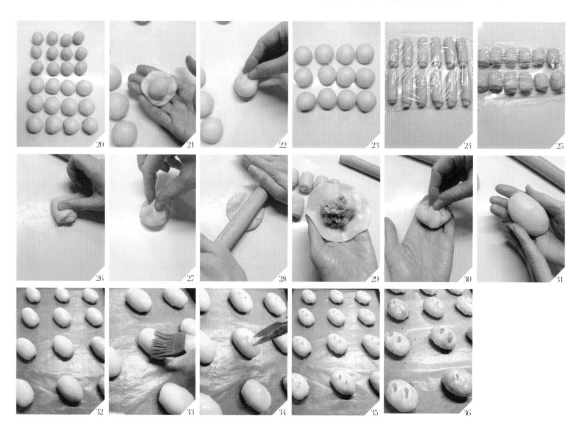

彩頭酥

份量

約12個

材料

A.蘿蔔餡

a.餡料
白蘿蔔500g
青蔥適量
蝦皮2T
（圖1）

b.調味料
鹽、麻油、白胡椒粉各適量

B.純素酥皮

a.油皮麵皮（20g/個）
中筋麵粉130g
糖粉20g
液體植物油35g
水65cc

b.油酥麵皮（15g/個）
低筋麵粉135g
液體植物油45g

C.表面裝飾
白芝麻粒2～3T
蛋白1個

　　小時候最愛看一些鬼呀、狐呀的故事，把書藏在枕頭下，只要晚上睡不著就偷偷起來看，又愛又怕。看書中美麗女子變成了狐仙，負心漢被女鬼糾纏，人與鬼的感情，每篇都曲折生動。原來不管古今中外，這種民間故事鄉野奇談都特別吸引人。蒲松齡的《聊齋志異》，佳人美女變成妖怪厲鬼，傳說野史都化作一篇篇警世文，讓世間凡夫俗子在書中追尋神祕國度。

　　格友豆豆建議的彩頭酥，也是我非常喜愛的酥皮類點心。蘿蔔絲內餡散發自然的清甜，是白蘿蔔盛產時必做的點心。

做法

A.製作蘿蔔餡

1　白蘿蔔去皮，刨成粗絲（不要太細），加少許鹽，混合均勻放置20分鐘。

2　將蘿蔔絲醃出來的水倒掉，青蔥洗淨，切成蔥花（圖2）。

3　蝦皮泡一下溫水，撈起瀝乾。

4　鍋中約加2T油，依序將蝦皮、蘿蔔絲、蔥花加入，添加適當調味炒香即可（不需要炒太久）（圖3～6）。

B.製作純素酥皮

5　先做油皮麵皮。將材料a的中筋麵粉用濾網過篩。

6　將糖粉加入麵粉中混合均勻。

7　再加入液體植物油及水。

8　用手搓揉攪拌5～6分鐘成為一個均勻柔軟的麵糰即可。

9　盆子表面封上保鮮膜，醒置30～40分鐘。

10　再做油酥麵皮。將材料b的低筋麵粉用濾網過篩。

11　將液體植物油加入低筋麵粉中，用手慢慢將油及麵粉搓揉成為一個均勻的麵糰，包上保鮮膜放冰箱備用（不需要搓揉過久，避免麵粉出筋影響口感）。

12 將醒置好的油皮麵皮平均分割成12個，光滑面翻折出來滾成圓形。

13 油酥麵皮由冰箱取出，平均分割成12個，將每一個小麵糰滾成圓形。

14 油皮麵皮壓扁略擀開，光滑面朝下，包上一個油酥麵皮，收口捏緊滾圓。

15 將包好的麵糰稍微壓一下，擀成橢圓形薄片，光滑面在下，由短向捲起，收口朝下，蓋上保鮮膜，讓麵糰休息15分鐘。

16 將休息好的麵糰擀成長形後翻面，由短向捲起，蓋上保鮮膜，讓麵糰休息15分鐘。

17 休息完成的酥皮麵糰收口朝上，用大姆指從中間壓下，兩端往中間折起捏一下，將麵糰壓扁（圖7～10）。

18 將麵糰擀成直徑約12cm的圓形薄片，光滑面在外，中間放上適量蘿蔔絲內餡（圖11、12）。

19 利用虎口將麵糰收口朝內捏緊，成為一個圓形（圖13、14）。

20 麵糰上方刷上一層蛋白，再沾上一層白芝麻（圖15）。

21 間隔整齊放入烤盤中（圖16）。

22 放進已經預熱至170℃的烤箱中，烘烤25分鐘，至表面呈現金黃色即可（圖17）。

小叮嚀

蘿蔔絲的製作也可以直接將刨成粗絲的白蘿蔔，加一些鹽放置20分鐘，使得蘿蔔絲出水，再把水分擠出。加入蔥花、蝦皮，再拌上調味料即可，省去炒製的步驟。

蘿蔔籤酥餅

份量
約12個

材料

A.蘿蔔籤內餡
a.蘿蔔籤
白蘿蔔1條（約1000g）
（圖1）

b.餡料
曬好的蘿蔔籤全部
乾香菇3～4朵
蝦米1小把
紅蔥頭3粒
（圖2）

c.調味料
醬油1/2T
鹽1/4t糖1/2T
麻油1T
白胡椒粉1/8t

B.純素酥皮
a.油皮麵皮（25g/個）
中筋麵粉160g
糖粉25g
液體植物油35g
水80cc

b.油酥麵皮（20g/個）
低筋麵粉150g
液體植物油50g

　　白蘿蔔盛產時，可以利用天然的陽光，曬成蘿蔔乾或蘿蔔籤。白蘿蔔經過太陽的洗禮，有一股特別的香氣。我喜歡在家做這些老阿媽時代的事，感覺更貼近簡單純樸的生活。自家的陽台就可以做出健康的醃漬食品，親自動手體會食材的變化，餐桌更豐富。

　　蘿蔔籤曬完的口感還保留一些彈性與韌性，包入酥餅中更添美味。

A.製作蘿蔔籤內餡

1 先做蘿蔔籤。將白蘿蔔的皮洗刷乾淨。

2 連皮刨成粗絲，灑上1/2t鹽，用手拌均勻，放置2～3小時出水（圖3～5）。

3 將醃漬出來的水倒掉（圖6）。

4 把蘿蔔絲鋪在板子上曬太陽（圖7）。

5 約曬1天至半乾即可（中間要翻面以利平均）（圖8、9）。

6 曬好的蘿蔔籤放冰箱保存。

7 接著再做餡料。將乾香菇浸泡水軟化切末，蝦米用溫水泡軟切末，紅蔥頭去皮切片（圖10）。

8 鍋中放入2T油，將紅蔥頭及蝦米爆香（圖11）。

9 將香菇及蘿蔔籤加入炒香（圖12、13）。

10 依序加入調味料拌炒均勻即可（圖14、15）。

11 將餡料平均分成12等份備用。

12 先做油皮麵皮。將材料a的中筋麵粉用濾網過篩。

13 將糖粉加入麵粉中混合均勻。

14 再加入液體植物油及水（圖16）。

15 用手搓揉攪拌5～6分鐘成為一個均勻柔軟的麵糰即可（圖17、18）。

16 盆子表面封上保鮮膜，醒置30～40分鐘（圖19）。

17 再做油酥麵皮。將材料b的低筋麵粉用濾網過篩。

18 將液體植物油加入低筋麵粉中，用手慢慢將油及麵粉搓揉成為一個均勻的麵糰，包上保鮮膜放冰箱備用。（不需要搓揉過久，避免麵粉出筋影響口感。）（圖20～22）。

C.組合

19 將醒置好的油皮麵皮平均分割成6個（每個60g），光滑面翻折出來滾成圓形。

20 油酥麵皮由冰箱取出，平均分割成6個（每個40g），將每一個小麵糰滾成圓形（圖23）。

21 油皮麵皮壓扁略擀開，光滑面朝下，包上一個油酥麵皮，收口捏緊（圖24～26）。

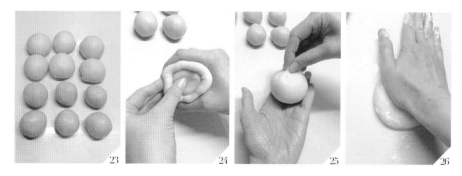

22 將包好的麵糰稍微壓一下擀成橢圓形薄片，光滑面在下，由短向捲起，收口朝下，蓋上保鮮膜，讓麵糰休息15分鐘（圖27～29）。

23 將休息好的麵糰擀成長形後翻面，由短向捲起，蓋上保鮮膜，讓麵糰休息15分鐘（圖30～34）。

24 用刀子從中間切下，成為兩個麵糰（圖35、36）。

25 麵糰切面朝下壓扁，擀成直徑約12cm的圓形薄片（圖37、38）。

26 切面朝外，事先準備好的蘿蔔籤餡料放在中間（圖39）。

27 利用虎口，將麵糰收口朝內，捏緊成為一個圓形（圖40～42）。

28 完成的麵糰間隔整齊放入烤盤中（圖43）。

29 放進已經預熱至170℃的烤箱中，烘烤25～27分鐘，至餅皮表面呈現一圈一圈明顯紋路即可（圖44）。

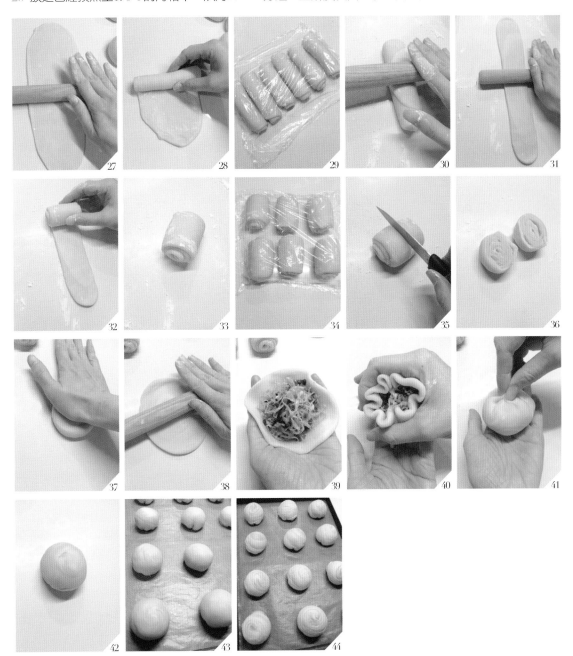

鮮肉酥餅

份量

約8個

材料

A.鮮肉餡

a.餡料
豬絞肉300g
青蔥60g

b.調味料
米酒1T
醬油1T
糖1t
麻油1t
鹽1/2t
白胡椒粉1/4t
（圖1）

B.蛋奶素酥皮

a.油皮麵皮（20g/個）
中筋麵粉120g
糖粉15g
無水奶油45g
水60cc
（圖2）

b.油酥麵皮（15/個）
低筋麵粉120g
無水奶油60g
（圖3）

C.表面裝飾

白芝麻2～3T
蛋白1個

國中時候是我最迷漫畫書的年紀，幾乎天天在家跟媽媽上演漫畫書大戰。每個星期不多的零用錢全部貢獻在漫畫上。我荒廢功課，下課就往書店跑，等著最新一期的漫畫到手。腦袋裡全部是《千面女郎》、《尼羅河女兒》、《怪醫秦博士》、《玉女英豪》。媽媽沒收，我就再偷買，房間床墊下，抽屜裡藏著到處都是，當時我真的讓她很頭痛。逼不得已，她到學校和導師商量，結論是越禁止我，我就越想看。所以她乾脆在客廳擺了一個書架，把我的漫畫書全放上去，然後告訴我她不禁止我偷看了，但是想看得在客廳看。說也奇怪，正大光明的看漫畫反而讓我失去了興趣，這場漫畫大戰也終告落幕。不過現在的我擁有一個藏書櫃，裡面收藏了我心愛的漫畫，累了的時候，窩在我的漫畫堆中就是一件無比幸福的事^^

從小中式的麵點就對我有著莫名的吸引力，不管甜的鹹的一定都不放棄。將新鮮的肉餡包入酥餅中，鹹香的滋味是下午茶點的新選擇！

做法

A.製作鮮肉餡

1　將絞肉再稍微剁細至有黏性產生（圖4）。

2　青蔥洗淨切末。

3　所有調味料加入絞肉中混合均勻（圖5～7）。

4　最後加入青蔥末混合均勻備用（圖8～10）。

B.製作蛋奶素酥皮

5　先做油皮麵皮。將材料a的中筋麵粉及糖粉用濾網過篩，放入盆中。

6　加入無水奶油，用手大致混合均勻。

7　將水倒入混合成團狀，用手掌根部反覆搓揉5～6分鐘成為一個均勻柔軟的麵糰即可（圖11～13）。

8　盆子表面罩上保鮮膜或擰乾的濕布，醒置40分鐘。

9　再做油酥麵皮。將材料b的低筋麵粉用濾網過篩。

10　無水奶油加入低筋麵粉中，用手慢慢將材料大致混合。

11　倒在桌上利用手掌根部快速將油及粉搓揉均勻，用刮板幫忙將黏在桌上的麵糰刮起成團即可。（不需要搓揉過久，避免麵粉出筋影響口感。）（圖14）

12　包覆保鮮膜放冰箱備用（圖15）。

C.組合

13　將醒置好的油皮麵皮平均分割成12等份，光滑面翻折出來滾成圓形。

14　油酥麵皮由冰箱取出，平均分割成12等份，將每一個小麵糰滾成圓形（圖16）。

15　油皮麵皮壓扁略擀開，光滑面朝下，包上一個油酥麵皮，收口捏緊滾圓（圖17〜19）。

16　將包好的麵糰稍微壓一下，擀成橢圓形薄片，光滑面在下，由短向捲起，收口朝下，蓋上保鮮膜，讓麵糰休息15分鐘（圖20、21）。

17　將休息好的麵糰擀成長形後翻面，由短向捲起，蓋上保鮮膜，讓麵糰休息15分鐘（圖22）。

18　完成的小麵糰就是蛋奶素酥皮麵糰。

19　完成的酥皮麵糰收口朝上，用大姆指從中間壓下，兩端往中間折起捏一下，將麵糰壓扁（圖23、24）。

20　將麵糰擀開成為約12cm的圓形薄片（圖25）。

21　事先準備好的鮮肉餡適量放在中間（圖26）。

22　邊緣麵皮一折一邊轉，將麵糰收口捏緊（圖27、28）。

23　麵糰放在兩手中間，前後搓揉整成為一個圓形（圖29）。

24　麵糰表面刷上一層蛋白液，沾上一層白芝麻（圖30、31）。

25　完成的麵糰間隔整齊放入烤盤中（圖32）。

26　放進已經預熱至180℃的烤箱中，烘烤25分鐘，至表面呈現金黃色即可（圖33）。

黑胡椒蔥肉酥餅

份量

約8個

材料

A.黑胡椒蔥肉餡200g

a.餡料
豬後腿肉300g
青蔥150g
（圖1）

b.調味料
醬油1.5T　米酒1.5T
鹽1/2t　細砂糖1T
麻油1T
粗粒黑胡椒粉1.5t
五香粉1/8t　白胡椒粉1/4t

B.純素發麵酥皮

a.發麵麵皮（40g/個）
中筋麵粉200g
速發乾酵母1/3t
細砂糖1t
液體植物油10g
水120cc

b.油酥麵皮（10g/個）
低筋麵粉60g
液體植物油20g

C.表面裝飾
白芝麻粒2～3T
蛋白1個

　　我是一個不喜歡改變的人，喜歡一定款式的衣服、鞋子，就不會再更改了。有時候還會一口氣多買幾件，就是怕以後買不到類似的樣式或顏色。頭髮也是許多年都沒有做很大的改變，不敢剪短，也不敢燙太捲。連買東西都只去習慣的店，沒有去過的餐廳也不想嘗試。之前的工作雖然不是很喜歡，但是因為自己這樣的個性而一待多年。我喜歡在自己覺得有安全感的地方，才不會手足無措。

　　每一次去公館散步，如果剛好遇到吃飯時間，一定會晃到「鳳城」吃一盤廣東炒麵或燴飯才回家。有時候也會想要不要找一家新鮮的餐廳試試看，可是往往一看到不熟悉的擺設或服務人員我就打退堂鼓了。我還是習慣多繞點路去「鳳城」點我喜歡的簡餐，看到熟悉的工作人員就讓我有一種放心的感覺。還好老公跟Leo都不是挑嘴的人，也都能配合我的習慣。這樣的我缺少了冒險的心，看到想吃的料理就自己在家嘗試做做看，只生活在自己小小的世界中。

👑

做法

A.製作黑胡椒蔥肉餡

1 豬後腿肉切0.5cm丁狀,青蔥洗淨後,瀝乾水分,切成小段備用。

2 豬肉丁加入所有調味料混合均勻,放冰箱冷藏醃漬一晚。

B.製作純素發麵酥皮

3 先做發麵麵皮。所有乾性材料放入鋼盆中,將水加入大致混合均勻(圖2)。

4 攪拌搓揉7～10分鐘成為一個不黏手的麵糰(圖3、4)。

5 麵糰滾圓,收口朝下捏緊放入盆中,表面噴灑些水,盆子上罩上擰乾的濕布發酵1～1.5小時至兩倍大(圖5)。

6 再做油酥麵皮。將材料b的低筋麵粉用濾網過篩。

7 將液體植物油加入低筋麵粉中,用手慢慢將油及麵粉搓揉成為一個均勻的麵糰,包上保鮮膜放冰箱備用。(不需要搓揉過久,避免麵粉出筋影響口感。)(圖6、7)

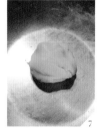

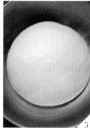

C.組合

8 將發酵完成好的發麵麵皮搓揉成長條,平均分割成8個,光滑面翻折出來滾成圓形(圖8、9)。

9 油酥麵皮由冰箱取出,平均分割成8個,將每一個小麵糰滾成圓形。

10 發麵麵皮壓扁略擀開,光滑面朝下,包上一個油酥麵皮,收口捏緊滾圓(圖10～13)。

11 將包好的麵糰稍微壓一下擀成橢圓形薄片，光滑面在下，由短向捲起，收口朝下，蓋上保鮮膜讓麵糰休息15分鐘（圖14～17）。

12 將休息好的麵糰擀成長形後翻面，由短向捲起，蓋上保鮮膜讓麵糰休息15分鐘（圖18～20）。

13 完成的酥皮麵糰收口朝上，用大姆指從中間壓下，兩端往中間折起捏一下，將麵糰壓扁（圖21～23）。

14 將麵糰擀開成為約12cm的圓形薄片（圖24）。

15 事先準備好的黑胡椒肉餡適量放在中間，再鋪上一層青蔥（圖25）。

16 利用虎口將麵糰收口朝內捏緊成為球狀（圖26）。

17 麵糰表面均勻塗刷上一層蛋白液，沾上一層白芝麻（圖27、28）。

18 完成的麵糰間隔整齊排放在烤盤中（圖29）。

19 放進已經預熱至180℃的烤箱中烘烤25～28分鐘至表面呈現金黃色即可（圖30）。

小叮嚀

若不喜歡太辣的口味，粗粒黑胡椒粉份量請依個人喜好調整。

牛舌餅

份量

約10個

材料

A.花生軟餡（35g/個）
糯米粉10g
水麥芽65g
糖粉100g
無鹽奶油30g
低筋麵粉110g
水30cc
花生粉20g
鹽1/8t
（圖1）

B.蛋奶素酥皮

a.油皮麵皮（40g/個）
中筋麵粉220g
糖粉30g
無水奶油50g
水115cc
（圖2）

b.油酥麵皮（20g/個）
低筋麵粉150g
無水奶油50g
（圖3）

　　潔兒想做的軟式牛舌餅，也是我學生時代的記憶。記得唸書的時候，公館及台北火車站附近都有賣現烤的軟式牛舌餅，剛出爐熱騰騰的吃一片很有滿足感。甜滋滋的花生軟餡讓人難忘。已經很多年都沒有再看到了，還真的是很想念。

　　記憶中的食物總是帶著一份美好，縱使已經吃不到，但是當時的回憶伴隨著食物的味道，勾起無限青春時光。

做法

A.製作花生軟餡

1 將糯米粉放入已經預熱到150℃的烤箱中，烘烤6～7分鐘取出放涼。

2 將水麥芽倒入糖粉中，用手慢慢捏合成團（圖4）。

3 加入無鹽奶油混合均勻（圖5、6）。

4 再將糯米粉、低筋麵粉及水加入捏合均勻。

5 最後加入花生粉及鹽，混合均勻即可（圖7、8）。

6 完成後，先放冰箱冷藏備用。

7 包入內餡前，將花生軟餡從冰箱取出，分成10份，然後搓圓（圖9）。

B.製作蛋奶素酥皮

8 先做油皮麵皮。將材料a的中筋麵粉及糖粉用濾網過篩放入盆中。

9 加入無水奶油，用手大致混合均勻。

10 將水倒入混合成團狀，用手掌根部反覆搓揉5～6分鐘成為一個均勻柔軟的麵糰即可（圖10、11）。

11 盆子表面罩上保鮮膜或擰乾的濕布，醒置40分鐘（圖12）。

12 再做油酥麵皮。先將材料b的低筋麵粉用濾網過篩。

13 無水奶油加入低筋麵粉中，用手慢慢將材料大致混合（圖13）。

14 倒在桌上，利用手掌根部，快速將油及粉搓揉均勻，用刮板幫忙將黏在桌上的麵糰刮起成團即可。（不需要搓揉過久，避免麵粉出筋影響口感。）（圖14）

15 包覆保鮮膜放冰箱備用。

小叮嚀

水麥芽拿取時，可用手沾水直接捏取，或用大湯匙慢慢挖取，秤重時再將湯匙重量扣除。

C.組合

16 將醒置好的油皮麵皮平均分割成10等份，光滑面翻折出來滾成圓形。

17 油酥麵皮由冰箱取出，平均分割成10等份，將每一個小麵糰滾成圓形（圖15）。

18 油皮麵皮壓扁略擀開，光滑面朝下，包上一個油酥麵皮，收口捏緊滾圓（圖16、17）。

19 將包好的麵糰稍微壓一下，擀成橢圓形薄片，光滑面在下，由短向捲起，收口朝下，蓋上保鮮膜，讓麵糰休息15分鐘（圖18）。

20 將休息好的麵糰擀成長形後翻面，由短向捲起，蓋上保鮮膜，讓麵糰休息15分鐘（圖19）。

21 完成的小麵糰就是蛋奶素酥皮麵糰。

22 休息完成的酥皮麵糰收口朝上，用大姆指從中間壓下，兩端往中間折起捏一下，將麵糰壓扁（圖20、21）。

23 將麵糰擀成直徑約12cm的圓形薄片，光滑面在外，中間放上花生軟餡（圖22、23）。

24 利用虎口將麵糰收口朝內捏緊，成為一個圓形即可（圖24）。

25 完成的麵糰收口朝下，用手壓扁，用擀麵棍擀開成為橢圓形薄片（圖25、26）。

26 將牛舌餅收口朝下間隔整齊排放在烤盤上（圖27）。

27 放進已經預熱至180℃的烤箱中，烘烤10分鐘，然後翻面在牛舌餅上壓一個鐵盤，再烤8～10分鐘即可（圖28、29）。

烏豆沙蛋黃酥

份量

約10個

材料

A.烏豆沙蛋黃餡
鹹蛋黃10個
米酒1T
烏豆沙300g

B.蛋奶素酥皮
a.油皮麵皮（20g/個）
中筋麵粉100g
糖粉15g
無水奶油35g
水50cc
（圖1）

b.油酥麵皮（15g/個）
低筋麵粉100g
無水奶油50g
（圖2）

C.表面裝飾
黑芝麻粒少許
全蛋液少許

記得我唸書的時候，最好的同學D的媽媽每到中秋節就會自己烘烤一些蛋黃酥送親朋好友。自己家手做的點心是最佳的伴手禮，吃在嘴裡，甜在心裡，比買的更能夠表達真誠的心意。

現在的我也喜歡自己手作一些點心送給家人朋友，每一次看到大家開心的臉龐，就是我一直持續的動力。中秋節快到了，別忘了動手做一些好吃的蛋黃酥，讓好朋友感受到你的祝福！

小叮嚀

自製烏豆沙請參考393頁。

做法

A.製作烏豆沙蛋黃餡

1　鹹蛋黃放在烤盤上,將表面均勻地噴上米酒(圖3)。

2　放到已經預熱到160℃的烤箱中,烘烤10分鐘,取出放涼備用。

3　豆沙餡平均分成10個(每個30g),捏成球形(圖4)。

4　將豆沙餡放在手心中壓成一個碗狀,再放入鹹蛋黃,包成圓形備用(圖5~11)。

B.製作蛋奶素酥皮

5　先做油皮麵皮。將材料a的中筋麵粉及糖粉用濾網過篩放入盆中。

6　加入無水奶油,用手大致混合均勻(圖12)。

7　將水倒入混合成團狀,用手掌根部反覆搓揉5~6分鐘成為一個均勻柔軟的麵糰即可(圖13)。

8　盆子表面罩上保鮮膜或擰乾的濕布,醒置40分鐘(圖14)。

9　再做油酥麵皮。將材料b的低筋麵粉用濾網過篩。

10　無水奶油加入低筋麵粉中,用手慢慢將材料大致混合(圖15)。

11　倒在桌上利用手掌根部快速將油及粉搓揉均勻,用刮板幫忙將黏在桌上的麵糰刮起成團即可。(不需要搓揉過久,避免麵粉出筋影響口感。)(圖16、17)

12　包覆保鮮膜放冰箱備用。

C.組合

13 將醒置好的油皮麵皮平均分割成10等份（每個20g），光滑面翻折出來滾成圓形（圖18）。

14 油酥麵皮由冰箱取出，平均分割成10等份（每個15g），將每一個小麵糰滾成圓形（圖18）。

15 油皮麵皮壓扁略擀開，光滑面朝下，包上一個油酥麵皮，收口捏緊（圖19～21）。

16 將包好的麵糰稍微壓一下擀成橢圓形薄片，光滑面在下，由短向捲起，收口朝下，蓋上保鮮膜讓麵糰休息15分鐘（圖22）。

17 將休息好的麵糰擀成長形後翻面，由短向捲起，蓋上保鮮膜讓麵糰休息15分鐘（圖23、24）。

18 完成的酥皮麵糰收口朝上，用大姆指從中間壓下，兩端往中間折起捏一下，將麵糰壓扁（圖25、26）。

19 將麵糰擀開成為約12cm的圓形薄片（圖27）。

20 事先準備好的烏豆沙蛋黃餡放在中間（圖28）。

21 利用虎口將麵糰收口朝內捏緊（圖29、30）。

22 麵糰放在兩手中間前後搓揉整成為一個圓形（圖31）。

23 麵糰表面刷上兩次全蛋液，灑上一些黑芝麻（圖32、33）。

24 完成的麵糰間隔整齊放入烤盤中（圖34）。

25 放進已經預熱至170℃的烤箱中烘烤18～20分鐘至表面呈現金黃色即可（圖35）。

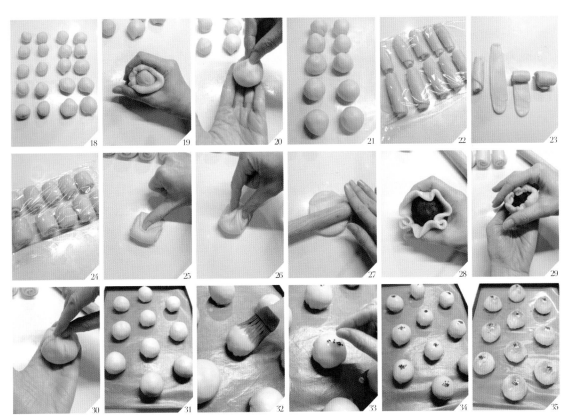

棗泥
酥餅

份量

約12個

材料

A.棗泥餡（25g/個）
紅棗100g
黑棗200g
細砂糖140g
麥芽糖35g
液體植物油60g
（圖1）

B.純素酥皮

a.油皮麵皮（15g/個）
中筋麵粉90g
糖粉20g
液體植物油25g
水50cc

b.油酥麵皮（10g/個）
低筋麵粉90g
液體植物油30g

1

在網路上寫部落格這麼多年，我幸運的遇到都是友善的朋友。網路的世界臥虎藏龍，但許多各種專業領域的人卻都聚集在我的小天地中。我何其有幸可以跟大家認識，也從大家的分享中獲得更多更多。拿鍋鏟或做點心純粹是興趣，格子中的料理及烘焙只是因為喜歡分享才開始記錄，每一樣成品是依照家人口味或自己一些天馬行空的想法而衍生。

我一直相信，只要快樂的做，料理或烘焙都是一件開心的事，這也就是我的部落格最想傳達的訊息。歡迎大家來這裡，除了可增加一些廚房烹調的靈感，也請帶著一顆無壓力的心加入我平凡的生活。

自己熬製的純棗泥餡好可口，自然的酸與果香是市售成品遠遠比不上的。雖然忙碌了一早上就為了這個酥餅，但是入口一定值得！

𑇛
做法

A.製作棗泥餡

1　紅棗及黑棗清洗乾淨，加入水（水量剛好淹沒棗子即可）（圖2、3）。

2　放入電鍋中，外鍋放1杯水，蒸煮一次（圖4、5）。

3　將蒸好的棗子取出，瀝乾水分。

4　直接用手將棗皮剝去，然後去籽（圖6、7）。

5　剝好的棗泥約350g，用濾網過篩即可（或用刀盡量剁碎）（圖8、9）。

6　棗泥倒入炒鍋中，加入細砂糖混合均勻，以小火炒2～3分鐘（圖10）。

7　加入麥芽糖至麥芽糖融化，然後混合均勻（圖11、12）。

8　加入液體植物油，以小火不停拌炒至可以成團即可（圖13）。

9　棗泥餡放涼之後，雙手沾一些液體植物油（圖14）。

10　棗泥餡取300g，分成12個（每個25g），在手心中滾圓備用（圖15～17）。

B.製作純素酥皮

11　先做油皮麵皮。將材料a的中筋麵粉用濾網過篩。

12　將糖粉加入麵粉中混合均勻。

13　將液體植物油及水加入（圖18）。

14　用手搓揉攪拌5～6分鐘成為一個均勻柔軟的麵糰即可（圖19～21）。

15　盆子表面封上保鮮膜，醒置30～40分鐘。

16 再做油酥麵皮。將材料b的低筋麵粉用濾網過篩。

17 將液體植物油加入低筋麵粉中,用手慢慢將油及麵粉搓揉成為一個均勻的麵糰,包上保鮮膜放冰箱備用。(不需要搓揉過久,避免麵粉出筋影響口感。)(圖22~24)

C.組合

18 將醒置好的油皮麵皮平均分割成12個(每個15g),光滑面翻折出來滾成圓形。

19 油酥麵皮由冰箱取出,平均分割成12個(每個10g),將每一個小麵糰滾成圓形(圖25)。

20 油皮麵皮壓扁略擀開,光滑面朝下,包上一個油酥麵皮,收口捏緊滾圓(圖26~28)。

21 將包好的麵糰稍微壓一下擀成橢圓形薄片,光滑面在下,由短向捲起,收口朝下,蓋上保鮮膜讓麵糰休息15分鐘(圖29、30)。

22 將休息好的麵糰擀成長形後翻面,由短向捲起,蓋上保鮮膜,讓麵糰休息15分鐘(圖31)。

23 完成的酥皮麵糰收口朝上,用大姆指從中間壓下,兩端往中間折起捏一下,將麵糰壓扁(圖32、33)。

24 將麵糰擀開成為約10cm的圓形薄片(圖34)。

25 事先準備好的棗泥餡放在中間(圖35)。

26 利用虎口將麵糰收口朝內捏緊(圖36~38)。

27 用手直接將麵糰壓扁(圖39)。

28 完成的麵糰間隔整齊放入烤盤中(圖40)。

29 放進已經預熱至170℃的烤箱中,烘烤12分鐘。(圖41)

30 取出翻面,再繼續烘烤10~12分鐘,至兩面呈現金黃色即可。(圖42)

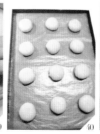

芋黃酥

份量

約10個

材料

A.芋頭內餡（35g/個）

芋頭350g

黃砂糖80g

無鹽奶油20g

米酒少許

鹹蛋黃5個

B.蛋奶素酥皮

a.油皮麵皮（25g/個）

中筋麵粉125g

糖粉20g

無鹽奶油45g

水60cc

（圖1）

b.油酥麵皮（20g/個）

低筋麵粉135g

無鹽奶油65g

濃縮蔓越莓液1/2T

（圖2）

　　因為家裡的貓漸漸增加，所以這幾年我們放棄了喜歡的旅遊。我和老公不能安排任何需要過夜的行程，稍微晚一點回家心裡都會掛念著。不過我不以為意，我們自有一套方式排遣，因為台北縣市還是有許多有趣又好玩的地方。

　　老公的工作自由，所以我們常會安排非假日的時間，選定台北市或新北市一處地方做為我們的旅遊地點。事先在家把路線規畫好，帶著旅遊的心情做一日遊。

　　昨天就是我們到城中市場、西門町挖寶的日子。天氣涼爽微微有著薄薄的陽光，好適合出遊。只要穿著球鞋、牛仔褲的我，就會有在國外度假的好心情。中午，先去西門町獅子林後面吃一碗「謝謝魷魚羹」，這可是我學生時候與同學最喜歡報到的地方。這麼多年，味道都沒變，吃完魷魚羹再晃到「成都楊桃冰」喝一杯楊桃湯，好滿足！

　　我們延著寶慶路一路散步，看到雪王冰淇淋、世運麵包，恨不得自己有兩個胃。城中市場是婆婆媽媽購物的好地方，窄小的街道中寶貝真是不少。拉著老公的大手在巷子中穿梭，這就是我最開心的時候。

　　不管做什麼，只要與你在一起，對我來說就是幸福！^^

　　芋頭酥中包覆了鹹蛋黃，帶點鹹的滋味多吃也不覺得膩。

做法

A.製作芋頭內餡

1 芋頭整顆放蒸籠蒸10分鐘，放涼去皮，取350g切成塊狀或片狀。

2 再用大火蒸20分鐘，蒸到用筷子可以輕易戳入的程度就可以，趁熱用叉子壓成細緻的泥狀（圖3）。

3 再依序將所有材料加入拌合均勻即可（圖4～6）。

4 鹹蛋黃表面噴一點米酒，放入已經預熱到160℃的烤箱中，烘烤10分鐘取出放涼（圖7）。

5 芋泥餡取350g，平均分成10等份捏成圓形。蛋黃切成兩半（圖8）。

6 芋泥餡在手心中壓成一個碗狀，放入鹹蛋黃包成圓形備用（圖9～12）。

B.製作蛋奶素酥皮

7 先做油皮麵皮。將材料a的中筋麵粉用濾網過篩。

8 將糖粉加入麵粉中混合均勻。

9 將無鹽奶油及水加入（圖13）。

10 用手搓揉攪拌5～6分鐘成為一個均勻柔軟的麵糰即可（圖14、15）。

11 盆子表面封上保鮮膜，醒置30～40分鐘（圖16）。

12 再做油酥麵皮。將材料b的低筋麵粉用濾網過篩。

13 無鹽奶油及濃縮蔓越莓液加入低筋麵粉中，用手慢慢將材料大致混合（圖17、18）。

14 倒在桌上，利用手掌根部快速將油及粉搓揉均勻，用刮板幫忙將黏在桌上的麵糰刮起成團即可。（不需要搓揉過久，避免麵粉出筋影響口感。）（圖19）

15 包覆保鮮膜放冰箱備用。

C.組合

16 將醒置好的油皮麵皮平均分割成5個（每個50g），光滑面翻折出來滾成圓形。

17 油酥麵皮由冰箱取出，平均分割成5個（每個40g），將每一個小麵糰滾成圓形（圖20）。

18 油皮麵皮壓扁略擀開，光滑面朝下，包上一個油酥麵皮，收口捏緊（圖21～24）。

19 將包好的麵糰稍微壓一下擀成橢圓形薄片，光滑面在下，由短向捲起，收口朝下，蓋上保鮮膜讓麵糰休息15分鐘（圖25～29）。

20 將休息好的麵糰擀成長形後翻面，由短向捲起，蓋上保鮮膜，讓麵糰休息15分鐘（圖30～32）。

21 用刀子從中間切下，成為兩個麵糰（圖33、34）。

22 麵糰切面朝下壓扁，擀成直徑約12cm的圓形薄片（圖35、36）。

23 切面朝外，事先準備好的芋頭餡料放在中間（圖37）。

24 利用虎口將麵糰收口朝內捏緊成為一個圓形（圖38～40）。

25 完成的麵糰間隔整齊放入烤盤中（圖41）。

26 放進已經預熱至170℃的烤箱中，烘烤25～27分鐘，至餅皮表面呈現一圈一圈明顯紋路即可（圖42）。

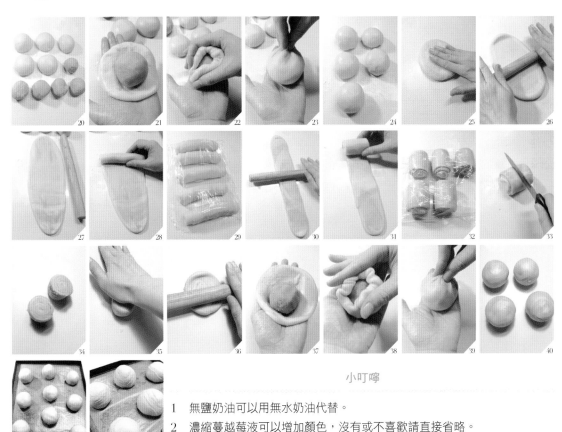

小叮嚀

1 無鹽奶油可以用無水奶油代替。

2 濃縮蔓越莓液可以增加顏色，沒有或不喜歡請直接省略。

3 不喜歡鹹蛋黃可以直接省略，芋頭餡增加至40g。

菊花酥

份量

約10個

材料

A.豆沙內餡200g（20g/個）
B.純素酥皮
a.油皮麵皮（15g/個）
中筋麵粉80g
糖粉10g
液體植物油20g
水40cc
（圖1）

b.油酥麵皮（10g/個）
低筋麵粉75g
液體植物油25g
（圖2）

C.表面裝飾
草莓果醬少許
全蛋液少許

小叮嚀

豆沙餡也可以使用棗泥餡。

親愛的M：

　　腦海中一直思索「幸福」這兩個字的定義：有錢會幸福，找到真愛會幸福，吃到美食會幸福，環遊世界會幸福。

　　在我心裡，妳跟K先生這樣的愛是幸福，我有幸分享了妳們快樂的時光，在一篇篇的文字中看到了妳們彼此的全心奉獻，化成動人的詩章。幸福不在於相處時間的長短，而在於心中彼此的那份深刻的牽絆，直到生生世世。這一生殷殷盼盼，就是為了兩人能夠相守一生。愛不會停止，你們共同營造出來的這片美麗的花園，會永遠在心中萌芽茁壯成蔭……

　　親愛的M，有了妳的參與，K先生的人生是如此精采豐饒。我的思念與祝福會飄洋過海為你們祈求平安！

　　造型可愛的菊花酥做法其實好簡單，但是做出來的成品卻好有成就感。能夠守護家人，用料理滿足家人，就是最大的幸福！

1　將豆沙內餡平均分切為10等份，滾成球狀備用。

2　先做油皮麵皮。將材料a的中筋麵粉用濾網過篩。

3　將糖粉加入麵粉中混合均勻。

4　加入液體植物油及水（圖3、4）。

5　用手搓揉攪拌5～6分鐘成為一個均勻柔軟的麵糰即可（圖5、6）。

6　盆子表面封上保鮮膜，醒置30～40分鐘（圖7）。

7　再做油酥麵皮。將材料b的低筋麵粉用濾網過篩。

8　將液體植物油加入低筋麵粉中，用手慢慢將油及麵粉搓揉成為一個均勻的麵糰，包上保鮮膜，放冰
　　箱備用。（不需要搓揉過久，避免麵粉出筋影響口感。）（圖8～10）

9　將做法6醒置好的油皮麵皮平均分割成10個，光滑面翻折出來滾成圓形（圖11）。

10　將做法8的油酥麵皮由冰箱取出，平均分割成10個，將每一個小麵糰滾成圓形（圖12）。

11　油皮麵皮壓扁略擀開，光滑面朝下，包上一個油酥麵皮，收口捏緊（圖13～15）。

12　將包好的麵糰稍微壓一下擀成橢圓形薄片，光滑面在下，由短向捲起，收口朝下，蓋上保鮮膜，讓
　　麵糰休息15分鐘（圖16、17）。

13 將休息好的麵糰擀成長形後翻面，由短向捲起，蓋上保鮮膜，讓麵糰休息15分鐘（圖18～20）。

14 完成的酥皮麵糰收口朝上，用大姆指從中間壓下，兩端往中間折起捏一下，將麵糰壓扁（圖21～23）。

15 將麵糰擀開成為約10cm的圓形薄片（圖24）。

16 事先準備好的豆沙餡料放在中間（圖25）。

17 利用虎口，將麵糰收口朝內捏緊成為球狀（圖26～28）。

18 將麵糰壓扁，用剪刀在麵糰周圍，依照自己喜好均勻剪出8個或12個缺口（圖29、30）。

19 將缺口朝同一方向翻折出來成為花形（圖31～33）。

20 完成的麵糰間或整齊排放在烤盤中（圖34）。

21 麵糰上方刷上一層全蛋液，中央放上些許草莓果醬做為裝飾（圖35、36）。

22 放進已經預熱至180℃的烤箱中，烘烤16～18分鐘，至表面呈現金黃色即可（圖37）。

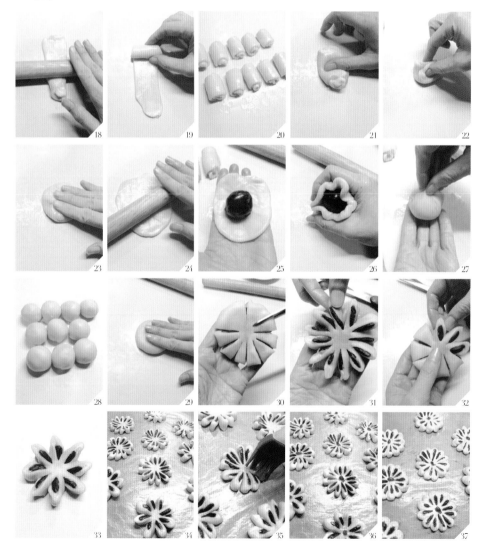

太陽餅

薄如蟬翼的外皮，甜滋滋的糖心內餡，這是到台中一定要買的特產：太陽餅。有些東西要不停的創新口味才能吸引客人，但有些東西千萬不能改變，就是要保留那傳統的味道。好吃的太陽餅，外皮酥得一碰就碎，糖心甜卻不膩口，這種滋味吃過一次就不會忘記。

1　　　　2　　　　3

份量

約10個

材料

A.奶油糖心餡（24g/個）

無鹽奶油40g

麥芽糖35g

糖粉110g

低筋麵粉60g

鹽1/8t

（圖1）

B.葷酥皮

a.油皮麵皮（20g/個）

中筋麵粉105g

糖粉10g

豬油25g

液體植物油15g

水45cc

（圖2）

b.油酥麵皮（15g/個）

低筋麵粉100g

豬油50g

（圖3）

做法

A.製作奶油糖心餡

| 無鹽奶油回復室溫。低筋麵粉用濾網過篩。

2 所有材料放入盆中,用手慢慢搓揉混合均勻成團狀(圖4～7)。

3 用保鮮膜包裹起來,捏成柱狀,放冰箱冷藏30～40分鐘冰硬。

4 包之前10分鐘從冰箱取出,平均分切為10等份,滾成球狀。

  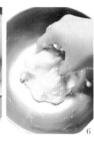 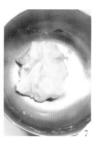 

B.製作葷酥皮

5 先做油皮麵皮。將材料a的中筋麵粉用濾網過篩。

6 將糖粉加入麵粉中混合均勻。

7 將豬油、液體植物油及水加入(圖8)。

8 用手搓揉攪拌5～6分鐘成為一個均勻柔軟的麵糰即可(圖9、10)。

9 盆子表面封上保鮮膜,醒置30～40分鐘(圖11)。

10 再做油酥麵皮。將材料b的低筋麵粉用濾網過篩。

11 將豬油加入低筋麵粉中,用手慢慢將油及麵粉搓揉成為一個均勻的麵糰,包上保鮮膜放冰箱備用。
(不需要搓揉過久,避免麵粉出筋影響口感。)(圖12、13)

C.組合

12 將醒置好的油皮麵皮平均分割成10個,光滑面翻折出來滾成圓形(圖14)。

13 油酥麵皮由冰箱取出,平均分割成10個,將每一個小麵糰滾成圓形(圖15、16)。

14 油皮麵皮壓扁略擀開，光滑面朝下，包上一個油酥麵皮，收口捏緊（圖17）。

15 將包好的麵糰稍微壓一下擀成橢圓形薄片，光滑面在下，由短向捲起，收口朝下，蓋上保鮮膜，讓麵糰休息15分鐘（圖18～20）。

16 將休息好的麵糰擀成長形後翻面，由短向捲起，蓋上保鮮膜，讓麵糰休息15分鐘（圖21、22）。

17 完成的酥皮麵糰收口朝上，用大姆指從中間壓下，兩端往中間折起捏一下，將麵糰壓扁（圖23～25）。

18 將麵糰擀開成為約10cm圓形的薄片（圖26）。

19 事先準備好的奶油糖心餡料放在中間（圖27）。

20 利用虎口，將麵糰收口朝內捏緊（圖28、29）。

21 麵糰放在兩手中間前後搓揉整成為一個圓形（圖30）。

22 用手將小麵糰壓扁，再使用擀麵棍擀開成為直徑約10cm的圓形薄片（圖31、32）。

23 完成的麵糰間隔整齊放入烤盤中（圖33）。

24 放進已經預熱至160℃的烤箱中，烘烤20分鐘即可（圖34）。

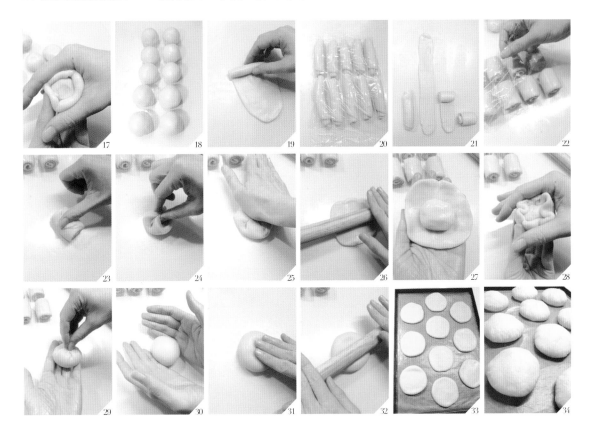

小叮嚀

豬油也可以使用無鹽奶油或無水奶油取代。

鮑魚酥

份量

約12個

材料

A.南乳餡（20g/個）
無鹽奶油30g
低筋麵粉100g
糖粉60g
紅豆腐乳（南乳）30g
全蛋液20g
鹽1/2t
（圖1）

B.純素酥皮
a.油皮麵皮（20g/個）
中筋麵粉120g
糖粉24g
液體植物油30g
水66cc
（圖2）
b.油酥麵皮（15g/個）
低筋麵粉135g
液體植物油45g
（圖3）

C.表面裝飾
白芝麻粒1～2大匙
全蛋液少許

　　老公難得有空閒，中午約了一塊去吃港式飲茶，好開心。看著一籠一籠的精緻點心，平時吃不多的我胃口也變好。能夠跟心愛的人在一起，不管做什麼都很快樂。

　　回想起我們剛結婚時，兩個人沒有太多經濟壓力，常常在外面打牙祭，犒賞平時辛勞工作的自己。Leo出生後，開始會計畫比較長遠的未來，教育費、養老金，樣樣都要精打細算，加上當時我們兩人的公司先後出現薪水不穩定的情形，讓我們驚覺錢要好好規畫，生活也不可以浪費奢侈。

　　這麼多年來，兩個人一直朝向同一目標前進，總算可以稍稍喘口氣，努力過後的果實特別甜美，夫妻除了互相體諒，也必須有相守一生的決心。

　　鮑魚酥其實沒有鮑魚，只是因為其形狀來命名，這是澳門的一款甜點，其中添加了紅豆腐乳風味特殊。沖一壺鐵觀音，享受一下中式下午茶時光！

做法

A.製作南乳餡

1. 無鹽奶油回復室溫，切成小塊（圖4）。
2. 低筋麵粉用濾網過篩（圖5）。
3. 奶油加上糖粉，用打蛋器攪拌均勻成為乳霜狀（圖6、7）。
4. 加入紅豆腐乳混合均勻（圖8、9）。
5. 全蛋液分3次加入，每一次都必須攪拌均勻才能加下一次（圖10）。
6. 過篩的低筋麵粉分兩次加入，使用刮刀與鋼盆底部按壓摩擦的方式混合成團狀（圖11～13）。
7. 用保鮮膜包裹起來，捏成柱狀，放冰箱冷藏30～40分鐘冰硬（圖14）。
8. 包之前10分鐘從冰箱取出，平均分切為12等份（每個20g），滾成球狀（圖15、16）。

9　先做油皮麵皮。將材料a的中筋麵粉用濾網過篩。

10　將糖粉加入麵粉中混合均勻。

11　加入液體植物油及水（圖17）。

12　用手搓揉攪拌5～6分鐘成為一個均勻柔軟的麵糰即可（圖18）。

13　盆子表面封上保鮮膜，醒置30～40分鐘（圖19）。

14　再做油酥麵皮。將材料b的低筋麵粉用濾網過篩。

15　將液體植物油加入低筋麵粉中，用手慢慢將油及麵粉搓揉成為一個均勻的麵糰，包上保鮮膜放冰箱備用。（不需要搓揉過久，避免麵粉出筋影響口感）。（圖20～22）

C.組合

16　將醒置好的油皮麵皮平均分割成12個，光滑面翻折出來滾成圓形（圖23）。

17　油酥麵皮由冰箱取出，平均分割成12個，將每一個小麵糰滾成圓形（圖24）。

18　油皮麵皮壓扁略擀開，光滑面朝下，包上一個油酥麵皮，收口捏緊（圖25～28）。

19　將包好的麵糰稍微壓一下擀成橢圓形薄片，光滑面在下，由短向捲起，收口朝下，蓋上保鮮膜讓麵糰休息15分鐘（圖29、30）。

20　將休息好的麵糰擀成長形後翻面，由短向捲起，蓋上保鮮膜，讓麵糰休息15分鐘（圖31、32）。

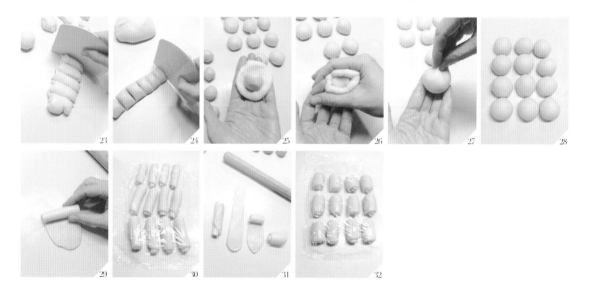

21 完成的酥皮麵糰收口朝上，用大姆指從中間壓下，兩端往中間折起捏一下，將麵糰壓扁（圖33～35）。

22 將麵糰擀開成為約12cm的圓形薄片（圖36）。

23 事先準備好的南乳餡料放在中間（圖37）。

24 利用虎口，將麵糰收口朝內捏緊（圖38～40）。

25 再度將麵糰壓扁擀開為橢圓形，光滑面在下，由短向捲起成為柱狀（圖41～44）。

26 柱狀麵糰收口處朝內對折（圖45）。

27 用刀從麵糰中央切出一道開口，保留1/4不要切斷（圖46）。

28 將切開的麵糰翻開，再使用擀麵棍稍微擀開（圖47～50）。

29 完成的麵糰間隔整齊放入烤盤中。

30 麵糰上方刷上一層全蛋液，表面平均灑上一些白芝麻（圖51）。

31 放進已經預熱至180℃的烤箱中，烘烤18～20分鐘，至表面呈現金黃色，然後將烤箱溫度調整為120℃，再烘烤15分鐘，悶到冷卻酥脆即可（圖52、53）。

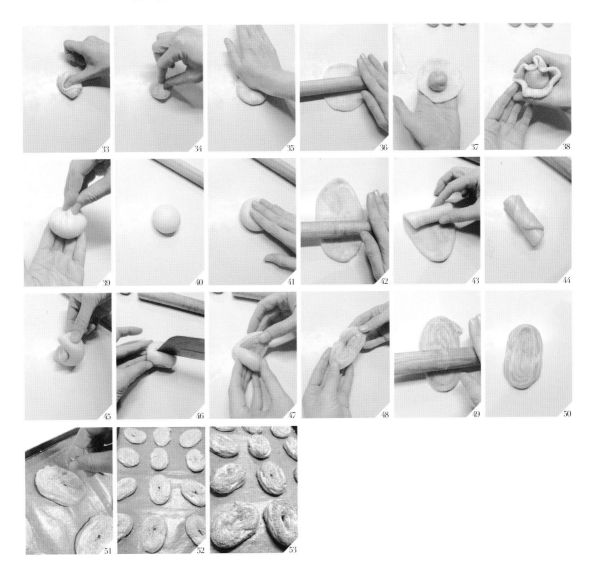

PART 7

糕 皮 類

糕皮是以大量的糖及油脂為主要外皮材料，
成品濕潤且柔軟，內餡再包入各式各樣甜餡烘烤完成的點心。
此類點心有廣式月餅及台灣熱門伴手禮鳳梨酥等。
這些成品的特色都是皮薄餡豐，
完成之後放置1～2天回油味道會更可口。

洛神
鳳梨酥

份量

約12個

材料

A.自製鳳梨酥模
厚紙板
鋁箔紙

B.洛神鳳梨醬（20g/個）
糯米粉35g
乾燥洛神花20g
新鮮鳳梨350g
細砂糖100g
麥芽糖1T
無鹽奶油50g
（圖1）

C.外皮（35g/個）
無鹽奶油60g
無水奶油60g
糖粉25g
全蛋1個＋蛋黃1個
帕梅森起司粉15g
全脂奶粉20g
低筋麵粉180g
玉米粉20g
（圖2）

　　從小我就喜歡貓，一直迷戀著貓咪的慵懶及獨立個性。結婚之後，貓咪也變成家中不可缺少的一份子。生活中時時刻刻都有這些寶貝們的參與，給我無私的愛。老公原本是愛狗一族，因為我也被貓咪吸引而成了貓痴。感謝有他的幫忙照顧，後腳癱瘓的「叮叮」才能夠正常的生活。

　　很多朋友一聽到我有九隻貓，都會瞪大眼睛不敢相信。其實從一隻貓到九隻貓的過程，我自己也覺得有些不可思議。年紀最大的斑斑、調皮的小胖、活潑的小必、安靜的小可、眼睛有缺陷的單單與雙雙姐妹、貼心的小布、後腿不能站的叮叮、膽小的小哲；牠們各有不同原因，從不同的地方來到這個家，九隻貓給我九種完全不同的愛，牠們是我最甜蜜的家人。

　　洛神＋鳳梨做的鳳梨酥，不只顏色美麗，味道也是一極棒。沒有烤模也沒關係，用紙板自己就可以做個簡單的鳳梨酥模。手作點心就是這麼快樂，小小廚房就是我的宇宙！

準備工作

1 將厚紙板裁剪成21cm×2.25cm的長條（圖3）。
2 將錫箔紙裁剪成長條紙板的兩倍大，尾端保留1cm的長度重疊訂合用，將紙板完全包覆起來（圖4、5）。
3 包好錫箔紙的紙板直接彎折成圓形或方形（圖6）。
4 接合處用釘書機釘牢即可（圖7）。

做法

A.製作洛神鳳梨醬

1 糯米粉平鋪到鐵盤中，放入已經預熱到160℃的烤箱中，烘烤10～12分鐘取出，放涼備用。（中間用湯匙將糯米粉翻一下，以利烘烤平均）。（圖8）
2 洛神花浸泡適量熱水6～7分鐘軟化切碎，湯汁不要（圖9）。
3 鳳梨用刀切碎，連湯汁與切碎的洛神花放入鍋中（圖10～12）。
4 加入細砂糖，以小火慢慢熬煮8～10分鐘（圖13）。
5 接著加入麥芽糖，以小火熬煮至變濃稠（圖14、15）。
6 再將無鹽奶油加入拌炒均勻，繼續小火熬煮到冒大泡泡（圖16、17）。

18　　19　　　　　　20

7　最後將烤熟的糯米粉，分2～3次加慢慢加入拌勻至濃稠即可。取一小團，稍微放涼，用手捏捏看，如果不太黏手的程度就是好了，即使還有剩下的熟糯米粉也不需要再加了（圖18、19）。

8　完全涼透後，放入冰箱冷藏保存（圖20）。

B.製作外皮

9　低筋麵粉與玉米粉用濾網過篩。

10　無鹽奶油及無水奶油回溫，放入盆中，切成小塊，用打蛋器攪打成乳霜狀。（圖21～23）。

11　加入糖粉攪打均勻至泛白的程度。（圖24）

12　將蛋液分4～5次加入攪拌均勻，每一次都要確實攪拌均勻才加下一次，避免油脂分離。（圖25）

13　依序加入帕梅森起司粉及全脂奶粉攪拌均勻。（圖26）

14　最後將過篩的粉類分兩次加入，利用刮刀與盆底按壓摩擦的方式混合均勻，（不要搓揉攪拌，避免出筋口感才會酥鬆。）（圖27、28）。

15　完成的麵糰用保鮮膜包覆起來，放入冰箱冷藏30分鐘（圖29、30）。

21　　22　　23　　24　　25

26　　27　　28　　29　　30

16 冰硬的麵糰分切成12等份，在手心中滾圓（每個約35g），洛神鳳梨醬分成12個（每個約20g）（圖
   31、32）。

17 外皮麵糰在手心中壓成大圓片，將內餡包入，收口捏緊滾圓（圖33～37）。

18 放入模具中，用手按壓麵糰至整個滿模（圖38、39）。

19 烤模間隔整齊放入烤盤中，放入已經預熱到170℃的烤箱中，烘烤10～12分鐘，翻面再烤10分鐘，
   至表面呈現均勻的金黃色即可（圖40、41）。

20 從模具中取出，移至鐵網架上放涼（圖42）。

小叮嚀

1 果醬太黏手可以適量沾些玉米粉幫助操
  作。

2 也可以到烘焙材料行購買糕粉代替烤熟
  糯米粉。

3 玉米粉也可以用低筋麵粉代替。

棗泥核桃酥

份量

約10個

材料

A.棗泥核桃餡（20g/個）
核桃30g
市售棗泥豆沙餡170g
（圖1）

B.酥皮（35g/個）
低筋麵粉160g
玉米粉20g
無鹽奶油35g
無水奶油35g
糖粉15g
全蛋1個＋蛋黃1個
帕梅森起司粉10g
全脂奶粉10g
（圖2）

小叮嚀

棗泥可以自製，請參考313頁。

單純的主婦生活是非常忙碌的，除了料理三餐，照顧小孩，還要打點家中的清潔及採買，一早起來就像個陀螺轉個不停。以前的我以為主婦生活很輕鬆，其實真的要做好也不是很簡單。辭掉工作後，因為少了工作壓力，有更多時間關心Leo的生活起居。對老公來說，我把家照顧得更好，他就更能專心做自己的事，我們也多了很多相處的時間。

家庭主婦往往得不到太多重視，但實際上，主婦每天要處理的事，很瑣碎也非常辛苦，勞心勞力的程度不輸上班族。我希望不管家人或朋友，都能給身邊的主婦朋友多一點掌聲及鼓勵。

棗泥加上核桃，口味再合適不過，養身又可口。換一種餡料，讓心情也跟著轉變！

A.製作棗泥核桃餡

1　核桃放入已經預熱至150℃的烤箱中，烘烤7～8分鐘，取出放涼切碎。

2　將核桃加入棗泥豆沙餡中，混合均勻（圖3～5）。

B.製作酥皮

3　低筋麵粉及玉米粉用濾網過篩（圖6）。

4　無鹽奶油及無水奶油回溫，放入盆中切成小塊，用打蛋器攪打成乳霜狀（圖7、8）。

5　加入糖粉，攪打均勻至泛白的程度（圖9、10）。

6　然後將雞蛋分4～5次加入攪拌均勻，每一次都要確實攪拌均勻才加下一次，避免油脂分離（圖11、12）。

7　依序將帕梅森起司粉及全脂奶粉加入攪拌均勻（圖13～15）。

8　最後將過篩的粉類分兩次加入，利用括刀與盆底按壓摩擦的方式混合均勻。（不要搓揉攪拌，避免出筋口感才會酥鬆。）（圖16～19）。

9　完全的麵糰用保鮮膜包覆起來，放冰箱冷藏30分鐘（圖20、21）。

C.包製

10　冰硬的麵糰分切成10等份，在手心中滾圓（每個約35g），棗泥豆沙餡平均分成10等份（每份20g），滾成圓形（圖22、23）。

11　外皮麵糰在手心中壓成大圓片，將內餡包入，收口捏緊滾圓（圖24～26）。

12　放入模具中，用手按壓麵糰至整個滿模（圖27、28）。

13　烤模間隔整齊放入烤盤中，放入已經預熱到170℃的烤箱中，烘烤10～12分鐘，翻面再烤10分鐘，至表面呈現均勻的金黃色即可（圖29～31）。

14　從模具中取出移至鐵網架上放涼。

奶油紅豆小酥餅

份量

約30個

材料

A.奶油紅豆餡
紅豆100g
水200cc
黃砂糖40g
無鹽奶油30g
（圖1）

B.餅皮（45g/個）
低筋麵粉100g
無鹽奶油15g
細砂糖30g
鹽1/8t
全蛋液25g
蜂蜜2T
全脂奶粉10g
（圖2）

C.表面裝飾
全蛋液、黑芝麻各適量

學生時代的我有很多打工經驗，售貨員、超市試吃員、速食店員工、麵包店收銀員，這些工作都讓我提前接觸社會，也更加體會到父母賺錢的辛苦。打工的過程中，也遇到各式各樣的人，學習到如何跟不同個性的人相處。這些看似簡單的工作，卻也訓練了我的責任心。年輕的時候多多體驗，對看事情的角度也更寬廣，所以我也鼓勵Leo要多多接觸人群，開拓自身看世界的視野。

奶油小酥餅是以前在麵包店中常常看到的點心，小巧迷你秤斤賣，現在反而比較少見，是一款帶有懷舊氣息的甜點。

A.製作奶油紅豆餡

1 將紅豆洗淨，用200cc的水浸泡一夜（圖3）。

2 隔天，電鍋外鍋放1杯水，紅豆連浸泡的水一塊蒸煮兩次，至手捏紅豆可以輕易捏碎的程度（圖4）。

3 將蒸煮好的紅豆放入炒鍋，以小火拌炒。

4 拌炒的過程中間適時添加水，並用鍋鏟稍微壓一壓，使得紅豆破開成為泥狀（圖5）。

5 炒到水分大部分散去，依自己喜歡的甜度，加入適量的黃砂糖（圖6）。

6 再加入無鹽奶油混合均勻（圖7）。

7 以小火拌炒，直到紅豆泥可以成為一個糰狀即可（必須不停的拌炒避免焦底）（圖8）。

8 放涼備用。

B.製作酥皮

9 低筋麵粉過篩（圖9）。

10 奶油用打蛋器打成乳霜狀態。

11 加入細砂糖、鹽及全蛋攪拌均勻（圖10）。

12 再將蜂蜜加入混合均勻（圖11）。

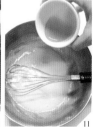

13 加入過篩的低筋麵粉及全脂奶粉，用按壓的方式混合成團狀。（不要過度攪拌，避免麵粉產生筋性影響口感。）（圖12〜15）

14 將麵糰用保鮮膜包覆起來，放冰箱冷藏30分鐘。

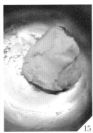

C.包製

15 桌上灑一些低筋麵粉避免沾黏，將冰箱醒置完成的餅皮取出分切成2塊（圖16）。

16 將餅皮分別放在保鮮膜上，用擀麵棍將餅皮擀成30cm×8cm的長方形（圖17）。

17 奶油紅豆餡放在餅皮中間（圖18）。

18 用保鮮膜輔助，將餅皮往前緊密捲起，包覆住奶油紅豆餡（圖19〜21）。

19 完成的麵糰放入冰箱冷凍30分鐘冰硬。

20 冰好取出切成約2cm寬的小麵糰（圖22）。

21 完成的酥餅間隔整齊放入烤盤中（圖23）。

22 在酥餅表面輕輕刷上一層全蛋液（圖24）。

23 灑上適量黑芝麻（圖25、26）。

24 放入已經預熱至180℃的烤箱中，烘烤15〜18分鐘，至表面呈現金黃色即可（圖27）。

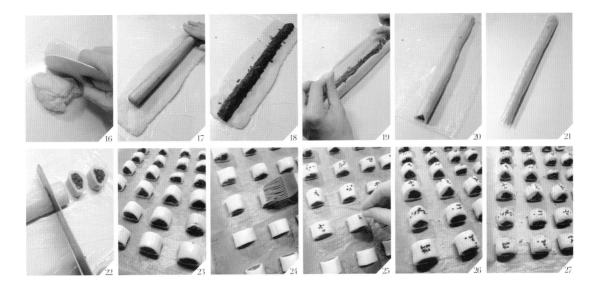

廣式
豆沙蛋黃
月餅

份量

約6個
（直徑約8cm厚約3.2cm）

材料

A.餅皮（65g/個）
低筋麵粉135g
液體植物油18g
轉化糖漿100g
鹽1/8t
水1t（調整麵糰使用）
（圖1）

B.豆沙蛋黃內餡（110g/個）
鹹蛋黃6個
烏豆沙600g

C.表面裝飾
蛋黃1個
水1t（混合均勻）

　　自己動手做月餅是一件非常有趣的經驗，更有過節的氣氛，內餡自己炒，也比較能控制油脂及甜度。

　　記得小時候，媽媽烤的月餅好香，一個個金黃飽滿，充滿母親的愛。我喜歡把玩媽媽的木模，趴在桌上，看她仔細在月餅表面刷蛋黃的樣子。我身上沾滿麵粉，忍不住也想幫忙，滿心期盼月餅出爐。媽媽用簡單的瓦斯白鐵烤箱就可以滿足一家人，這是我心中最甜蜜的記憶。

做法

A.製作麵皮

1 將低筋麵粉過篩，分成90g及45g二部分（圖2、3）。

2 依序將橄欖油、轉化糖漿及鹽倒入90g低筋麵中（圖4、5）。

3 使用橡皮刮刀將材料快速混合均勻成為黏稠的麵糊（圖6、7）。

4 混合完成的麵糊密封靜置60分鐘。

5 靜置完成後，再將剩下45g低筋麵加入混合均勻，拌合的時候避免搓揉出筋（圖8～11）。

6 若混合過程覺得麵糰太乾，可以加1t水調整。

7 蓋上保鮮膜，放入冰箱醒置30分鐘。

B.製作豆沙蛋黃內餡

8 鹹蛋黃放在烤盤中，表面噴上米酒（圖12）。

9 放入已經預熱到160℃的烤箱中，烘烤8～10分鐘，取出放涼備用（圖13）。

10 豆沙餡分成6等份（每個約100g），滾成圓形。

11 豆沙餡在手心中壓成一個碗狀，放入鹹蛋黃，捏成圓形備用（圖14～17）。

小叮嚀

1 烏豆沙可以買市售任何口味。

2 若不喜歡鹹蛋黃可直接省略，豆沙餡每一個改成110g。

3 自製烏豆沙請參考393頁。

4 轉化糖漿可以在烘焙材料行購買，也可以使用蜂蜜或gold syrup代替。

5 月餅木模可以在淡水老街的一些手工藝品店或烘焙材料行購買。

C.包製

12 桌上灑一些低筋麵粉避免沾黏,將冰箱醒置完成的餅皮取出,搓成長條(圖18)。

13 將餅皮平均切成6等份(每份約45g),滾成圓形(圖19、20)。

14 月餅模灑些低筋麵粉避免沾黏,多餘的粉倒出(圖21)。

15 桌上灑一些低筋麵粉避免沾黏,用手直接將小麵糰壓成圓麵皮(圖22)。

16 將內餡放入,麵皮緊密包覆住(圖23)。

17 利用手掌虎口,慢慢將餅皮推開包覆住整個內餡,收口捏至完全密合(圖24、25)。

18 麵糰表面滾些低筋麵粉,放入月餅模中(圖26)。

19 用手將麵糰壓緊填滿(圖27、28)。

20 月餅模側拿,握住把手,前端在桌上敲擊4~5次,將月餅扣出(圖29)。

21 用刷子刷掉表面多餘的麵粉(圖30)。

22 完成的月餅間隔整齊放入烤盤中(圖31)。

23 在月餅表面噴灑一些水,放入已經預熱至210℃的烤箱中,烘烤7~8分鐘,取出後,輕輕刷上一層蛋黃水(圖32、33)。

24 放回烤箱中烘烤7~8分鐘取出,再輕輕刷上一層蛋黃水(圖34)。

25 再放回烤箱中烘烤12~15分鐘,至表面呈現金黃色即可(圖35)。

26 完全放涼後,密封1~2天回油更好吃。

延伸做法

轉化糖漿

材料

細砂糖1000g
清水360cc
檸檬200g（重量約佔糖的15～20％）
白醋60cc
（圖1）

做法

1 檸檬洗乾淨，連皮切成薄片（圖2）。

2 將清水，白醋加入細砂糖中（圖3、4）。

3 放上瓦斯爐中火煮至糖融化。

4 再將檸檬片放入，沸騰後轉成小火（圖5～8）。

5 全程小火熬煮到108～110℃即可關火，此時糖漿色澤金黃，類似蜂蜜的濃度就差不多（圖9、10）。

6 將檸檬片渣滓過濾掉即可。

7 裝罐儲存在室溫密閉保存。

廣式月餅的餅皮特殊，烤好後金黃潤澤，柔軟不乾硬，其中就是需要轉化糖漿的作用。轉化糖漿又稱人造蜂蜜，在熬煮的過程中添加一些天然水果酸味材料，在一定的溫度下，利用酸的分解將屬於雙糖的細砂糖轉化成為單糖（50％果糖及50％葡萄糖）。經過這樣的程序，煮好的糖漿不會結晶，甜度也比一般蔗糖高。

轉化糖漿可以代替蜂蜜使用，大量製作成本才可以降低。煮好的糖漿可以多放一段時間再使用，顏色更漂亮，味道也更醇和。

小叮嚀

1 檸檬也可以用鳳梨代替。

2 煮好的轉化糖漿除了做廣式月餅，使用方式與蜂蜜相同，調味或沖泡使用。

343

糕 皮 類 PART 7

PART 8

中 式 米 製 品

米食富含營養又有飽足感，
此類成品是以再來米、糯米等粉類所製作的甜鹹點心，
如蘿蔔糕、河粉、湯圓、麻糬等，
大多是屬於傳統米製中式的點心食品。
使用米粉來製作非常的容易，因為米粉類沒有筋性，
所以揉搓過程不需要注意產生筋性的問題。
只要水分控制得宜，在家中就可以輕鬆完成。

自製
河粉

份量

不鏽鋼淺盆22cm×18cm
約4片

材料

在來米粉150g
玉米粉15g
鹽1/8t
水300cc
液體植物油1/2t

（圖1）

塗抹油脂

液體植物油適量

現在的社會讓大家太忙碌，很多傳統食材都變成工廠機器大量生產，能夠堅持手作的老店反而讓大家排隊搶購。

買過市售包裝的河粉，但口感都不道地，還是自己動手作最好。好吃的河粉做法很簡單，吃過一次就再也不想吃別家，手作的感動讓人難忘^^

1 在來米粉、玉米粉與鹽放入盆中混合均勻（圖2、3）。

2 加入水混合均勻成為無粉粒狀態的粉漿（圖4）。

3 最後加入液體植物油攪拌均勻（圖5、6）。

4 將蒸鍋中的水煮沸。

5 不鏽鋼淺盤塗刷上一層液體植物油（圖7）。

6 倒入適量米粉漿，厚度約0.3cm（圖8、9）。

7 放入已經煮沸的蒸鍋中，大火蒸8分鐘（圖10）。

8 在蒸好的河粉表面塗刷上一層液體植物油（圖11）。

9 利用筷子，將河粉皮取出即完成（圖12、13）。

10 放涼切成條狀，可以炒食或煮食（圖14）。

生炒牛河

份量

約4～5人份

材料

牛肉片300g
洋蔥1/2個
韭黃80g
青蔥2支
河粉300g
高湯100cc
豆芽菜1大把（約80g）
（圖1）

醃料

醬油1T
鹽1/8t
糖1/4t
白胡椒粉少許
麻油1T
太白粉1/2T

調味料

蠔油2T
醬油1T
鹽1/8t
糖1/4t
白胡椒粉少許

年紀愈大，就愈懷念小時候。這些童年熟悉的味道，會讓我回想起很多往事，也因為這樣，才發現自己的兒時生活是在充滿愛的環境中長大。所以我也希望藉由部落格的記錄，順便回顧自己的平凡生活。

即使之前上班很忙碌，我還是希望能夠準備晚餐，讓家人每天吃到熱騰騰又健康可口的餐點，這是我最開心的事。直到現在，我都是把料理當做每天最重要的事。

小時候回奶奶家或外婆家都是大事，因為回家吃飯，代表整個家族都會聚在一起。老人家會特別精心準備好菜，平時不常出現的豐富料理都會在餐桌上出現。一家人在餐桌上交流，也凝聚了感情。餐桌上有著三代的故事，料理不再只是料理。而這些記憶陪伴著我，也讓我有了機會傳承家族的味道。

有菜有肉的料理很方便，滿滿一盤豐富的纖維及蛋白質就能輕易解決一餐。自製河粉口感Q軟，煮湯或炒食都適合。

做法

1　牛肉片加入醃料混合均勻，醃漬20分鐘（圖2）。

2　洋蔥切絲，韭黃切段，青蔥切段，河粉切成寬條（圖3）。

3　鍋中倒入3T油，油溫熱時，就將醃好的牛肉片放入，炒至變色撈起。（不需大火，只用溫油將肉片泡熟，肉的口感才會嫩。）（圖4、5）

4　原鍋加入洋蔥絲及蔥段炒香（圖6）。

5　再加入河粉條及高湯翻炒均勻，稍微悶煮一會，將河粉炒軟至湯汁收乾。（高湯的份量可視實際狀況增加。）（圖7）

6　依序將牛肉片及調味料加入混合均勻（圖8、9）。

7　最後加入韭黃及豆芽菜，翻炒1～2分鐘即可（圖10、11）。

小叮嚀

自製河粉請參考346頁。

白蘿蔔糕

份量

約7～8人份
（22cm×20cm×5cm
方形容器1個）

材料

白蘿蔔700g
水800cc
在來米粉300g

（圖1）

調味料

鹽1.5t
*鹹度請依個人口味調整

傳統的白蘿蔔糕雖沒有豐富的配料，但每一口都有滿滿的蘿蔔絲，吃得到蘿蔔的清甜。早餐煎幾片到「恰恰」的程度，外脆內軟，很爽口。這樣的蘿蔔糕有別於其他餡料超多的港式或台式蘿蔔糕，但我特別喜歡它單純的味道。蘿蔔的份量可依自己喜好做適當的增減。

1. 白蘿蔔去皮，取700g刨成絲，加入500cc的水，煮3分鐘至蘿蔔軟化。（水不要倒掉，要一起加入米粉中）。（圖2、3）

2. 將在來米粉放入盆中，加入剩下的300cc水及鹽，攪拌均勻成為無粉粒狀態的粉漿（圖4、5）。

3. 將煮滾的蘿蔔餡料（連水）加入生粉漿中攪拌均勻（圖6）。

4. 把盆子放回瓦斯爐上，用小火邊煮邊攪拌（圖7）。

5. 煮到粉漿變得濃稠且攪拌時會出現明顯的漩渦狀即可。（一定要不停攪拌，才不會黏底燒焦。）（圖8）

6. 將生粉漿倒入鋪上不沾烤焙紙的容器中（圖9）。

7. 表面稍微抹平整（圖10）。

8. 放入已經煮沸的蒸鍋中，大火蒸1個小時。（蒸的時間會因為厚度有所不同，越厚需要的時間會越久。）（圖11）

9. 將蒸好的年糕由蒸籠中取出放涼即可。（剛蒸好感覺軟是正常的，涼透了會變硬，再由模子中拿出來。）（圖12）

10. 切成片狀，用油煎至金黃色，可沾醬油膏一起食用（圖13）。

小叮嚀

不沾烤焙紙也可以用玻璃紙代替。

在來米蘿蔔糕

份量

約7～8人份
（22cm×20cm×5cm
方形容器1個）

材料

在來米300g
水300cc
乾香菇4朵
蝦米1小把
紅蔥頭4粒
白蘿蔔600g

調味料

鹽1t
醬油1/2t
糖1/2t
白胡椒粉少許

　　格友紅豆說要直接用在來米來做蘿蔔糕，操作度雖然沒有使用米粉來做這麼方便，蒸出來的蘿蔔糕也比較軟，但是口感很好。加了紅蔥頭及香菇蝦米，濃濃台灣好味道～

小叮嚀

在來米做出來的蘿蔔糕會比使用米粉來做軟很多是正常的，涼透冰過再切會比較好切。

做法

1 在來米洗乾淨，將水分瀝乾。

2 加入300cc的水浸泡2～3小時（圖1、2）。

3 將在來米及浸泡的水放入果汁機中，打成細密的米漿備用（越細越好）（圖3、4）。

4 乾香菇泡水，軟化後切末，蝦米洗淨，紅蔥頭切末，白蘿蔔去皮刨成粗絲。（圖5）。

5 鍋中倒入2T的油，依序將紅蔥頭、蝦米及香菇放入炒香（圖6、7）。

6 再加入白蘿蔔絲及調味料拌炒2～3分鐘（圖8）。

7 然後加入打好的米漿混合均勻（圖9、10）。

8 用小火將全部材料煮到濃稠成團狀的程度（一邊煮一邊不停翻攪）（圖11）。

9 將濃稠的粉漿倒入鋪上不沾烤焙紙的容器中（圖12）。

10 把表面稍微抹平整（圖13）。

11 放入已經煮沸的蒸鍋中，以大火蒸1個小時。（蒸的時間會因為厚度有所不同，越厚需要的時間會越久。）（圖14）

12 將蒸好的蘿蔔糕由蒸籠中取出放涼。（剛蒸好感覺軟是正常的，涼透了會變硬，再由模子中拿出來。）（圖15）

13 切成片狀，用油煎至金黃色，可沾蒜頭醬油膏食用（圖16）。

台式蘿蔔糕

份量

約7～8人份
（20cm×20cm×5.5cm
方形容器1個）

材料

A.

乾香菇3～4朵
蝦米10g
紅蔥頭4～5粒
蒜頭3～4瓣
豬絞肉100g

B.

白蘿蔔700g
水500cc

C.

在來米粉300g
水300cc

（圖1）

調味料

醬油2T
米酒2T
糖1/3t
鹽2t
白胡椒粉1/4t
*鹹度請依個人口味調整

　　現在自己做蘿蔔糕變得很簡單，不需像以前老奶奶時代還要泡米磨米漿這麼麻煩。只要善加利用市售的在來米粉就可以輕鬆完成。米漿中加入大量白蘿蔔絲，口感自然散發清甜，蝦米及香菇提香有著濃濃台灣味，層次更加豐富。少許油煎到金黃香酥，外脆內軟香噴噴，是三餐變化的好選擇。

1 方形容器事先鋪上一層防沾烤焙紙（圖2）。

2 白蘿蔔去皮，刨成絲（圖3）。

3 乾香菇泡水軟化後切末，蝦米洗淨切碎，紅蔥頭及蒜頭切末（圖4）。

4 鍋中倒入2T油，放入豬絞肉炒至變色（圖5）。

5 依序加入紅蔥頭、蒜頭、蝦米及香菇炒香（圖6、7）。

6 加入所有調味料混合均勻，以小火熬煮7～8分鐘（圖8、9）。

7 再加入全部材料B煮至沸騰（圖10、11）。

8 將材料C的在來米粉放入盆中後，加入300cc水攪拌均勻成為無粉粒狀態的粉漿（圖12～14）。

9 將煮滾的蘿蔔餡料連水一起加入到生粉漿中，攪拌均勻（圖15、16）。

10 把盆子放回瓦斯爐上，用小火邊煮邊攪拌（圖17）。

11 用小火將全部材料煮到濃稠成團狀的程度（一邊煮一邊不停攪拌）。

12 最後將濃稠的米糊倒入鋪上防沾烤焙紙的模具中（圖18）。

13 把表面稍微抹平整（圖19）。

14 放入已經煮沸的蒸鍋中，以大火蒸1個小時（圖20）。

15 將蒸好的蘿蔔糕由蒸籠中取出放涼（圖21）。

16 剛蒸好時，感覺軟是正常的，涼透了會變硬，再由模子中拿出來（圖22）。

17 吃時切成片狀，用少許油煎至呈現金黃色，可以沾蒜頭醬油膏食用（圖23、24）。

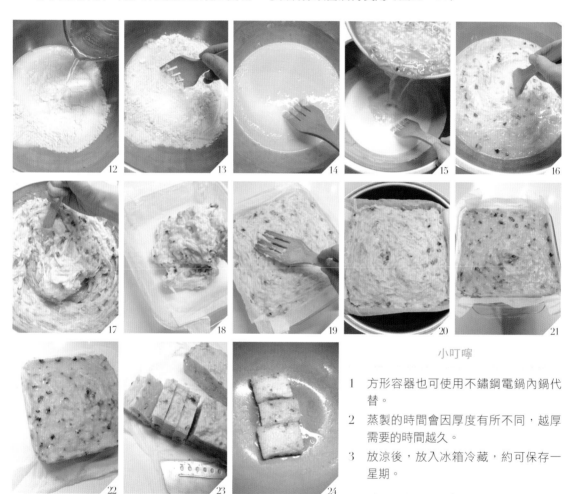

小叮嚀

1 方形容器也可使用不鏽鋼電鍋內鍋代替。

2 蒸製的時間會因厚度有所不同，越厚需要的時間越久。

3 放涼後，放入冰箱冷藏，約可保存一星期。

客家
鹹湯圓

份量

約4人份

材料

A.雙色小湯圓

a.白色小湯圓
糯米粉120g
水90cc

b.紅色小湯圓
糯米粉60g
覆盆子果汁45g
（圖1）

B.湯頭

a.餡料
豬肉絲100g
乾香菇3～4朵
蝦米1小把
紅蔥頭4～5粒
韭菜1小把
茼蒿菜5～6顆
大骨高湯適量
（圖2）

b.醃料
醬油1/2T
米酒1/2T

c.調味料
醬油1/2T
鹽、白胡椒粉各適量

　　我很少注意農曆的節氣，根本忘記下星期二就是冬至了。一看到格友小貝貝和咖啡老媽來提醒我要做客家鹹湯圓，我馬上就出門買材料了。

　　這可是老公最愛吃的一味，他聽我要煮湯圓，一再叮嚀我，別忘了買茼蒿菜。湯頭加上茼蒿菜的特殊香氣，阿嬤的味道讓他永遠都忘不了。

　　晚上，我們一家子就在廚房搓小湯圓，3個人6隻手搓出來的湯圓有大有小，原本枯燥的工作也很快就完成。就是有這麼多傳統的習俗，飲食才會這麼多變化，人與人的距離也更親近。

　　冷冷的天吃一碗湯圓，家人的心也緊緊圈在一起。

小叮嚀

1　加一塊燙好的粿粹再揉，糯米糰會更Q，口感更好，而且搓揉的時候不會裂開。不喜歡就直接省略此步驟。

2　做好的小湯圓如果沒有吃完，可放保鮮盒冷藏2～3天，放入冷凍庫可以保存較久。

3　紅色覆盆子只是增色用，不喜歡的話，可直接做白色小湯圓即可。

4　也可以依個人喜好添加大蒜、芹菜與香菜等材料。

A.製作雙色小湯圓

1 各自將液體加入到糯米粉中，用手慢慢搓揉成為一個團狀（圖3～6）。

2 每一個糯米糰各自取出1/10份量的塊小糯米糰，然後將小糯米糰壓扁（圖7、8）。

3 煮一鍋水將壓扁的小糯米糰煮熟做為「粿粹」（圖9）。

4 煮熟的「粿粹」撈起，瀝乾水分，稍微放涼後，與原來的糯米糰搓揉均勻成為不黏手的糯米糰 。（揉合時若手太黏，可適量加一些乾糯米粉。）（圖10～12）

5 搓揉均勻的小糯米糰搓成長條，再依自己喜好的大小捏成一小團一小團（圖13、14）。

6 小糯米糰在雙手間搓圓即可。

7 煮一鍋熱水，將要吃的份量先煮熟撈起（圖15）。

B.製作湯頭

8 豬肉絲加入醃料，醃10分鐘入味（圖16）。

9 乾香菇泡水軟化後切條，蝦米泡溫水5分鐘撈起（圖16）。

10 紅蔥頭切薄片，韭菜洗淨切段，茼蒿菜洗淨（圖16）。

11 鍋中倒入2T油，將紅蔥頭及蝦米放入炒香（圖17）。

12 再依序放入豬肉絲及香菇絲炒香（圖18）。

13 加入適量大骨高湯及調味料，煮至沸騰（圖19）。

14 加入預先煮好的小湯圓煮沸。

15 最後放入韭菜及茼蒿菜煮沸即可（圖20～22）。

豬大骨高湯

材料

豬大骨600g
青蔥2～3支
薑3～4片
米酒2T
（圖1）

做法

1. 豬大骨洗淨，青蔥切大段。
2. 水燒開，將豬大骨放入，先汆燙至變色就撈起，將水倒掉。
3. 再重新燒一鍋水（水量需蓋過豬大骨），放入豬大骨、青蔥、薑及米酒。（圖2、3）
4. 小火熬煮40～60分鐘即可。（圖4）
5. 此高湯可以運用在各式各樣料理中。（圖5）
6. 加一些蘿蔔，苦瓜等自己喜歡的蔬菜及適量的鹽調味就成為簡單的湯品。

小叮嚀

1. 豬大骨也可以使用2～3付雞骨架代替熬成雞骨高湯。
2. 一般使用在料理上的高湯不會加鹽調味，才不會影響料理本身的鹹度。
3. 完成的高湯可以分裝放冷凍保存3～4個月以上，使用前再退冰加熱即可。
4. 豬大骨上的筋肉可以剝下來沾一點醬油吃掉，這樣一點也不浪費，而且肉煮的很軟，味道很好。
5. 也可以直接使用市售高湯塊加水煮成高湯，但是因為市售高湯塊本身已經含鹽，所以料理另外添加的鹽就必須酌量減少。

鮮肉湯圓

份量

約20個

材料

A.鮮肉餡

a.餡料

豬絞肉200g

紅蔥頭2～3粒

b.調味料

醬油2t

麻油1T

鹽1/8t

太白粉1t

白胡椒粉少許

五香粉少許

B.糯米外皮

糯米粉300g

橄欖油10g

水180cc

C.湯底

a.材料

乾香菇3～4朵

蝦米1小把

紅蔥頭2～3粒

韭菜1小把

茼蒿菜5～6顆

大骨高湯適量

b.調味料

醬油1/2T

鹽、白胡椒粉各適量

因為出書，生活中有了很多第一次，這些第一次對我來說，都是難得的經驗。也因此有機會能到中廣參加廣播節目，就像劉姥姥進入大觀園。

非常高興能在中廣流行網吳恩文先生的《快樂廚房》中，體驗了40分鐘的廣播時間，與聽眾分享了自己新書出版的過程。平時常在報章雜誌出現的吳恩文既親切又和善。也許剛好有一些朋友聽到了這段現場live，謝謝你們幫我加油打氣！～

冬至別忘了喝碗熱熱的湯圓，不管鹹的甜的，任君選擇。一口咬下，滿溢的湯汁溫暖心，也溫暖舌尖。

做法

A.製作鮮肉餡

1 豬絞肉再稍微用菜刀剁至有黏性（圖1）。

2 紅蔥頭切末，用1/2T油炒至呈現金黃色（圖2）。

3 將絞肉與炒好的紅蔥頭及調味料攪拌均勻即可（圖3～5）。

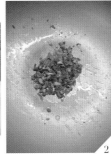

B.製作糯米外皮

4 將橄欖油及水加入到糯米粉中，用手慢慢搓揉成為一個團狀（圖6～8）。

5 糯米糰捏出50g（約糯米糰1/10份量）小糯米糰，然後將小糯米糰壓扁（圖9）。

6 煮一鍋水將壓扁的小糯米糰煮熟做為「粿粹」（圖10）。

7 煮熟的「粿粹」撈起瀝乾水分，稍微放涼跟原來的糯米糰搓揉均勻成為不黏手的糯米糰 （揉合時若覺得黏可以加一些乾糯米粉）（圖11～13）。

8 搓揉均勻的糯米糰搓成長條，再分切成20等份搓圓（每一塊約25g）（圖14、15）。

9 　小糯米糰用大姆指捏成碗狀（圖16）。

10 　適量的肉餡包入（圖17）。

11 　收口捏緊滾圓即可（圖18、19）。

C.製作湯底

12 　乾香菇泡水軟化後切條，蝦米泡溫水5分鐘撈起（圖20）。

13 　紅蔥頭切薄片，韭菜洗淨切段，茼蒿菜洗淨（圖20）。

14 　鍋中倒入1T油，放入紅蔥頭、香菇及蝦米炒香（圖21）。

15 　再加入適量大骨高湯及適量調味料煮至沸騰（圖22）。

16 　最後將韭菜及茼蒿菜放入煮沸（圖23、24）。

17 　煮好的鮮肉湯圓放入湯中即可（圖25）。

小叮嚀

1 　製作糯米外皮時，水量請保留一些不要一次全部加入，視混合情況再斟酌添加，以
　　免太黏。

2 　若有剩下的肉餡可以直接煮在湯中做成肉丸子。

南瓜芝麻湯圓

份量

約24個

材料

A.紅豆內餡（10g/個）

紅豆50g

水100cc　黃砂糖30g

B.芝麻內餡（10g/個）

黑芝麻粉50g　糖粉15g

中筋麵粉10g　水麥芽35g

無鹽奶油15g

（圖1）

C.綠茶及南瓜外皮（15g/個）

a.綠茶外皮

糯米粉100g　綠茶粉3/4t

水80g

b.南瓜外皮

糯米粉100g　南瓜泥80～100g

Dear J：

　　家裡忽然變的好安靜，只剩下貓咪和我。原本寒假熱鬧的早上瞬間恢復寧靜，還有一點不習慣。把早餐忙完，就開始計畫今天的作息。

　　要去郵局寄信，還要烤一條吐司，醃好的風雞要曬，因為天氣好，叮叮要洗個澡，晚餐的菜色要怎麼搭配，還有要記得部落格的回覆及更新。

　　當初決定辭職時，也有一段時間很後悔，覺得自己做了一個錯誤的決定。但是我很快的讓自己找到喜歡做的事，轉移不安的心情，也在興趣中漸漸有了自信，不再覺得沒有工作的自己是不事生產的人。

　　少了一份薪水，對於物質上的需求就必須降低。不能像之前一樣買東西毫不考慮價錢，因為一個人的薪水必須省著用。沒有工作後，開始養成每天記帳的習慣，我把每個月大概可以使用的錢分成30天，每天使用不會超過當日的額度。如果今天買東西超過了，也一定會等過幾天額度累積增加再去採購。

　　記帳可以提醒自己不做無謂的花費，也知道自己的錢花在哪裡。我開始不在意自己有沒有穿名牌，也不會因為自己變成家庭主婦而感到不好意思。這樣的心情是慢慢轉變的，我覺得金錢雖然減少了，但心情卻越來越好。

　　以前上班時，常常為了調薪、升遷、工作內容、加班及人際關係等問題不快樂。每天都在趕時間、趕案子，沒有辦法好好看完一本書，好好為家人準備一頓晚餐。我用自由健康換取了金錢，但心靈上卻總沒有得到平靜。

　　現在也處於長假中的妳，不論何時回到職場，都希望妳好好把握這樣難得的機會。去圖書館，去逛逛市集，去看場好電影，我相信都會給妳不一樣的感動。

　　小小的分享給我的朋友！用天然的材料來製作彩色的湯圓，成品美極了！一口咬下，有滿滿的感動。^^

♕
做法

A.製作紅豆內餡

1 紅豆洗乾淨，泡水至少2～3小時（圖2）。

2 放入電鍋中蒸煮兩次至小紅豆軟爛，手可以輕易捏碎的程度。

3 蒸好後，將多餘的水分倒掉，加入適量的黃砂糖拌勻（圖3、4）。

4 全部放入炒鍋中，以小火炒至紅豆餡成為團狀即可（圖5）。

B.製作芝麻內餡

5 將糖粉及中筋麵粉倒入黑芝麻粉中混合均勻（圖6、7）。

6 盆子放到秤上，將水麥芽倒入秤量30g（圖8）。

7 加入無鹽奶油，用手將所有材料混合捏揉成為一個團狀（圖9～11）。

8 放入冰箱冷藏30分鐘再取出，與紅豆餡分成每個約10g捏成適當大小的內餡（圖12）。

小叮嚀

1 甜湯材料：桂圓肉1小把、枸杞1小把、黑糖適量。將所有材料放入適量的水中煮5～8分鐘即可。

2 加一塊燙好的粿粹再揉，糯米糰會更Q、口感更好，而且搓揉的時候不會裂開。不喜歡就直接省略此步驟。

3 做好的湯圓如果沒吃完，可以放保鮮盒冷藏2～3天，放冷凍可以保存較久。

4 若喜歡花生口味，請直接將黑芝麻粉改成花生粉就可。

5 餡料及外皮也可以依個人喜好分成自己喜歡的大小。

9　將材料a全部倒入盆中，用手慢慢搓揉成為一個團狀（圖13～16）。

10　南瓜去皮蒸熟取100g，用叉子壓成泥狀放涼（圖17）。

11　分別將水及南瓜泥加入到糯米粉中，用手慢慢搓揉成為一個團狀（圖18～20）。

12　南瓜因含水量不同，添加時請依照麵糰實際狀況做調整。

13　從揉好的糯米糰中，分別取出1/10份量的糯米糰壓扁（圖21）。

14　煮一鍋水，將壓扁的小糯米糰煮熟做為「粿粹」（圖22、23）。

15　煮熟的「粿粹」撈起，瀝乾水分，稍微放涼，與來的糯米糰搓揉均勻成為不黏手的糯米糰。（揉合時若太黏，可適量加一些乾糯米粉。）（圖24～26）

16　搓揉均勻的糯米糰搓成長條，再依照分好餡料約兩倍的大小捏下一塊糯米糰。

17　糯米糰放於在雙手間搓圓，然後慢慢捏成一個碗狀（圖27）。

18　將事先分好的餡料放入（圖28）。

19　利用手掌虎口處旋轉，慢慢將糯米糰包住餡料（圖29）。

20　然後將收口捏緊，在兩手心中搓揉成為圓形即可（圖30～32）。

21　吃之前煮一鍋熱水，將要吃的份量煮熟撈起放入甜湯中。

清蒸肉圓

份量

約12個

材料

A.肉圓內餡

a.餡料

後腿肉180g

乾香菇3朵　筍絲150g

紅蔥頭3粒

（圖1）

b.醃料

醬油1T　米酒1/2T

鹽1/4t　雞蛋白1/2個

太白粉1/2T

五香粉1/4t

白胡椒粉1/4t

細砂糖1/2t

c.調味料

麻油1T　鹽1/4t

白胡椒粉1/4t

B.肉圓外皮

（口感介於Q與軟糯之間）

在來米粉200g

太白粉2T

熱水600cc

地瓜粉100g

C.佐料

香菜少許

蒜頭2～3瓣

　　格友常會給我許多建議，所以只要有時間，就會很開心的在廚房動工，一邊做一邊想，怎麼樣用更容易的方法在家操作。

　　這個題目是格友Sheen和Yt出給我的，因為我從未想過自己可以在家吃清蒸肉圓。為了能做的更道地，我拉著老公找了幾家清蒸肉圓的店，比較了口味與外皮的口感，做出自己喜歡的味道。

　　做的過程中，整型的問題最傷腦筋。最後發現雙手抹上一層植物油就可以簡單的把肉圓包起來。雖然做出來不像用模子那麼美，但也達到目的了。

　　為了解不同粉類的比例，我前後連續做了3次，老公笑說長這麼大加起來好像都沒有吃這麼多肉圓^^。如果喜歡吃Q一點類似浸泡炸油肉圓的口感，番薯粉就必須多加一些。喜歡吃比較軟糯一點的口感，在來米粉就可以多一點甚至全部使用在來米粉。在家也可以複製這種小吃，過程真是滿有趣的！

做法

A.製作內餡

1 後腿肉1/2量，切成約0.5cm丁狀，另1/2量斬成絞肉，然後混合均勻（圖2）。

2 加入醃料醃漬，放冰箱至隔天入味（圖3）。

3 乾香菇泡水軟化切條，筍絲用沸水氽燙5分鐘撈起，切成丁狀，紅蔥頭切末（圖4）。

4 鍋中倒入2T油，將紅蔥頭放入炒香（圖5）。

5 再將香菇、筍絲丁放入翻炒，加入適當調味料調味即可（圖6）。

6 包之前將炒好的筍絲與醃好的肉餡拌勻即可（圖7、8）。

B.製作肉圓外皮

7 在來米粉與太白粉攪拌均勻（圖9）。

8 倒入熱水，攪拌成為均勻無粉粒的麵糊（圖10～12）。

9 將盆子放回瓦斯爐上用小火煮，邊煮邊攪拌至完全成為濃稠無水的團狀（圖13）。

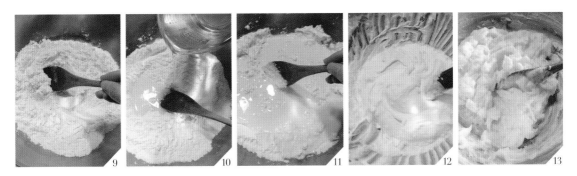

 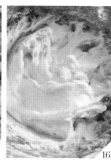  

14　　15　　16　　17　　18

10 加入地瓜粉攪拌均勻即可（圖14～16）。

11 雙手抹上一層沙拉油（圖17）。

12 捏取一團外皮粉漿滾成圓形（圖18）。

C.包製

13 用手將滾圓的粉漿在雙手間壓成圓片（圖19）。

14 將內餡適量放入（圖20）。

15 收口慢慢合起來捏（每包一個雙手都需要重新抹上一層沙拉油）（圖21、22）。

16 將肉圓麵糰間隔整齊放入蒸籠內，底部墊不沾烤焙紙（圖23）。

17 水滾後用中火蒸15分鐘即可（圖24）。

18 香菜洗淨切末，蒜頭磨泥，加上2T水。

19 吃的時候淋上海山醬，再放上香菜末及蒜泥。

19　　20　　21　　22　　23

24

小叮嚀

1 做的時候，手必須一直保持乾淨。如果一旦開始沾黏，雙手就必須洗乾淨，然後再抹油重來。否則手上只要有了一些粉漿殘留，就會導致越來越黏手。

2 手抹油做，只是簡易的方式，如果有足夠的小碟子，在碟子上抹油，然後把粉漿抹上，再鋪餡料，最後再蓋上一層粉漿。這是坊間大部分的做法，給大家參考。

海山醬

材料

在來米粉1T
水200cc
味增1T　醬油1t
番茄醬2T
甜辣醬1T
黃砂糖1T
（圖1）

做法

1　將在來米粉加入到水中攪拌均勻（圖2、
　3）。

2　準備一個濾網，將味噌放在濾網中過篩進粉
　漿中（這樣味噌才不易結塊）（圖4）。

3　將攪拌均勻的粉水倒入炒鍋中，以小火煮到
　濃稠（圖5）。

4　再依序將其他所有調味料加入煮沸即可（圖
　6～8）。

小叮嚀

海山醬當天若沒有吃完，可放冰箱冷藏保
存，隔天要吃時再加熱食用。

甜酒釀

份量

約3～4人份

準備器具

1個乾淨的玻璃瓶

材料

圓糯米100g
水100cc
甜酒麴1.5g
溫水1T

小叮嚀

1　發酵溫度不可以超過40℃，以免酒麴中的菌過熱而死亡。

2　發酵完成若不煮沸，會使得酒麴繼續發酵導致產生酸味而不好吃。

3　發酵過程不要打開瓶口，避免雜菌混入。

4　所有容器務必保持乾淨，不要沾上任何油脂。

5　一顆甜酒麴約可做3000g的糯米，做少量請用小刀刮下正確份量使用，沒有用完，請密封冷藏保存，避免潮溼失效。

6　沒有保麗龍箱，也可使用悶燒鍋外層當保溫箱使用。

冷冷的天，如果喝一碗熱呼呼的甜酒湯圓，打個蛋，再淋上一小匙桂花蜜，保證一夜好眠。甜酒釀是我冰箱隨時有的重要食材，不管做料理還是吃個酒釀沃蛋，都少不了舀上兩大匙。自己做酒釀不難，最重要的就是注意溫度，適時的給甜酒麴保持溫暖，一瓶甜滋滋的酒釀就完成。我還喜歡直接舀著吃，香甜的酒味讓身體馬上暖和起來。甜酒釀是很滋補的食品，適合做月子的媽媽。

　　製作甜酒釀不可少的材料是甜酒麴，在台北市的南門市場或是非常傳統的南北貨店都可以找得到。

♛
做法

1　圓糯米洗淨，將水倒入浸泡2小時（圖1）。

2　放入電鍋中蒸熟成為糯米飯（圖2）。

3　糯米飯蒸熟後，取出用飯杓翻鬆，約35℃裝入乾淨的玻璃瓶中（圖3、4）。

4　甜酒麴用小刀刮下約1.5g的份量，壓成粉狀（圖5）。

5　將壓成粉狀的甜酒麴的1/2份量，倒入約30℃的溫水中攪拌均勻（圖6）。

6　然後將甜酒麴水均勻倒入糯米飯中混合均勻（圖7）。

7　再將剩下的1/2份量甜酒麴粉，灑在糯米飯表面（圖8、9）。

8　最後用擀麵棍直接在糯米飯中間戳出一個洞（這個動作是為了讓甜酒更容易產生，觀察的時候也方便透過瓶身看到酒水的產生）（圖10、11）。

9　蓋上蓋子，瓶身用乾毛巾包好（圖12）。

10　放入保麗龍箱中，箱中放入一杯約50℃的熱水（冷了隨時更換），保麗龍箱蓋子蓋上（圖13）。

11　如此過程靜置約48小時後，就會發現糯米中間的洞已經充滿甜酒了，糯米也變的非常柔軟。（若時間到沒有變化，有可能溫度不足，可以再繼續保溫延長發酵時間。）（圖14、15）

12　將發酵好的甜酒釀倒出，煮沸放涼，再放入冰箱冷藏保存。完成的甜酒釀可以入菜做料理，或加入甜點中食用。

紫米酒釀桂花湯圓

份量

約24個

材料

A.湯圓內餡（10g/個）

a.市售紅豆沙80g

b.芝麻餡

黑芝麻粉35g

糖粉25g

無鹽奶油20g

c.花生餡

花生粉35g

糖粉25g

無鹽奶油20g

B.湯圓外皮（15g/個）

a.紫桑葚口味

糯米粉60g

桑葚果醬30g＋水40cc

b.黃百香果口味

糯米粉60g

百香果醬30g＋水40cc

c.綠抹茶口味

糯米粉60g

抹茶粉1T＋水45cc

C.酒釀桂花甜湯（2人份）

紫米酒釀50g

黃砂糖30g

桂花醬1/4t

*甜度請依個人喜好增減

今天是正月十五，吃元宵的日子，不能免俗的也要來做一些湯圓應景。我翻了一下冰箱的材料，沒想到竟然可以做出三種顏色。搭配紫米酒釀很有春天的感覺！我喜歡在酒釀中打一個糖心荷包蛋，雖然老公看了猛搖頭，但是這可是我從小最愛的呢！

這種糯米皮是婆婆的做法，雖然麻煩，但卻很有學問。加入一小塊煮熟的糯米一起搓勻。使得糯米糰的延展性更好，包的時候不會裂開，而且口感更Q更好吃。真的很佩服老一輩的人充滿了智慧。

過完了十五，也代表新年真的結束了，生活也要恢復正常步調，好好計畫一年的生活。時間是不會回頭的，快點把心裡想做的事情一一完成吧！

A.製作湯圓內餡

1　將材料b用手慢慢搓揉均勻，放置冰箱冷藏1個小時。
2　材料c也用同樣方式搓揉均勻，放置冰箱冷藏1個小時。
3　冰硬的餡料依個人喜好，搓成適合大小，分成每個約10g的內餡（圖1）。

B.製作湯圓外皮

4　將每一種外皮都搓揉成團（圖2）。
5　每一塊糯米糰都捏出一小塊（約1/10份量）放入滾水中煮熟（圖3）。
6　將煮熟的糯米塊與生粉團一起搓揉均勻（太黏可酌量加一些糯米粉）（圖4、5）。
7　將搓揉均勻的糯米糰搓成長條，取適量大小，分切成每個約15g的小米糰，捏成圓片包入餡料即可（圖6～8）。
8　水滾將湯圓放入，煮到浮起就可以撈出。然後鍋中的水加入紫米酒釀、桂花醬、黃砂糖煮滾即可。也可以打一個蛋花或糖心荷包蛋一起享用。最後淋上少許桂花醬。

小叮嚀

1　紫米酒釀為酒釀中添加少許紫糯米製作；甜酒釀請參考370頁。
2　自製桂花醬請參考411頁。
3　餡料及外皮也可以依個人喜好分成自己喜歡的大小。

紅糖年糕

份量

6吋1個

準備器具

6吋小竹蒸籠或磁碗

材料

A.紅糖漿

a.
水20cc
二砂糖100g
黑糖10g

b.
二砂糖70g
水160cc

c.
蘭姆酒1/2T

（圖1）

B.紅糖年糕
紅糖漿全部
糯米粉200g

　　寒假正式開始了，早上終於可以悠閒一點，Leo也不必清晨就從暖烘烘的被窩中起來頂著寒風去搭公車。他放下沉重的功課，看看喜歡的漫畫上上網，睡到自然醒。

　　昨天難得全家一塊出門吃飯，看著Leo長高的背影，再看看桌前他還是幼稚園的照片，才知道時間過的有多快。一年一年，我的白髮漸漸增加，但是孩子平安順利的成長，就是父母最大的成就。

　　馬上就是農曆新年，簡單蒸了一個甜年糕，期盼來年一切順利。

👑
做法

A.製作紅糖漿

1　將材料a依序倒入盆中，然後將工作盆放在瓦斯爐上（圖2）。

2　輕輕搖晃一下不鏽鋼盆，使得糖與水混合均勻（圖3）。

3　開小火煮糖液。

4　當糖液開始變咖啡色，輕輕攪拌均勻並且關火（圖4）。

5　將材料b的二砂糖加入混合至融化，然後加入水混合均勻（圖5～7）。

6　完全放涼，最後將材料c加入混合均勻即可（圖8）。

B.製作紅糖年糕

7　糯米粉放入盆中，將已經放涼的紅糖漿倒入（圖9）。

8　用打蛋器仔細混合均勻，封上保鮮膜醒置40分鐘（圖10、11）。

9　在容器中鋪上一張玻璃紙（圖12）。

10　將拌合均勻的糯米糊舀進容器中（圖13）。

11　放入已經煮沸的蒸鍋中，以中火蒸1個小時（圖14）。

12　時間到時，用竹籤插入中心，看看還有無生粉漿，若沒有就是蒸好了（蒸的時間與年糕的厚度會有關係，越厚時間就要更久）（圖15）。

13　將蒸好的年糕由小竹籠中取出放涼即可（圖16）。

14　完全冷了再切片食用。

小叮嚀

1　加蘭姆酒是為了增加香氣，不喜歡可直接省略。

2　二砂糖及黑糖的比例可自行斟酌，甜度請依照自己喜好調整。

3　短時間吃不完可以放冰箱冷凍保存。

4　沒有玻璃紙，可以用防沾烤培紙代替。

炸餛飩
年糕
&烤年糕

份量

約4人份

材料

甜年糕適量
餛飩皮12張
中筋麵粉1T
水1T

（圖1）

過年準備的年糕若短時間吃不完可放冰箱冷凍庫，想吃之前再取出，放進冷藏室一夜退冰。將年糕用餛飩皮包起來炸至金黃，外層酥脆，內裡軟Q，很適合當成下午茶小點心。不想麻煩起鍋油炸的話，直接用烤箱烤熱也很方便。

小叮嚀

餛飩皮也可使用春捲皮或餃子皮代替。

做法

1　將年糕切成約1cm厚，3cm×4cm方形（圖2）。

2　中筋麵粉加入水混合均勻（圖3、4）。

3　將切好的年糕放在餛飩皮中央（圖5）。

4　餛飩皮四周抹上調好的麵糊（圖6）。

5　將年糕用餛飩皮包裹起來（圖7～10）。

6　鍋中倒入適量的淺油。

7　油溫熱就將包好的年糕放入（圖11）。

8　中小火炸至兩面金黃就可以起鍋（圖12、13）。

9　若不喜歡油炸，也可以將年糕切約1cm片狀（圖14）。

10　直接放在不沾烤布上，放入已經預熱至150℃的烤箱中，烘烤8～10分鐘即可
　　（中間可以將年糕翻個面）（圖15、16）。

寧波年糕

份量

約3～4人份

材料

糯米粉120g
在來米粉100g
水150cc

　　忽然想吃公館「鳳城」的廣州炒麵，放下手邊正忙的一些事也想去解解饞。接近中午時間，店裡已經開始忙碌，找了座位跟人併桌。對面坐著一個學生，與我們一樣點了好吃的炒麵。餐點還沒上來，他開始翻找自己的背包。看他著急的模樣，我猜他可能找不到皮夾。只見他一臉泛紅，起身跟服務人員說沒有帶錢，所以剛剛點的餐點要取消。

　　年紀有些大的服務阿姨聽到他的解釋，馬上跟他說先吃沒關係，下一次經過再將錢拿過來。我跟老公看到這一幕相視而笑，心中為服務阿姨喝采。現在的社會普遍比較冷漠，但還是有很多溫暖的一面。雖然只是小小的一件事，卻給我一下午的好心情。

　　白年糕自己做簡單又方便，一次多做一些放冰箱冷凍，隨時想吃就可以烹調。QQ糯糯的滋味是傳統的味道，炒食煮湯都適合。

🕆
做法

1　將糯米粉與在來米粉混合均勻，用濾網過篩（圖1）。

2　將水加入用手揉合成為一個團狀（水可以保留10～20cc，視米糰軟硬狀況慢慢添加）（圖2～4）。

3　揉好的米糰捏出約40g（約1/10份量）壓扁，放入沸水中煮熟做為粿粹（圖5、6）。

4　將煮熟的粿粹撈起放涼，加入生米糰中（加入一團熟米糕混合，米糕會更柔軟有彈性）（圖7）。

5　用手慢慢將粿粹與生米糰揉合成均勻的團狀（一開始不是很好揉，稍微要有一點耐心混合均勻）（圖8～10）。

6　揉搓均勻的米糰大約分成6等份，用手搓揉成長形圓柱狀（圖11）。

7　間隔整齊放入墊上不沾烤紙的蒸籠內（圖12）。

8　水沸騰中火蒸20分鐘即可（圖13）。

9　完全放涼即可使用。

10　短時間不吃，可放冰箱冷凍保存。

雪菜肉絲炒糕

份量

約2～3人份

材料

豬肉絲80g
寧波年糕150g
雪裡紅60g
蒜頭2瓣
紅辣椒1/2支
豬骨高湯200cc
（圖1）

醃料

醬油1/3T
米酒1/2T
太白粉1/2t
蛋白少許

調味料

鹽1/4t
白胡椒粉適量

現在的職業婦女身兼二職，一方面照顧家庭，又要幫忙家中經濟，真的是非常辛苦。在工作中難免會有低潮，一定要想方法排解。

記得我還是上班族時，偶爾會被繁重的工作壓力影響心情，有時候早上起床就莫名的想大哭一場。這時老公就會打電話請一天假，陪我出門散散心，對緊繃的神經真的很有幫助。壓力千萬不要累積，一定要找機會釋放。祝福所有辛勞的上班族媽媽們除了關心家人也要好好愛自己！

寧波年糕是家裡最喜歡的白年糕，常吃的口味就是用雪裡紅或白菜來炒，年糕帶著Q軟有嚼勁的口感，這也是我從小吃到大的味道。也適合炒食韓式辣醬，變化很多。

做法

1　豬肉絲加入醃料，醃漬20分鐘入味。

2　寧波年糕斜切成片狀（圖2）。

3　雪裡紅洗淨切末，蒜頭及紅辣椒切片。

4　鍋中放1T油，將醃好的豬肉絲炒至變色先撈起（圖3）。

5　放入蒜頭及紅辣椒炒香。

6　再加入雪裡紅末翻炒一會兒（圖4）。

7　最後加入高湯、寧波年糕及調味料，煮沸至湯汁收至濃稠（圖5、6）。

8　加入豬肉絲，翻炒至完全熟透（圖7、8）。

9　起鍋前，淋上少許香油翻炒均勻即可。

小叮嚀

自製雪裡紅請參考207頁。

鼠麴粿

份量

約12個

材料

A.蘿蔔籤內餡

a.餡料
白蘿蔔1條
乾香菇5朵
蝦米1小把
紅蔥頭3粒

b.調味料
醬油、鹽、糖、麻油
與白胡椒粉各適量

B.鼠麴草汁
鼠麴草120g
水300cc
細砂糖50g

C.糯米外皮

a.粿粹
糯米粉40g
水30cc

b.主米糰
糯米粉260g
在來米粉50g
鼠麴草汁210～225g

偶然在河濱空地發現了鼠麴草的蹤影，毛絨絨的葉片，開著黃色的小花，老公高興的說，小時候都會跟婆婆去摘回家做草仔粿。這種在台灣草地很常見的植物，正是做清明節常常看到的「清明粿」的材料。

我們興奮的像小孩子一樣採摘了一小把，剛好我上回趁好天氣曬的蘿蔔籤正好派上用場。外皮帶點甜，軟軟糯糯的滋味，再配上炒的香噴噴的蘿蔔籤，好吃極了！

清明時節雨紛紛，飄著小雨絲的季節，想起了已經不在身邊的外公外婆、爺爺奶奶，但他們永遠都存放在我心底最溫暖的地方。

A.製作蘿蔔籤內餡

1　白蘿蔔將皮洗刷乾淨（圖1）。

2　連皮刨成粗絲，灑上1/2t鹽，用手拌均勻，放置2～3小時出水（圖2）。

3　將醃漬出來的水倒掉。

4　把蘿蔔絲鋪在板子上曬太陽（圖3）。

5　約曬1天至半乾即可（圖4）。

6　曬好的蘿蔔絲放冰箱保存。

7　乾香菇浸泡水軟化切末，蝦米用溫水泡軟，紅蔥頭切片（圖5、6）。

8　鍋中放入2T油，將紅蔥頭及蝦米爆香（圖7）。

9　依序將香菇、蘿蔔絲加入炒香（圖8、9）。

10　加入適量調味料拌炒均勻即可（圖10）。

B.製作鼠麴草汁

11　將鼠麴草嫩葉、嫩莖摘下，清洗乾淨（圖11、12）。

12　放入水中煮沸1分鐘軟化（圖13）。

13　將煮軟的鼠麴草切碎（圖14）。

14　切碎的鼠麴草加入300g水，放入果汁機中打成泥（圖15）。

15　打好的鼠麴草泥加上細砂糖煮滾，熬煮15分鐘（圖16）。

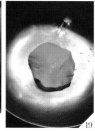

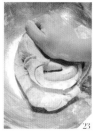
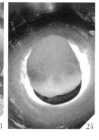

C.製作糯米外皮

16 將糯米粉與水攪拌均勻成一無粉粒的團狀（圖17、18）。

17 將糯米糰粿粹部份捏扁放入滾水中，煮熟撈起（圖19、20）。

18 將煮熟的粿粹加入到主米糰所有材料中，用手慢慢揉搓成為一個均勻光滑的糯米糰（液體的部分保留一些慢慢加）（圖21～24）。

D.包製

19 將糯米糰平均分成12等份（每份約50g），搓成圓形，蓋上擰乾的濕布避免乾燥（圖25）。

20 炒好的蘿蔔籤內餡約分成12等份（圖26）。

21 搓圓的糯米糰用手壓扁，然後用擀麵棍擀成一個大圓片（圖27）。

22 中間放上蘿蔔籤（圖28）。

23 將收口捏緊朝下，壓扁整形成為一個橢圓形（圖29）。

24 包好的鼠麴粿兩面都塗抹上一層沙拉油（圖30）。

25 底部鋪放玻璃紙或耐熱PVDC保鮮膜，整齊排入蒸籠中（圖31）。

26 中火蒸12～15分鐘即可（圖32）。

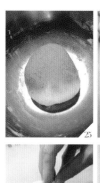

台式肉粽

份量

約22個

材料

A.餡料

a.內餡
板栗200g
前腿肉500g
青蔥3～4支
乾香菇8～10朵
竹筍1支
薑片3片
（材料內容份量可自行調整）

b.調味料
冰糖1.5T
醬油80g
水240cc
米酒60g

B.糯米飯

a.內餡
發泡魷魚1隻
長糯米6杯
紅蔥頭5～6粒
蝦米1小把
薑片3～4片
（圖1）

b.調味料
麻油5T　醬油4T
鹽適量
米酒1/2杯（約90g）
水4杯（約720cc）

C.竹葉約44片

　　越靠近端午節，左鄰右舍就開始飄出蒸粽子的竹葉香。大火蒸上，水蒸氣瀰漫著，說不出一股想念的情緒蹦出心頭，有濃濃的家的味道。

　　結婚後，幾乎沒有自己包過粽子。因為婆婆每年都會準備，我只要做伸手牌就可以。Rita留言給我，問我要不要包粽子，才讓我臨時決定自己來包一些。我列了材料清單，綜合了媽媽和婆婆的做法，開心的到市場準備材料，有一種莫名的興奮。

　　包粽子要準備的工作真是不少，內餡都要仔細炒香，竹葉一片片泡水洗刷乾淨。花了一整天的時間才包了兩串，已經讓我有一點吃不消了，但是自己親手做卻覺得很開心。

　　Leo連吃4個，還想繼續伸手，我知道這個屬於「家」的味道會永遠留在他心中。

做法

A.製作餡料

1 板栗泡水一晚軟化，然後用牙籤將細縫中殘留的皮屑挑乾淨（圖2）。

2 前腿肉切成方塊，青蔥切大段，乾香菇泡水至軟，每一朵切成4片（圖3）。

3 竹筍煮熟，切成小丁狀（圖3）。

4 切塊的肉用2T油，炒到表面呈現白色狀態就先撈起（圖4）。

5 將所有調味料放入電鍋內鍋中，加入蔥段、薑片，再放入炒好的肉塊及板栗（圖5）。

6 外鍋放一杯水蒸煮兩次，再悶40分鐘至肉軟爛即可（圖6）。

7 竹筍丁及香菇片各自用燉煮好的滷肉湯炒香即可（圖7～9）。

B.製作糯米飯

8 發泡魷魚切細條，長糯米洗乾淨將水濾掉（水分盡量濾乾，糯米不用泡，洗乾淨就可以）。

9 紅蔥頭切碎，蝦米用水泡5分鐘。

10 鍋中倒入3T麻油，放入薑片及紅蔥頭爆香（圖10）。

11 然後加入發泡魷魚及蝦米，拌炒約2～3分鐘（圖11）。

12 加入長糯米、醬油及適當的鹽調味（圖12）。

13 最後加入米酒及水煮滾就關火，此時嘗一下味道，不要太鹹（圖13、14）。

14 將所有材料盛到電鍋內鍋中，外鍋加1杯水，煮至跳起，再悶30分鐘即可（圖15）。

15 悶好之後將油飯翻鬆放涼（底部的要翻上來）（圖16）。

C.包製

16 乾燥的竹葉泡水3～4小時軟化，清洗乾淨將水分濾乾（圖17）。

17 竹葉尾端堅硬凸起的葉梗剪掉（圖18）。

18 兩片竹葉為一單位，從中間約2/3處，捲起成一漏斗狀（圖19）。

19 先盛裝一些糯米飯，將飯往底部稍微壓一下（圖20）。

20 放上適當的餡料（圖21）。

21 然後鋪上一層糯米飯壓實（圖22）。

22 用手的虎口將粽子的三角形捏出來（圖23）。

23 上方的葉子蓋下來（圖24、25）。

24 將粽子翻轉過來壓緊（圖26）。

25 周圍的竹葉順著粽子的形狀翻折下來成為一個三角形（圖27、28）。

26 用棉繩將粽子纏繞2～3圈綁緊（圖29）。

27 包好的粽子放上蒸籠，以大火蒸50分鐘即可（圖30）。

燒麻糬

份量

約2～3人份

材料

糯米粉120g
水90cc

沾料

花生糖粉3T
熟黃豆糖粉3T
（圖1）

1

原本以為網路只是虛擬的電腦世界，沒想到因為記錄部落格，我認識了一些一輩子的好朋友，「LTT」就是其中一位。她善良又單純，藉由文字一來一往的溝通，年紀相仿的我們好像已經熟識很久，我也可以毫無戒心的與她談些心裡話。每每在我遇到挫折的時候，她總是第一時間給我最大的鼓勵。因為她，我也幸運的認識了她可愛的媽媽、妹妹及家人，從她溫暖的笑容中，就知道她有一個非常美滿甜蜜的家庭。

LTT雖然在美國，但是我們沒有距離，在臉書在部落格，她都可以陪伴著我，分享彼此生活的點點滴滴。我會一直珍惜這份友誼，謝謝妳，我的好朋友！

華西街夜市有一攤生意很好的冰果店，店中特別的燒麻糬是冬季限定品。軟Q的麻糬沾裹了滿滿的花生粉，讓人大呼等待是值得的。不想花時間跑這麼遠，自己動手做樂趣更多。材料簡單，不到一個小時就完成，好吃的燒麻糬也可以在家出現。

做法

1 　將液體加入到糯米粉中，用手慢慢搓揉成為一個均勻團狀（圖2～5）。

2 　糯米糰分捏出30g，然後將捏出的小糯米糰壓扁（圖6）。

3 　煮一鍋水，將壓扁的小糯米糰煮熟做為「粿粹」（圖7）。

4 　煮熟的「粿粹」撈起，瀝乾水分稍微放涼，就跟原來的大糯米糰一塊搓揉均勻成為不黏手的糯米糰
　　（揉合時若覺得黏可以適量加一些乾糯米粉）（圖8～10）。

5 　搓揉均勻的糯米糰搓成直徑約1.5cm條狀，再切成寬度約1.5cm的小方塊（圖11～13）。

6 　煮一鍋熱水，水沸騰就將小糯米塊放入（圖14）。

7 　煮至糯米糰浮起來即可撈起（圖15）。

8 　將2T的花生粉及熟黃豆粉分別各加1T的細砂糖混合均勻即可。

9 　依照個人喜歡沾上一層花生糖粉或熟黃豆糖粉即完成（圖16、17）。

金棗米糕

份量

約3人份

材料

金棗餅7～8個
圓糯米150g
水115cc
米酒30cc
液體植物油適量

調味料

黃砂糖30g

　　在廚房烹調不要有壓力，放一張喜歡的音樂，穿上繽紛色彩的圍裙，帶著一顆愉快的心，我在我的小天地中自由自在。

　　老公愛吃的，Leo喜歡的，全部變成我的魔法配方，每一道料理都注入滿滿的愛。誰說在廚房中會變成黃臉婆？^^

　　天冷冷就想吃點溫暖的甜食，蒸的軟黏的糯米帶著酒香，加上金棗餅就成為好好吃的甜米糕。泡壺熱茶，再來一塊甜滋滋的米糕真是一大享受！

小叮嚀

1　米酒的份量都可以依照自己喜歡增減，增加或減少的部分請用水調整。

2　糯米冰過會變硬，所以一次不要做太大量，現做現吃風味最佳。

3　金棗餅也可以用桂圓肉代替。

4　金棗米糕切的時候務必壓緊才不會散開。

♔

做法

1　材料秤量好，金棗餅切碎（圖1、2）。

2　圓糯米洗乾淨，瀝乾水分，加入水浸泡30分鐘（圖3、4）。

3　再將米酒加入，放入電鍋中，外鍋一杯水，蒸煮至跳起來，再悶20分鐘（圖5）。

4　將切碎的金棗餅及黃砂糖加入混合均勻（圖6、7）。

5　再放入電鍋中，外鍋1/2杯水，蒸煮至跳起來（圖8）。

6　準備一個深鐵盤，鋪上一層耐熱保鮮膜，塗刷一層薄薄的液體植物油（圖9）。

7　將蒸好的糯米飯倒在鐵盤上（圖10）。

8　用力的將糯米飯壓至緊實，整理成一個長方形（圖11～13）。

9　切成自己喜歡的大小食用（圖14）。

紫米
豆沙粽

份量

約9～10個

使用器具

大盆子
細目濾網
豆漿濾布

材料

A.烏豆沙

a.生豆沙
紅豆500g
水2500cc

b.炒料
生豆沙1000g
花生油100g
黃砂糖600g
麥芽糖100g

B.紫糯米飯

a.材料
紫米250g
長糯米200g
水350cc

b.調味料
細砂糖50g
橄欖油15g

c.餡料
烏豆沙400g

C.竹葉約20片

  細緻的烏豆沙甜香的味道可說是餡料之王，也是很多中式甜點少不了的內餡。自己炒餡不難，只是過程比較繁複，但是可以控制甜度及油脂的添加，更符合家人的口味。雖然今年事情比較多，但還是忍不住包了幾個粽子應應景。自己炒的烏豆沙與口感特別的紫米組合成不過於甜膩的豆沙粽。

  端午節是每年三大節日之一，幼年的時候好喜歡偎在媽媽身邊看她包粽子，各式各樣口味的粽子陪伴著我們成長。即使我們長大有自己的家庭，但是媽媽的味道永遠不變。

👑
做法

A.製作烏豆沙

1　將紅豆洗淨，用1000g的水浸泡一夜，充分吸水（圖1、2）。

2　隔天將水倒掉，再加入1500g的水，蒸煮至紅豆完全軟爛，手捏會破的程度放涼（圖3、4）。

3　分次將紅豆及水放入果汁機中打碎成泥（圖5）。

4　將打成泥的豆沙倒入細目濾網中（圖6）。

5　用手在濾網上稍微搓揉，使得豆沙可以濾出（圖7、8）。

6　再倒入一些水，反覆將豆沙洗出來（圖9、10）。

7　直到剩下紅豆皮即可（圖11）。

8　將所有豆沙都依做法3〜7濾出（圖12）。

9　將洗出來的豆沙倒入豆漿濾布中（圖13）。

10　用手慢慢擠壓將水擠出不要（圖14）。

11　水分盡量擠出，最後濾袋中剩下的就是純豆沙（圖15）。

12　約可洗出1000g的生豆沙（圖16）。

13　將花生油倒入鍋中。

14　然後將洗好的紅豆沙放入炒鍋中，慢慢與花生油拌炒均勻（圖17）。

15 依自己喜歡的甜度加入黃砂糖拌炒均勻（圖18、19）。

16 加入麥芽糖，豆沙餡會變的稀軟（圖20、21）。

17 此時可以開大火翻炒，讓豆沙餡水分快速蒸發。

18 炒至豆沙餡開始成團，改成中小火拌炒。

19 直到整個豆沙餡可以成為一個不沾鍋的團狀即可（全程約需20分鐘以上，必須不停的拌炒避免焦底）（圖22）。

20 成品約1200g完全放涼後，放冰箱冷藏（短時間不使用必須放冷凍保存）。

B.製作紫糯米飯

21 紫米洗淨，用足量的水（份量外）浸泡4～5小時，撈起瀝乾水分（長糯米不需要浸泡）。（圖23）

22 然後將洗淨瀝乾的長糯米與泡好的紫米放到電鍋內鍋中，加入水350cc（圖24）。

23 外鍋加1杯水，煮至跳起再燜30分鐘即可（圖25）。

24 燜好之後將糯米飯翻鬆（底部的要翻上來）。

25 將調味料加入混合均勻備用（圖26～28）。

小叮嚀

1 糖＋麥芽糖約佔豆沙重量80～120%，甜度請依自己喜好調整。

2 使用油脂都可依自己喜好選擇植物油、豬油或奶油代替，添加份量約佔豆沙的10～20%，完全不加也可以，但油脂太少，炒起來會較乾，也比較黏手。

C.包製

26 乾燥的竹葉泡水3～4小時軟化，刷洗乾淨（圖29、30）。

27 竹葉尾端堅硬凸起的葉梗剪掉（圖31）。

28 將竹葉擦拭乾淨（圖32）。

29 烏豆沙分成10等份（每個40g），捏成丸形（圖33）。

30 兩片竹葉為一單位，從中間約2/3處，捲起成一漏斗狀（圖34、35）。

31 先盛裝一些糯米飯，將糯米飯往底部稍微壓實（才會出現尖角）（圖36）。

32 放上烏豆沙（圖37）。

33 然後再鋪上一層糯米飯壓實（圖38）。

34 用手將粽子的三角形捏出來（圖39）。

35 將粽子翻轉過來壓緊（圖40）。

36 周圍的竹葉順著粽子的形狀翻折下來成為一個三角形（圖41～43）。

37 用棉繩將粽子纏繞2～3圈綁緊（圖44）。

38 包好的粽子放上蒸籠大火蒸40分鐘即可（圖45、46）。

八寶飯

份量

直徑18～20cm大碗1個

材料

A.飯

圓糯米2杯（約290g）
水1.7杯（約300cc）
細砂糖3T
液體植物油2T

B.八寶果乾

烏豆沙250g
桂圓、紅棗、糖豆、葡萄乾、
杏桃乾、蔓越莓乾、糖蓮子
各適量
（圖1）

C.桂花醬汁

水50cc
細砂糖1T
太白粉2t
水2t
桂花醬1t

　　媽媽打電話來，要我最近找個時間回家跟她一塊做八寶飯，因為年的腳步越來越近了。我和妹妹每年都要幫忙她做一些，這是過年時最受歡迎的甜點。我們會互相比著，看誰可以把圖案排的最漂亮。這可是每年最重要的一件事情，吃了甜甜八寶飯，就會有一個圓滿的開始。

　　跟媽媽掛下了電話，我腦中滿是香甜的八寶飯，等不及回家做就想馬上品嚐。我翻出了冰箱能夠用的材料，照著媽媽的方法一步步做。老公看著我在廚房忙和著，笑我急著想吃八寶飯的樣子好饞。蒸的熱騰騰的豆沙糯米飯混合著果乾，再搭配香氣十足的桂花醬汁，這是非常我最喜歡的中式甜點。

❀

做法

1　圓糯米先泡水30分鐘，用電鍋煮成糯米飯（圖2）。

2　煮好的糯米飯加入3T細砂糖及2T沙拉油拌勻（圖3）。

3　較大的果乾切成小塊，大碗中抹一層沙拉油（圖4）。

4　依照自己的喜好，將果乾整齊排入碗中，做出美麗的圖案（圖5）。

5　將拌好的糯米飯鋪在果乾上方壓實（圖6、7）。

6　中央留出一個凹洞，將豆沙放入，周圍再補上一圈桂圓乾（圖8）。

7　將剩下的糯米飯全部鋪上壓實（圖9）。

8　放上蒸籠，用大火蒸1個小時（圖10）。

9　將水50g加細砂糖1T煮滾。

10　將太白粉2t加水2t調勻，加入糖水中，煮到濃稠。

11　加入桂花醬調勻。

12　蒸好的八寶醬倒扣到盤子中（圖11）。

13　淋上煮好的桂花醬汁即可（圖12）。

小叮嚀

1　烏豆沙做法請參考393頁；桂花醬做法請參考411頁。

2　此處的1杯為大同電鍋量米杯。

3　圓糯米與水的比例約 1：0.85。

4　餡料果乾可以個人喜好調整。

芋頭巧

份量

約10～12個

材料

乾香菇6朵
蝦米1小把
芋頭150g
紅蔥頭3瓣
糯米粉120g
在來米粉80g
太白粉10g
水160cc

調味料

米酒1T
醬油1t
鹽1t
糖少許
白胡椒粉1/4t

　　在台灣真的是非常幸福，想吃什麼幾乎都可以吃得到。來自各地的人聚集在這裡，美味融合了人文與傳統。加上氣候適合蔬果生長，一年四季都有各式各樣的新鮮食材可以運用，依循著節氣就有源源不絕的料理可以製作。

　　格友惠留言希望要做芋頭巧，這是我很喜歡的中式點心，月牙的造型很討人喜歡。正好在市場買到好吃的芋頭，加上家裡還有半包在來米粉，QQ糯糯的還帶著濃濃芋頭香的芋頭巧就蒸出籠了，沾著蒜頭醬油滋味特別好。

小叮嚀

觸碰生芋頭會使得手發癢，所以芋頭洗乾淨後，可稍微放蒸籠大火蒸一下，將表皮蒸熟，削皮的時候才不會手發癢。如果真的沾上芋頭的汁液，可以將手置於瓦斯爐上方，以小火小心烘一下，芋頭中的草鹼酸遇熱會消失，就能改善發癢的狀況。

ꔛ
做法

1 乾香菇泡水軟化切小丁，蝦米泡溫水5分鐘，撈起瀝乾切碎（圖1）。

2 芋頭削皮取150g，切成1cm大小的丁狀，紅蔥頭切末（圖2）。

3 鍋中放1T油，將香菇丁、蝦米及紅蔥頭放入炒香（圖3）。

4 加入芋頭丁，翻炒2～3分鐘（圖4）。

5 將加入水及所有調味料，蓋上蓋子，小火煮10分鐘就關火（此處要稍微鹹一點，因為還必須與粉類拌勻）（圖5、6）。

6 將糯米粉、在來米粉與太白粉放入盆中，混合均勻（圖7）。

7 將煮好的芋頭湯趁熱全部倒入（圖8）。

8 用筷子迅速攪拌成為均勻團狀（攪拌好稍微放涼才整形，避免燙傷）（圖9、10）。

9 雙手抹上液體植物油，抓取適量的米糰整形成彎月形（圖11、12）。

10 間隔整齊，放入鋪有防沾烤紙的蒸籠中（圖13）。

11 蒸鍋中水燒滾就將蒸籠放上，以大火蒸20分鐘即可（圖14）。

12 吃的時候可沾蒜頭醬油一塊食用。

PART 9

其　他　類

除了利用麵粉及米來製作，還有一些特殊的粉類。

例如番薯粉、綠豆澱粉也都可以做出可口的點心。

不同的粉有不同的口感，例如番薯粉做出來是非常軟Q有彈性，

而綠豆澱粉可以製作出Q滑晶瑩的涼粉條。

另外，利用根莖類的芋頭也可以完成料豐味濃的芋頭糕。

麵粉加入雞蛋牛奶等材料，再整型油炸至酥脆，

就可以做出令人喜愛的中式點心。

肉燥芋頭糕

份量

約7～8人份
（20cm×20cm×5.5cm
方形容器）

材料

A.滷肉燥
豬絞肉350g
紅蔥頭4～5粒
蒜頭3～4瓣
醬油60cc
米酒1T
糖25g
白胡椒粉1/4t
五香粉1/2t
（圖1）

B.芋頭糕

a.粉漿
在來米粉180g
番薯粉120g
水400cc
鹽1t
白胡椒粉1/4t

b.內餡
芋頭600g
紅蔥頭3～4粒
蒜頭3～4瓣
蝦米2T
水400cc

　　一連串出書的過程是驚喜且美好的事，你（妳）們給了我滿滿鼓勵與感動，讓原本隱身於電腦後面的我，勇於踏出家門與大家見面。一想到要面對支持我的格友及讀者，我已經失眠了幾夜，深怕自己在烘焙示範中出了狀況。看到好多好多朋友，從電腦中走出來站在我面前，心中無限激動，你們給了我勇氣，也給了我珍貴無比的友誼。大家親切又熟悉的名字在我眼前發亮，身旁有你們親愛的家人陪伴前來，我看到幸福。

　　我想將溫暖甜蜜一直一直傳遞到你們手中！

　　收到好朋友旺旺寄來的一箱大甲芋頭，這一陣子我們一家十足的享受了鬆軟綿密的各式各樣芋頭料理及點心。當然台式點心不可少，滿滿的滷肉燥與真材食料的芋頭組合起來，這樣的滋味沒有人抵擋的住吧！^^

做法

製作滷肉燥

1　材料秤量好，紅蔥頭及蒜頭切末（圖2）。

2　鍋中倒入2～3T油，將豬絞肉放入炒至變色（圖3、4）。

3　加入紅蔥頭、蒜頭末炒香（約3～4分鐘）（圖5）。

4　加入其他材料A混合均勻（圖6、7）。

5　蓋上蓋子，以小火煮至湯汁收乾即可（圖8）。

製作芋頭糕

6　材料a的在來米粉、番薯粉及調味料放入盆中，加入水攪拌均勻成為無粉粒狀態的粉漿（圖9～12）。

7　材料b的芋頭去皮刨粗絲，紅蔥頭及蒜頭切末（圖13～15）。

8　方形容器事先鋪上一層防沾烤焙紙（圖16）。

9　鍋中倒入2T油，將紅蔥頭及蒜頭放入炒香。

10　再放入蝦米翻炒1～2分鐘（圖17）。

11　芋頭絲加入拌炒均勻（圖18、19）。

12　將先調好的粉漿及水400cc倒入鍋中攪拌均勻（圖20、21）。

13　使用小火將全部材料煮到濃稠成團狀的程度（一邊煮一邊不停攪拌）（圖22）。

14　最後將濃稠的芋頭糊倒入鋪上防沾烤焙紙的模具中（圖23）。

15　把表面稍微抹平整，鋪上事先炒好的滷肉燥（圖24、25）。

16　放入已經煮沸的蒸鍋中，以大火蒸1個小時（圖26）。

17　將蒸好的芋頭糕由蒸籠中取出，即可切片食用（圖27、28）。

18　若隔餐吃時，可以蒸熱，或用少許油煎至金黃色，沾蒜頭醬油膏食用。

小叮嚀

1　方形容器也可使用不鏽鋼電鍋內鍋代替。

2　蒸製的時間會因為厚度有所不同，越厚需要的時間會越久。

3　放涼後放冰箱冷藏約可以保存一個星期。

芋圓 & 番薯圓

份量

約5～6人份

材料

A.芋圓
芋頭泥180g
番薯粉120g
（分成100g及20g）
細砂糖2T
熱水2～3T

B.番薯圓
番薯泥180g
番薯粉120g
（分成100g及20g）
細砂糖2T
熱水2～3T

C.太白粉適量
（避免芋圓沾黏使用）

　　看完電影《天倫之旅》，我忍不住打個電話回家聽聽父母的聲音。隨著年紀增長，越發能夠了解父母的心，越能夠感受到他們無私的愛。但我們是否常常無心的用「很忙」這兩個字來回應爸媽的關懷，總覺得先做自己的事才重要。劇中的Robert De Niro飾演喪妻又有心臟病的老爸，因為聖誕節等不到四個子女返家團聚，決定自己搭車一一拜訪孩子，希望孩子們都快樂的生活著。每個人都有老去的一天，要及時把握與父母相處的時光。當我們展翅飛離鳥巢時，別忘了要常常回家看看一直保護我們的那雙翅膀。非常溫暖的小品，感傷中讓人昇起珍惜親情的力量。

　　九份芋圓Q彈的口感是夏天冰品或冬天甜湯的最好配料，真讓人流口水。即使不用特別到九份，在家也能做出道地的好吃芋圓。材料簡單做法容易，有沒有心動了？ ^^

🜲

做法

1 芋頭及番薯去皮切大塊，放入蒸鍋中，大火蒸15分鐘至筷子可以輕易戳入的程度（圖1、2）。

2 蒸好的芋頭及番薯分別取180g，用叉子壓成泥狀（圖3）。

3 分別加入番薯粉100g、細砂糖及熱水，用手慢慢搓揉成為一個均勻團狀（熱水的部分請保留一些適度添加）（圖4～7）。

4 揉好的番薯團各別捏出50g，然後將捏出的小番薯團壓扁（圖8）。

5 煮一鍋水，將壓扁的小番薯團煮熟做為「粿粹」。

6 煮熟的「粿粹」撈起，瀝乾水分稍微放涼，再跟原來的大番薯團及番薯粉20g一塊搓揉均勻成為不黏手的番薯團（揉合時若覺得黏，可以適量再加一些乾番薯粉）（圖9～12）。

7 桌上灑些太白粉搓揉均勻的番薯團搓成直徑約1.5cm條狀，再切成寬度約1.5cm的小方塊即成為芋圓及番薯圓（圖13～16）。

8 短時間不吃，灑上一些太白粉可以放冷凍保存1～2個月左右。

9 吃之前煮一鍋熱水，水沸騰就將番薯團放入（圖17、18）。

10 煮至番薯團浮起來即可撈起，加適量的糖拌勻才不會黏在一塊（圖19、20）。

11 放入自己喜歡的糖水或刨冰中即可（圖21）。

麻油
綠豆糕

份量

直徑3cm約20個

材料

去殼綠豆100g
水200cc

調味料

黑麻油30g
細砂糖60g
麥芽糖20g
*甜度請依自己喜好調整，
喜歡油一點的話，
麻油可以加到40g

內餡

市售棗泥（或烏豆沙）100g

麻油綠豆糕，這是爺爺與我最愛的點心。

還記得長與爺爺大手牽小手，穿過長長的羅斯福路去「生計」買點心的情景。身著深藍色大褂，滿頭白髮的爺爺精神奕奕，我還感覺到他老人家手心的溫度。

老店裡的中式甜點是祖孫倆午後愉快的茶食，白糖糕、雪片核桃糕、桂花糯米條都有著甜美的回憶。

在這初夏的午後，沏一壺茶，口中吃著香甜的綠豆糕，我想起爺爺～～

小叮嚀

1　木模在一些工藝品行可以找到，或是在烘焙材料行購買，也可以使用簡易塑膠製模。

2　麥芽糖也可以用細砂糖代替。

3　麻油也可以用花生油，豬油或其他自己喜歡的油脂代替。

做法

1 將綠豆洗淨，加入200cc的水，浸泡2小時（圖1、2）。

2 電鍋外鍋放1杯水，蒸煮1次，煮至綠豆用手可以輕易捏碎的程度（圖3）。

3 趁熱用叉子將綠豆壓成泥狀（圖4、5）。

4 炒鍋中倒入黑麻油，將壓成泥狀的綠豆加入，以小火拌炒2～3分鐘（圖6、7）。

5 依序加入細砂糖及麥芽糖，以小火拌炒到整個綠豆泥可以成為一個不沾鍋的團狀即可（要有耐心約須10分鐘，必須不停的拌炒避免焦底）（圖8～10）。

6 炒好盛起放涼備用。

7 棗泥捏取丸狀滾成圓形（每塊約5g）（圖11）。

8 捏取適量的綠豆泥壓入木模中（圖12）。

9 然後放上一個棗泥略微壓扁（圖13）。

10 再鋪上適量綠豆泥壓實（圖14）。

11 將木模在桌上用力敲一下就可以將綠豆糕倒出（圖15）。

12 完成的綠豆糕密封放冰箱冷藏更可口（圖16）。

綠豆冰糕

份量

約5～6人份

材料

A.桂花醬
新鮮桂花
蜂蜜適量
鹽少許

B.綠豆冰糕
綠豆粉200g
糖粉50g
麻油20g
蜂蜜40g
桂花醬1t
市售棗泥豆沙100g

　　趁著天氣好，抽空回家看爸媽，院子中的三棵桂花樹正盛開。濃郁的香味飄散著，就搬了小梯子開始摘起桂花。媽媽看我興致好，也在旁邊幫忙著。爬的高高，老公拼命叫我小心。他不知道我小時候可是很調皮的，在這個庭院中我可是天不怕地不怕，爬高不算什麼。這樣的場景讓我回到童年，家中庭園中的一草一木都是我通往記憶的鎖匙。

　　摘桂花是件辛苦的工作，忙和了好久，只摘到一小袋。不過這一小袋桂花就能給我一整年的香。吃湯圓、酒釀、八寶飯，只要加一小匙就芬芳無比。

　　回家照著媽媽的方法馬上把桂花醬漬起來，這是家的味道。釀了一小瓶香氣逼人的桂花蜜，可以做一些中式配茶點心最適合。熱呼呼的下午，來塊冰涼的綠豆冰糕消消暑！

A.製作桂花醬

1　將新鮮桂花用水多沖洗幾次撈起。（圖1～3）

2　將桂花放在餐巾紙上，瀝乾水分（圖4）。

3　桂花上灑上少許鹽抓一下，醃漬20分鐘（圖5）。

4　放入蒸籠中蒸3分鐘（圖6）。

5　取出完全放涼（圖7）。

6　裝入煮沸烘烤乾的玻璃瓶中。

7　倒入蜂蜜浸泡（蜂蜜的量要完全淹沒桂花）（圖8）。

8　醃漬越久香味越濃。

B.製作綠豆冰糕

9　蒸籠鋪上一層粿巾，將綠豆粉平均鋪放（圖9、10）。

10　大火蒸30分鐘，取出放涼（圖11、12）。

11　將結成塊狀的綠豆粉放入較厚的塑膠袋中，利用擀麵棍壓散（圖13）。

12　壓散的綠豆粉用濾網仔細過篩（圖14）。

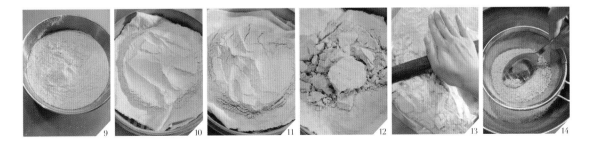

13 將其他材料依序倒入綠豆粉中（圖15～17）。

14 用手仔細搓揉混合均勻成為無結塊的粉狀（圖18、19）。

15 市售棗泥豆沙分割成20份（每份約5g），搓成丸形（圖20）。

16 舀取適量的綠豆粉壓入木模中（圖21）。

17 然後放上一個棗泥豆沙略微壓扁（圖22）。

18 再鋪上適量綠豆粉，覆蓋一張保鮮膜用力壓實（圖24）。

19 將木模在桌上用力敲一下就可以將綠豆糕倒出（圖25、26）。

20 完成的綠豆糕密封放冰箱冷藏更可口（圖27）。

小叮嚀

若有食物調理機，可將所有材料倒入混合更方便。

炸麻花

份量

約16個

材料

中筋麵粉250g
雞蛋1個
細砂糖50g
鹽1/4t
水50cc
液體植物油15g
炸油約500g

（圖1）

　　這一年來，我覺得自己非常幸運，能夠將自己喜歡的烘焙及料理集結成書，分享給更多朋友參考，這是主婦生活最開心的事。當博客來網路書店頒給我「2010年度非文學類新秀獎」，我的眼前浮現好多人親切的臉龐。從詹偉雄先生手中接過這個獎，我的心情激動不已，一個平凡的主婦也有了如此不平凡的經歷。我要感謝家人及幸福文化的支持，還有一路鼓勵我的朋友。我想將這份榮耀分享給你們！只要懷抱夢想勇敢去做，人生一定會留下美麗的足跡。

　　泡杯茶，來一份中式的脆麻花。雖然是非常簡單的材料，吃起來卻十分耐人回味。街頭巷尾常常見到的零嘴，自己做會忍不住一口接一口！

1 中筋麵粉使用濾網過篩。（圖2）

2 所有材料依序放入盆中，加入水（圖3～5）。

3 用手慢慢搓揉均勻成為無粉粒狀態的麵糰（圖6～8）。

4 完成的麵糰放入盆中，罩上保鮮膜醒置40分鐘（圖9）。

5 桌上灑些中筋麵粉，將麵糰移出到桌面。

6 用手將麵糰揉成長方形，由中央平均切成兩半（圖10）。

7 再將麵糰搓揉成長條狀（圖11）。

8 將兩個麵糰各自分割成8等份（圖12）。

9　每一個小麵糰用手慢慢搓揉成為約60cm的細條（圖13、14）。

10　兩手分別在麵條兩端以不同方向搓揉，使得麵條有螺旋紋出現（圖15）。

11　將麵條抬起，自然會捲成麻花狀（圖16）。

12　再度用兩手分別在麵條兩端以不同方向扭轉（圖17）。

13　將麵條抬起，使得麵條自然捲成麻花狀（圖18）。

14　尾端接合處捏緊避免炸的時候散開（圖19）。

15　依此程序將所有麻花完成（圖20）。

16　鍋中倒約300cc的液體植物油，油溫熱將麻花放入（圖21）。

17　小火炸至兩面呈現金黃色即可（圖22）。

18　撈起瀝乾多餘油脂，放涼即變酥脆（圖23）。

19　密封保存。

20　若麻花回軟或放涼仍不夠酥脆，將麻花整齊排入烤盤中。

21　放入已經預熱至100℃的烤箱中烘烤30分鐘關火悶到涼即可（圖24）。

自製
綠豆涼粉

份量

5cm×15cm約4片

材料

綠豆澱粉80g
水600cc
（圖1）

　　綠豆粉皮在傳統市場中可以買到，但不知道怎麼了，最近幾年買到的粉皮都是帶著淺淺的綠。其實真正用綠豆澱粉做出來的粉皮晶瑩剔透，美極了。想不透為什麼還需要染色？

　　自己做綠豆涼粉真是簡單極了，一點點綠豆澱粉就可以做出2～3餐的份量。做好的粉皮加上自己喜歡的麻醬或是蒜頭三合油，就是夏日消暑的良伴。

小叮嚀

1　綠豆澱粉（Green Bean Starch）不是綠豆直接磨成的粉，而是從綠豆中提煉出的純澱粉，在烘焙材料行可以購買。
2　在美國的朋友可以試試在韓國超市購買。
3　綠豆涼粉一次不要做太多，放冰箱冷藏最好不要超過兩天，否則口感會變差。

做法

1　綠豆澱粉秤量好放入盆中。

2　加入水100cc，用打蛋器混合均勻成為無粉粒的粉漿水（圖2、3）。

3　另外水500cc煮至沸騰，然後關小火。

4　將綠豆粉漿水慢慢倒入沸水中，一邊倒一邊攪拌（圖4、5）。

5　直到整個麵糊變成透明狀就可以離火（圖6）。

6　準備淺方盤，盤子上鋪上一層保鮮膜（圖7）。

7　將煮好的綠豆粉漿倒在淺盤上抹平（圖8）。

8　表面再鋪上一層保鮮膜，用手將粉漿整平放涼（小心燙）（圖9）。

9　完全涼透就放冰箱冷藏。

10　凝固後可以從淺盤中移出，直接捲起放冰箱保存（圖10～12）。

11　吃之前切成自己喜歡的條狀或片狀即可（圖13、14）。

12　冷藏保存約可以放置1～2天，2天內要食用完畢。

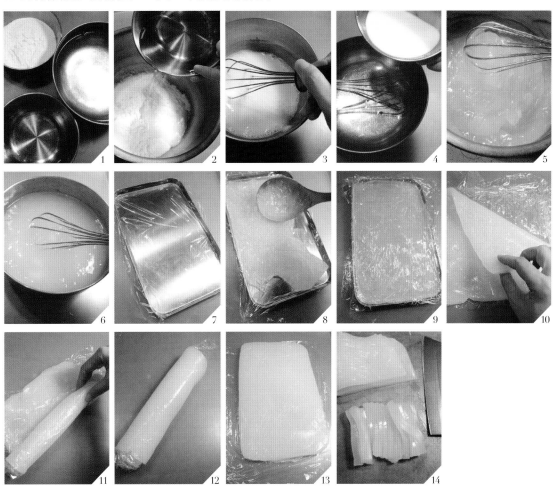

小黃瓜綠豆涼粉

份量

約3～4人份

材料

紅辣椒1支
蒜頭3瓣
綠豆涼粉1片
小黃瓜1～2支
（圖1）

調味

醬油1T
烏醋1T
麻油1T
糖2t

　　台北真的熱量了，一大早就感覺到熱烘烘的溫度。說來自己也覺得奇怪，住在台北的我家裡卻沒有裝冷氣。也許一方面住的地方算是郊區，另一方面也希望少點因冷氣產生的更多熱氣。

　　其實每年夏天，我跟老公都會討論裝冷氣的問題，但最後兩人都還是希望多利用自然通風來解決。

　　說不熱嗎？當然還是會熱，所以我們自己想一些辦法來抗暑。準備濕毛巾隨時擦涼，熱極了就沖個水澡。房子窗戶裝抽風機讓空氣對流，每年也就這麼順利度過。

　　今年不例外的我們又討論了一次要不要裝冷氣，心中的欲望與理智相互拉扯。不過考慮了兩天還是放棄。我還是多做點消暑的料理來解解熱吧^^

　　這是父親最愛的一道涼菜，每到夏天，家中的餐桌就會時常出現這道料理。Q軟冰涼的粉皮搭上青脆爽口的小黃瓜，澆淋上由三合油（醬油、烏醋與麻油）為基底的醬汁，就是消暑的好菜！～

做法

1. 紅辣椒切片，蒜頭切末（圖2）。
2. 將切好的辣椒、蒜頭加入所有調味料混合成醬汁備用（圖3、4）。
3. 綠豆涼粉切成自己喜歡的條狀或片狀（圖5）。
4. 小黃瓜洗乾淨，用菜刀拍裂（圖6）。
5. 再將拍裂的小黃瓜切段（圖7、8）。
6. 切好的涼粉及小黃瓜放入碗中（圖9）。
7. 淋上調好的醬汁混合均勻即可（圖10～12）。

小叮嚀

用菜刀將小黃瓜拍裂，是醃漬涼拌時最常使用的方式，一方面快速，一方面也容易入味。也可直接切成條狀。

芝麻巧果

份量

約5～6人份

材料

中筋麵粉200g
黑芝麻15g
牛奶70cc
無鹽奶油10g
鹽1/4t
雞蛋1個
細砂糖50g
（圖1）

　　現在資訊爆炸，我們每天都被迫吸收很多的訊息。記得以前都宣導雞蛋是膽固醇的殺手，弄得大家看到雞蛋就說不。沒想到美、英兩國最新的研究卻顯示，因為飼料成分的改良，現在雞蛋中的膽固醇已經大幅降低，而且實際上雞蛋中還有非常多人體需要的營養價值，不再是讓人望之生怯的食物。少鹽飲食也曾經是保持健康的一項指標，但是比利時的研究人員卻表示，經過實驗對照顯示，飲食中是否減鹽對健康並沒有太多影響。

　　從這些例子中就可發現，沒有任何一成不變的飲食標準。所以均衡攝取各式各樣食物，養成不挑食的習慣，才是維持身體健康重要的不二法門。

　　芝麻巧果是中式傳統小零嘴，炸的金黃酥脆很涮嘴。做法也很簡單，只要將所有材料揉搓均勻成團就可以。炸的時候要注意火候，才能炸的漂亮又香酥！

做法

1 將所有材料放入盆中（無鹽奶油除外），加入牛奶，用手慢慢搓揉均勻成為無粉粒狀態的麵糰（圖2～5）。

2 加入無鹽奶油混合均勻（圖6、7）。

3 完成的麵糰放入盆中，罩上保鮮膜，醒置40分鐘（圖8）。

4 桌上灑些中筋麵粉，將麵糰移出到桌面，表面也灑些中筋麵粉（圖9）。

5 用擀麵棍將麵糰慢慢擀成為厚度約0.2cm的大薄片（圖10、11）。

6 利用切麵刀將麵皮分割成為邊長約5cm的三角形（圖12、13）。

7 鍋中倒約200cc的液體植物油，油熱將麵皮放入（圖14）。

8 中小火炸至兩面金黃色即可（圖15）。

9 撈起瀝乾多餘油脂，放涼即變酥脆。

10 密封保存。

11 若不希望油炸，可以將麵皮間隔整齊鋪放在烤盤中（圖16）。

12 放入已經預熱至160℃的烤箱中，烘烤12～15分鐘至金黃即可（圖17）。

麵點新手常見問題Q&A

Q 為什麼饅頭成形時會有氣泡？

如果是用鐵蒸籠，底部要鋪一層布吸收水分，要避免水直接滴在表面。第一次發酵完成揉麵的時候稍微再揉久一點，擀的時候桌上一定要灑手粉，避免麵糰黏在桌上，如果有破皮就翻面，將有破皮的那一面捲在中間。表面一定要光滑，蒸出來才會漂亮。

Q 為什麼饅頭蒸好會皺皮、塌陷？

饅頭會塌陷，有以下幾點要注意：

1. 麵糰本身不能太濕，第一次發酵完成要加一點乾粉搓揉至光滑。
2. 第二次發酵一定要發到夠，要發到蓬鬆的狀態。如果沒有發足夠，一蒸就沒有支撐力。
3. 蒸的時候要讓蒸籠內外的溫度慢慢接近，蒸好前3～5分鐘必須將蒸籠打開一個小縫，關火後也必須再隔一段時間才開蓋。同一配方多做幾次，將問題一一修正，一定會有心得。

Q 用手揉麵糰要揉到所謂的光滑差不多是要多久的時間？揉的時候有什麼特別的手勢嗎？需不需要用摔打？

所謂光滑的程度就是沒有粉粒，整個麵糰非常均勻、柔軟，不會感覺麵糰有紋路。滾圓就是將麵糰光滑表面翻出來，底部捏緊就可以。饅頭不像做麵包，不需要甩打，揉的時候兩手一起揉，把身體的重量壓下去（像古早洗衣服一樣），然後將麵糰轉90度再用同樣的方法揉，一直重複這樣的節奏。我自己約揉個8～10分鐘。如果覺得麵糰太乾，揉的過程中間適量加一些水繼續揉會好一點（水慢慢加，不要一下加太多又會太黏）。發麵的時候將麵糰放入盆中，要在麵糰上噴一些水，然後蓋上擰乾的濕布，這都是要保持麵糰水分不要散失。最好放在一個密閉無風的空間中，我都是利用家裡的微波爐，發的就會比較好。麵糰發酵的時候如果30分鐘了還是發的不好，微波爐內就放一杯沸水提高溫濕度，只要酵母是正常的，這樣一定可以改善發酵的狀況。

Q 乾酵母菌正確使用量為多少？

包裝上如果載明2%（麵粉量的2%，例如麵粉重280g×0.02＝5.6g），就是第一次使用就按照這個份量，然後依照烘烤出來的結果再看看是否要修正酵母的用量。如果孔洞太多，組織粗糙，那就是量太多，可以減少1/3份量再試試。反之如果成品組織紮實，過程中都沒有太多變化，表示酵母份量不夠。每一次換了牌子都要這樣試過，才能找到最適合自己的使用份量。乾酵母會隨著擺放時間增加而減低效力，也必須適時的增加使用量。開封後必須密封放冰箱冷藏保存保持乾燥，避免潮濕失去效果。

Q 使用一般乾酵母需注意的事項為何？

先取配方中部分溫液體加少許糖來溶化一般乾酵母，不要用全部的溫液體來融化因為必須保留一些液體，視狀況慢慢添加。（有時候必須視麵粉吸水率不同，不一定會全部加完所有液體）如果將一般乾酵母加入全部配方的溫液體中，全部倒入麵糰中擔心會造成太過濕黏，但是沒有全部加的話，又擔心一般乾酵母使用量不夠。所以一定要先取部分溫液體，來溶化一般乾酵母就可以。

Q 家庭麵糰發酵方式為何？

1.我有一個保麗龍箱做為簡易的發酵箱，發酵的時候會將麵糰放入，然後再放一杯熱水幫忙提高溫度，也順便讓保麗龍箱裡面充滿水蒸氣。放入的麵糰就不需要蓋蓋子，因為箱子中有熱水產生的水蒸氣，這樣麵糰表面也不會乾燥。但是要注意的是，因為保麗龍箱非常保溫，所以放入的熱水溫度不可以超過45℃，不然保麗龍箱中溫度會太高，反而造成麵糰過度發酵或使得酵母死亡。

2.如果沒有保麗龍箱，我會利用家中的微波爐當做發酵箱，因為微波爐空間比較密閉，但是因為微波爐沒有保溫效果，所以放入的熱水溫度可以是沸水，這樣也才達到提高溫度的效果。不過就必須多看幾次，熱水如果涼了就要換一杯，如果發酵過程記得一直換水，使得微波爐中都充滿水氣，那放入的麵糰就不需要蓋蓋子。

以上兩種方法都是天氣比較冷，低於30℃的做法。

3.如果夏天天氣很熱，氣溫都超過30℃，麵糰就可以放室溫發酵，也可以不需要保溫。不過因為不是在密閉空間，也沒有放熱水幫忙製造水蒸氣，放入盒子中要噴水，盒子也必須蓋蓋子密封。或是在盒子表面包覆保鮮膜或罩上擰乾的濕布，避免麵糰表面乾燥。

Q 麵糰發酵放入盒子抹油的用意是？

盒子抹油是為了發酵完成比較容易倒出來，麵糰不會沾黏在盒子上，不抹油也是可以的，稍微刮一下麵糰才可以倒出來，可依自己的習慣決定。

Q 為什麼烤箱需要事先預熱？如何知道預熱的溫度到了呢？

較專業的烤箱有附一個加熱指示燈，溫度到了指示燈就會顯示。不過有些烤箱沒有，那就必須預先加熱10～15分鐘。例如160～170℃約預熱10分鐘，200℃約預熱15分鐘，200℃以上約預熱18～20分鐘。

Q 配方中的牛奶一定要鮮奶嗎？

配方中的牛奶都可以依照自己喜歡的類型，使用鮮奶或奶粉沖泡，全脂或低脂都隨意。最好是使用室溫的，才不影響發酵溫度。如果使用奶粉沖泡，100cc約是90cc的水＋10g的奶粉。配方中的液體也可以使用冷水或豆漿代替。

Q 如何知道包子內餡味道是否足夠？

調好內餡後，取少許用平底鍋煎熟嘗一下味道，這樣就知道是否還需要加調味。

烘焙材料行一覽表

北部

富盛	200 基隆市曲水街18號	(02) 2425-9255
美豐	200 基隆市仁愛區孝一路36號	(02) 2422-3200
新樺	200 基隆市獅球路25巷10號	(02) 2431-9706
嘉美行	202 基隆市中正區豐稔街130號B1	(02) 2462-1963
證大	206 基隆市七堵區明德一路247號	(02) 2456-6318
精浩	103 台北市大同區重慶北路二段53號1樓	(02) 2550-6996
燈燦	103 台北市大同區民樂街125號	(02) 2557-8104
洪春梅	103 台北市民生西路389號	(02) 2553-3859
果生堂	104 台北市中山區龍江路429巷8號	(02) 2502-1619
申崧	105 台北市松山區延壽街402巷2弄13號	(02) 2769-7251
義興	105 台北市富錦街574巷2號	(02) 2760-8115
源記（富陽）	106 北市大安區富陽街21巷18弄4號1樓	(02) 2736-6376
正大（康定）	108 台北市萬華區康定路3號	(02) 2311-0991
倫敦	108 台北市萬華區廣州街222號	(02) 2306-8305
源記（崇德）	110 台北市信義區崇德街146巷4號1樓	(02) 2736-6376
岱里	110 台北市信義區虎林街164巷5號1樓	(02) 2725-5820
日光	110 台北市信義區莊敬路341巷19號	(02) 8780-2469
大億	111 台北市士林區大南路434號	(02) 2883-8158
飛訊	111 台北市士林區承德路四段277巷83號	(02) 2883-0000
嘉順	114 台北市內湖區五分街25號	(02) 2632-9999
元寶	114 台北市內湖區環山路二段133號2樓	(02) 2658-8991
得宏	115 台北市南港區研究院路一段96號	(02) 2783-4843
加嘉	115 台北市南港區富康街36號	(02) 2651-8200
菁乙	116 台北市文山區景華街88號	(02) 2933-1498
全家	116 台北市羅斯福路五段218巷36號1樓	(02) 2932-0405
大家發	220 新北市板橋區三民路一段99號	(02) 8953-9111
全成功	220 新北市板橋區互助街36號（新埔國小旁）	(02) 2255-9482
上荃	220 新北市板橋區長江路三段112號	(02) 2254-6556

旺達	220 新北市板橋區信義路165號	（02）2962-0114
聖寶	220 新北市板橋區觀光街5號	（02）2963-3112
立昀軒	221 新北市汐止區樟樹一路34號	（02）2690-4024
加嘉	221 新北市汐止區環河街183巷3號	（02）2693-3334
佳佳	231 新北市新店區三民路88號	（02）2918-6456
艾佳（中和）	235 新北市中和區宜安路118巷14號	（02）8660-8895
佳記	235 新北市中和區國光街189巷12弄1-1號	（02）2959-5771
安欣	235 新北市中和區連城路389巷12號	（02）2225-0018
馥品屋	238 新北市樹林區大安路175號	（02）2686-2569
永誠（鶯歌）	239 新北市鶯歌區文昌街14號	（02）2679-3742
煌成	241 新北市三重區力行路二段79號	（02）8287-2586
快樂媽媽	241 新北市三重區永福街242號	（02）2287-6020
合名	241 新北市三重區重新路四段214巷5弄6號	（02）2977-2578
今今	248 新北市五股區四維路142巷14弄8號	（02）2981-7755
虹泰	251 新北市淡水區水源街一段61號	（02）2629-5593
艾佳（桃園）	330 桃園市永安路281號	（03）332-0178
做點心過生活（桃園）	330 桃園市復興路345號	（03）335-3963
和興	330 桃園市三民路二段69號	（03）339-3742
印象	330 桃園市樹仁一街150號	（03）364-4727
艾佳（中壢）	320 桃園縣中壢市環中東路二段762號	（03）468-4558
做點心過生活（中壢）	320 桃園縣中壢市中豐路320號	（03）422-2721
乙馨	324 桃園縣平鎮市大勇街禮節巷45號	（03）458-3555
東海	324 桃園縣平鎮市中興路平鎮段409號	（03）469-2565
家佳福	324 桃園縣平鎮市環南路66巷18弄24號	（03）492-4558
元宏	326 桃園縣楊梅鎮中山北路一段60號	（03）488-0355
台揚	333桃園縣龜山鄉東萬壽路311巷2號	（03）329-1111
陸光	334 桃園縣八德市陸光街1號	（03）362-9783
新盛發	300 新竹市民權路159號	（03）532-3027
萬和行	300 新竹市東門街118號	（03）522-3365
熊寶寶	300 新竹市中山路640巷102號	（03）540-2831
正大（新竹）	300 新竹市中華路一段193號	（03）532-0786
力陽	300 新竹市中華路三段47號	（03）523-6773
康迪	300 新竹市建華街19號	（03）520-8250
富讚	300 新竹市港南里海埔路179號	（03）539-8878
艾佳（新竹）	302 新竹縣竹北市成功八路286號	（03）550-5369

普來利	302 新竹縣竹北市縣政二路186號	（03）555-8086
天隆	351 苗栗縣頭份鎮中華路641號	（03）766-0837

中部

總信	402 台中市南區復興路三段109-4號	（04）2220-2917
永誠	403 台中市西區民生路147號	（04）2224-9876
玉記（台中）	403 台中市西區向上北路170號	（04）2310-7576
永美	404 台中市北區健行路665號	（04）2205-8587
齊誠	404 台中市北區雙十路二段79號	（04）2234-3000
裕軒	406 台中市北屯區昌平路二段20-2號	（04）2421-1905
辰豐	406 台中市北屯區中清路151-25號	（04）2425-9869
利生	407 台中市西屯區西屯路二段28-3號	（04）2312-4339
漢泰	420 台中市豐原區直興街76號	（04）2522-8618
豐榮	420 台中市豐原區三豐路317號	（04）2527-1831
明興	420 台中市豐原區瑞興路106號	（04）2526-3953
敬崎	500 彰化市三福街197號	（04）724-3927
王誠源	500 彰化市永福街14號	（04）723-9446
永明	500 彰化市磚窯里芳草街35巷21號	（04）761-9348
上豪	502 彰化縣芬園鄉彰南路三段355號	（04）952-2339
金永誠	510 彰化縣員林鎮光明街6號	（04）832-2811
順興	542 南投縣草屯鎮中正路586-5號	（04）933-3455
信通	542 南投縣草屯鎮太平路二段60號	（04）931-8369
宏大行	545 南投縣埔里鎮清新里雨樂巷16-1號	（04）998-2766
新瑞益（雲林）	630 雲林縣斗南鎮七賢街128號	（05）596-3765
好美	640 雲林縣斗六市中山路218號	（05）532-4343
彩豐	640 雲林縣斗六市西平路137號	（05）535-0990

南部

新瑞益（嘉義）	600 嘉義市新民路11號	（05）286-9545
名陽	622 嘉義縣大林鎮蘭州街70號	（05）265-0557
瑞益	700 台南市中區民族路二段303號	（06）222-4417
銘泉	700 台南市北區和緯路二段223號	（06）251-8007
富美	700 台南市北區開元路312號	（06）237-6284

世峰	700 台南市西區大興街325巷56號	（06）250-2027
玉記（台南）	700 台南市西區民權路三段38號	（06）224-3333
永昌（台南）	700 台南市東區長榮路一段115號	（06）237-7115
上輝	700 台南市南區德興路292巷16號	（06）296-1228
永豐	700 台南市南區賢南街51號	（06）291-1031
佶祥	710 台南市永康區永安路197號	（06）253-5125
玉記（高雄）	800 高雄市六合一路147號	（07）236-0333
正大行（高雄）	800 高雄市新興區五福二路156號	（07）261-9852
薪豐	802 高雄市苓雅區福德一街75號	（07）722-2083
旺來興	804 高雄市鼓山區明誠三路461號	（07）550-5991
新鈺成	806 高雄市前鎮區千富街241巷7號	（07）811-4029
旺來昌	806 高雄市前鎮區公正路181號	（07）713-5345-9
德興	807 高雄市三民區十全二路101號	（07）311-4311
十代	807 高雄市三民區懷安街30號	（07）381-3275
烘焙家	813 高雄市左營區至聖路147號	（07）348-7226
福市	814 高雄市仁武鄉高梅村後港巷145號	（07）346-3428
茂盛	820 高雄市岡山區前峰路29-2號	（07）625-9679
順慶	830 高雄市鳳山區中山路237號	（07）746-2908
旺來興	833 高雄市鳥松區大華村本館路151號	（07）382-2223
四海	900 屏東市民生路180-5號	（08）752-5859
啟順	900 屏東市民生路79-24號	（08）723-7896
聖林	900 屏東市成功路161號	（08）723-2391
裕軒	920 屏東縣潮洲鎮太平路473號	（08）788-7835

東部

立高	260 宜蘭市校舍路29巷101號	（03）938-6848
欣新	260 宜蘭市進士路155號	（03）936-3114
典星坊	265 宜蘭縣羅東鎮林森路146號	（03）955-7558
裕明	265 宜蘭縣羅東鎮純精路二段96號	（03）954-3429
玉記（台東）	950 台東市漢陽路30號	（08）932-6505
立豐	970 花蓮市中原路586號	（038）355-778
梅珍香	970 花蓮市中華路486-1號	（038）356-852
大麥	973 花蓮縣吉安鄉建國路一段58號	（038）461-762

滿足館 Appetite

麵點新手必備
的第一本書
（暢銷紀念精裝版）
The First
of Chinese Pastry
for Beginners

140道 So Easy
中式麵食與點心全圖解

作　者	Carol（胡涓涓）
主　編	蕭歆儀
封面攝影	王正毅
內頁攝影	黃家煜
增訂封面設計	瑞比特設計
內文設計	許瑞玲
印　務	黃禮賢、李孟儒
出版總監	黃文慧
副總編	梁淑玲、林麗文
主編	蕭歆儀、黃佳燕、賴秉薇
行銷企劃	林彥伶、朱妍靜
社長	郭重興
發行人兼出版總監	曾大福
出版	幸福文化出版社
地址	231新北市新店區民權路108-1號8樓
粉絲團	https://www.facebook.com/Happyhappybooks/
電話	（02）2218-1417
傳真	（02）2218-8057
發行	遠足文化事業股份有限公司
地址	231新北市新店區民權路108-2號9樓
電話	（02）2218-1417
傳真	（02）2218-1142
電郵	service@bookrep.com.tw
郵撥帳號	19504465
客服電話	0800-221-029
網址	www.bookrep.com.tw
法律顧問	華洋法律事務所 蘇文生律師
印製	成陽印刷股份有限公司
地址	236新北市土城區永豐路195巷9號
電話	（02）2265-1491
初版一刷	西元2020年2月

國家圖書館出版品預行編目資料

麵點新手必備的第一本書（暢銷紀念精裝版）
140道So Easy中式麵食與點心全圖解
/ 胡涓涓著. -- 初版. -- 新北市 : 幸福文化, 2020.02
　面；　公分
ISBN 978-957-8683-31-0(精裝)

1.麵食食譜 2.點心食譜

　　　427.38　　　　107023213

更多 Carol
的好書都在幸福文化

烘焙新手必備的第一本書（暢銷紀念精裝版）：
120道超簡單零失敗的幸福甜點

烘焙新手必備的第二本書（暢銷紀念精裝版）：
140道不失敗超人氣麵包全圖解

讀者回函卡

感謝您購買本公司出版的書籍,您的建議就是幸福文化前進的原動力。請撥冗填寫此卡,我們將不定期提供您最新的出版訊息與優惠活動。您的支持與鼓勵,將使我們更加努力製作出更好的作品。

讀者資料

● 姓名:＿＿＿＿＿＿＿＿　● 性別:□男　□女　● 出生年月日:民國＿＿＿年＿＿＿月＿＿＿日

● E-mail:＿＿＿＿＿＿＿＿＿＿＿＿＿＿＿＿＿＿＿＿＿＿＿＿＿＿

● 地址:□□□□□＿＿＿＿＿＿＿＿＿＿＿＿＿＿＿＿＿＿＿＿＿＿

● 電話:＿＿＿＿＿＿＿＿　手機:＿＿＿＿＿＿＿＿　傳真:＿＿＿＿＿＿＿＿

● 職業:　□學生　　　　　□生產、製造　　　□金融、商業　　　□傳播、廣告

　　　　□軍人、公務　　□教育、文化　　　□旅遊、運輸　　　□醫療、保健

　　　　□仲介、服務　　□自由、家管　　　□其他

購書資料

1.您如何購買本書?□一般書店(　　　縣市　　　　書店)　□網路書店(　　　　書店)

　　　　　　　　□量販店　□郵購　□其他

2.您從何處知道本書?□一般書店　□網路書店(　　　　書店)　□量販店　□報紙　□廣播

　　　　　　　　□電視　□朋友推薦　□其他

3.您通常以何種方式購書(可複選)?□逛書店　□逛量販店　□網路　□郵購　□信用卡傳真

　　　　　　　　□其他

4.您購買本書的原因?□喜歡作者　□對內容感興趣　□工作需要　□其他

5.您對本書的評價:(請填代號 1.非常滿意 2.滿意 3.尚可 4.待改進)

　　　　　　　　□定價　□內容　□版面編排　□印刷　□整體評價

6.您的閱讀習慣:□生活風格　□休閒旅遊　□健康醫療　□美容造型　□兩性　□文史哲

　　　　　　　　□藝術　□百科　□圖鑑　□其他

7.您最喜歡哪一類的飲食書:□食譜　□飲食文學　□美食導覽　□圖鑑　□百科　□其他

8.您對本書或本公司的建議:＿＿＿＿＿＿＿＿＿＿＿＿＿＿＿＿＿＿＿＿＿＿